高等院校"十三五"规划教材

信号与系统

（第二版）

主　编　胡沁春　刘刚利
副主编　肖菊兰
参　编　高　燕　刘炳甫

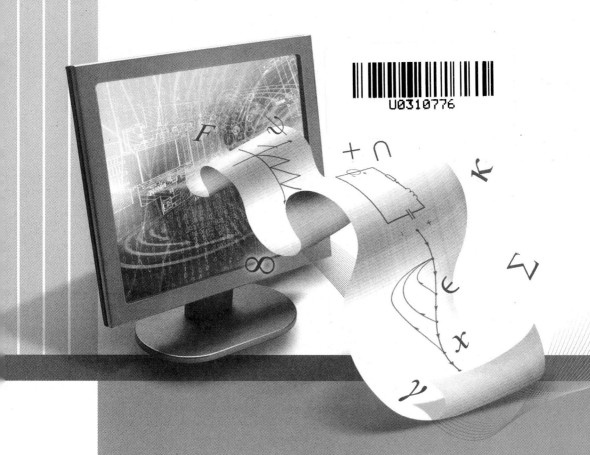

U0310776

重庆大学出版社

内容提要

本书采用先时域分析后变换域分析、先连续系统分析后离散系统分析的结构体系,系统地介绍信号与系统的基本概念、基本理论和基本分析方法。全书共分 7 章,其内容包括信号与系统概论、连续系统的时域分析、连续系统的频域分析、连续系统的复频域分析、离散系统的时域分析、离散系统的 z 域分析及系统的状态变量分析。全书结构新颖,重点突出,面向应用,内容符合教育部的相关类专业教学指导委员会颁布的《高等学校信号与系统课程教学基本要求》,满足培养应用型人才的需要。与本书配套使用的有刘刚利主编的《信号与系统学习指导及习题集》。

本书可作为高等院校自动化、电气工程及其自动化、电子信息工程、通信工程、电子科学与技术、计算机科学与技术、测控技术与仪器等本科专业的教材,也可供工程技术人员参考。

图书在版编目(CIP)数据

信号与系统／胡沁春,刘刚利主编. -- 2 版. -- 重庆:重庆大学出版社,2018.2
高等学校电气工程及其自动化专业应用型本科系列规划教材
ISBN 978-7-5689-0922-8

Ⅰ.①信… Ⅱ.①胡… ②刘… Ⅲ.①信号系统—高等学校—教材 Ⅳ.①TN911.6

中国版本图书馆 CIP 数据核字(2017)第 325166 号

信号与系统
(第二版)

主 编 胡沁春 刘刚利
副主编 肖菊兰

责任编辑:曾显跃 版式设计:曾显跃
责任校对:谢 芳 责任印制:赵 晟

*

重庆大学出版社出版发行
出版人:易树平
社址:重庆市沙坪坝区大学城西路 21 号
邮编:401331
电话:(023) 88617190 88617185(中小学)
传真:(023) 88617186 88617166
网址:http://www.cqup.com.cn
邮箱:fxk@cqup.com.cn(营销中心)
全国新华书店经销
重庆升光电力印务有限公司印刷

*

开本:787mm×1092mm 1/16 印张:16.5 字数:391 千
2018 年 2 月第 2 版 2018 年 2 月第 3 次印刷
印数:3 501—6 500
ISBN 978-7-5689-0922-8 定价:38.00 元

前言

　　21 世纪的人类社会已全面进入信息化时代,与信息相关的基本理论和技术成为科学研究者和工程技术人员的必备知识。作为一门基础理论课程,"信号与系统"讲授的内容和分析方法在电子信息、通信、自动化、电气工程、计算机科学、生物电子等领域应用广泛。

　　本书主要讨论确定性信号的特性和线性时不变系统的基本理论和基本分析方法,采用先时域分析后变换域分析、先连续系统分析后离散系统分析的结构体系,并列对连续系统与离散系统进行了研究,按照时域分析、变换域分析和状态变量分析的次序来划分章节,在强调连续系统与离散系统共性的基础上突显了它们各自的特点。全书大致分为 4 部分,共 7 章。第 1 部分为信号与系统概论,包含第 1 章,介绍了信号与系统的基本概念与分析方法,包括信号分类与基本运算、阶跃信号与冲激信号、系统的描述、分类与性质等内容。第 2 部分为连续系统分析,包含第 2 章至第 4 章,介绍了连续系统的时域分析、频域及复频域分析,包括连续系统的数学模型、微分方程求解、冲激响应与阶跃响应、卷积积分、周期信号的傅里叶级数与频谱、傅里叶变换及其性质、连续系统的频域分析、采样定理、拉普拉斯变换及其性质、拉普拉斯逆变换、连续系统的复频域分析、系统函数与系统特性、连续系统的表示等内容。第 3 部分为离散系统分析,包含第 5 章、第 6 章,介绍了离散系统的时域分析、z 域分析,包括离散信号的描述与基本运算、离散系统的时域分析、单位序列响应与单位阶跃响应、卷积和、z 变换及其性质、逆 z 变换、离散系统的 z 域分析等内容。第 4 部分为系统的状态变量分析,包含第 7 章,介绍了系统的状态变量分析、状态变量和状态方程、连续系统和离散系统状态方程的求解等内容。

　　本书是根据教育部高等学校电子信息类专业教学指导委员会对该门课程的基本要求及本科应用型人才培养目标而编写的,在内容上详略得当,重点突出,着重于信号分析和系统分析,突出基础性、系统性和实用性。本书适用于不同学时的教学课程,教师可根据不同学时和教学要求,灵活组合授课内容。

本书由胡沁春、刘刚利担任主编,肖菊兰担任副主编。胡沁春编写了第1章、第7章,刘刚利编写了第2章、第4章,肖菊兰编写了第5章、第6章,高燕编写了第3章,刘炳甫编写了习题和附录。全书由胡沁春统稿。

　　鉴于编者水平有限,书中难免有疏漏和不妥之处,恳请广大读者批评指正。

编　者

2017 年 10 月

目 录

第 **1** 章
信号与系统概论

1.1　信号与系统的概念

在现代社会的日常生活和生产实践中,人们不断地密切接触各种各样载有信息的信号,并应用相关系统对信号进行处理。从广义的概念出发,信号是物质运动的表现形式,即宇宙中的一切事物都处于不停的运动中,物质的一切运动或状态的变化都是一种信号。信号是描述范围极为广泛的一类物理现象,它所含的信息总是寄寓在某种形式的波形之中。例如,人的声道系统所产生的语言信号就是一种声压的起伏变化;机械振动产生振动信号;大脑、心脏运动分别产生脑电和心电信号;电气系统随参数的变化产生电磁信号等。从狭义的概念出发,信号是载有信息的物理变量,是传输信息的载体与工具。信息是事物存在状态或属性的反映,信息蕴涵于信号之中。按物理属性可将信号分为电信号和非电信号,两种信号可以相互转换。电信号容易产生、控制和处理。本书所指的信号,在一般情况下均为电信号。由于信号随时间而变化,人们可以借助示波器或其他测量仪表对信号进行观察与记录。为了对信号进行分析和研究,可使用数学语言来对信号进行描述,通过对信号进行数学变换,改变信号的形式,便于识别、提取信号中有用的信息。信号常表示为时间函数,该函数的图形称为信号的波形。在进行信号分析时,信号与函数两个词常互相通用。图 1.1.1 所示为几种实际信号波形。

在自然科学、工程应用等诸多领域中,系统的概念与方法被广泛采用,如用电路系统产生、处理信号。若干相互作用、相互联系的事物按一定规律组成具有特定功能的整体,称为系统。它是产生、传输或处理信号的客观实体。数据采集与处理系统、通信系统、雷达系统、计算机系统等都称为系统。

本书所研究的是系统对信号进行处理、传输的基本理论和基本分析方法,其框图表达如图 1.1.2 所示。图 1.1.2 中,系统的输入信号(激励)为 $f(\cdot)$,系统的输出信号(响应)为 $y(\cdot)$,系统特性为 $h(\cdot)$。"$\cdot$"是信号的自变量,自变量可以是连续变量,也可以是离散变量。

1

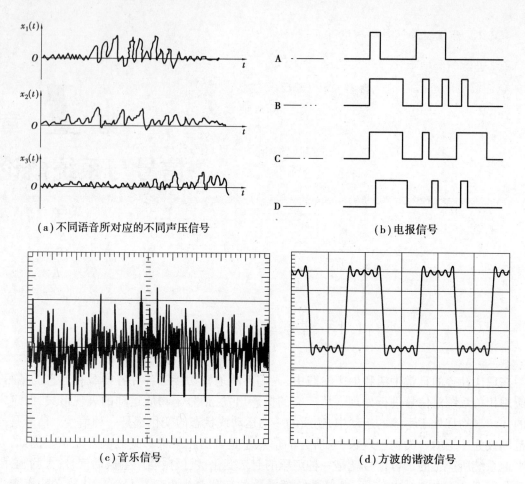

(a)不同语音所对应的不同声压信号   (b)电报信号

(c)音乐信号   (d)方波的谐波信号

图 1.1.1   几种实际信号波形

按照处理的信号是连续时间信号或离散时间信号,系统也分为连续时间系统和离散时间系统两种。本书采用先连续、后离散的顺序对信号与系统分析进行编排。在图 1.1.2 所示的

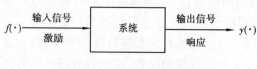

图 1.1.2   信号与系统框图

信号与系统框图中,描述输入信号(激励)、系统特性、输出信号(响应)三者之间的关系可在时域、变换域(频域、复频域和 z 域)中进行分析。本书主要就是对时域、变换域中的信号与系统进行研究。

1.2   信号及其分类

按照各种信号的不同性质与数学特征,信号有多种不同的分类方法。例如,按照信号的物理特性,可分为光信号、声信号和电信号等;按照信号的用途,可分为雷达信号、图像信号和语音信号等;按照信号的数学对称性,可分为奇信号、偶信号和非对称信号等;从能量的角度出发,可分为功率信号与能量信号等。

1.2.1 连续时间信号和离散时间信号

（1）连续时间信号

在连续时间范围内（ $-\infty < t < \infty$ ）有定义的信号称为连续时间信号，简称为连续信号。这里的"连续"，是指函数的定义域——时间或其他量是连续的，至于信号的值域可以是连续的，也可以不是连续的。例如，常见的正弦信号如图 1.2.1(a) 所示，其表达式为

$$f(t) = 10 \sin \pi t \qquad -\infty < t < \infty \qquad (1.2.1)$$

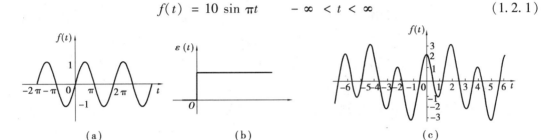

图 1.2.1　连续时间信号

其定义域（ $-\infty, \infty$ ）和值域 $[-10, 10]$ 显然，都是连续的，因此，该信号为连续信号。图 1.2.1(b) 所示的信号在定义域（ $-\infty, \infty$ ）是连续的，但其函数值只取 0,1 两个离散的数值，该信号仍为连续信号；图 1.2.1(c) 所示的信号，其定义域（ $-\infty, \infty$ ）和值域 $[-3, 3]$ 都是连续的，显然该信号为连续信号。

（2）离散时间信号

仅在一些离散的瞬间才有定义的信号称为离散时间信号，简称离散信号。这里的"离散"，是指信号的定义域——时间或其他量是离散的，它只取某些规定的值。通常离散信号用 $f(n)$ 来表示，其中 n 一般取整数。图 1.2.2 所示为离散信号的几个例子。

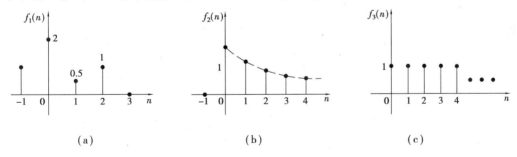

图 1.2.2　离散时间信号

1.2.2 周期信号和非周期信号

（1）周期信号

周期信号是时间定义在（ $-\infty, \infty$ ）区间，每隔一定时间 T （或整数 N ），按相同规律重复变化的信号，如图 1.2.3 所示。

连续周期信号可表示为

$$f(t) = f(t + mT) \qquad m = 0, \pm 1, \pm 2, \pm 3, \cdots, -\infty < t < \infty \qquad (1.2.2)$$

离散周期信号可表示为

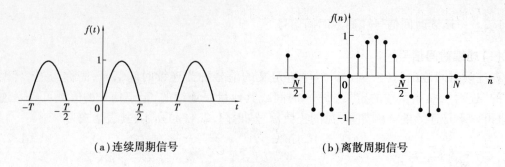

（a）连续周期信号　　　　　　　　（b）离散周期信号

图 1.2.3　周期信号

$$f(n) = f(n + mN) \qquad m = 0, \pm 1, \pm 2, \pm 3, \cdots, -\infty < n < \infty \qquad (1.2.3)$$

如果两个周期信号 $f_1(t)$ 和 $f_2(t)$ 的周期具有公倍数,则它们的和 $f(t)$ 仍然是一个周期信号,且 $f(t)$ 的周期是 $f_1(t)$ 和 $f_2(t)$ 的周期的最小公倍数,即

$$f(t) = f_1(t) + f_2(t) \qquad (1.2.4)$$

（2）非周期信号

能用确定的数学关系式表达,但取值不具有周期重复性的信号,称为非周期信号。图 1.2.4 所示为几个非周期信号的例子。

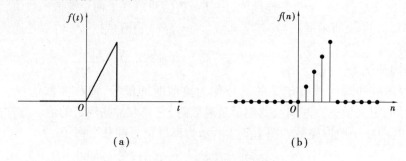

（a）　　　　　　　　　　　　　（b）

图 1.2.4　非周期信号

例 1.1　试判断下列信号是否为周期信号。若是,其周期为多少?

1）$f(t) = \sin(3t) + \cos(2t)$　　　　　　2）$f(t) = \sin(2t) + \cos(\pi t)$

解　1）因为 $f_1(t) = \sin(3t)$ 是周期为 $T_1 = 2\pi/\omega_1 = 2\pi/3$ 的周期信号;因为 $f_2(t) = \cos(2t)$ 是周期为 $T_2 = 2\pi/\omega_2 = 2\pi/2 = \pi$ 的周期信号。又因为 T_1 和 T_2 的最小公倍数为 2π。可知,$f(t)$ 也是一个周期信号,其周期为 $T = 2\pi$。

2）在信号 $f(t) = \sin(2t) + \cos(\pi t)$ 中,$\sin(2t)$ 和 $\cos(\pi t)$ 显然都是周期信号,其周期分别为 $T_1 = \pi$,$T_2 = 2$。由于一个无理数与一个有理数不存在公倍数,故 $f(t)$ 不是一个周期信号,或者说,其周期无穷大。

1.2.3　能量信号和功率信号

（1）能量信号

为了研究信号能量或功率特性,常常研究信号 $f(t)$（电压或电流）在单位电阻上消耗的能量或功率。若信号 $f(t)$ 在区间 $(-\infty, \infty)$ 的能量满足

$$E = \int_{-\infty}^{\infty} |f(t)|^2 \mathrm{d}t < \infty \qquad (1.2.5)$$

时,则信号的能量有限,称其为能量有限信号,简称能量信号。实际信号大多是持续时间有限的能量信号。

(2)功率信号

若信号$f(t)$在区间$(-\infty,\infty)$的能量无限,不满足式(1.2.5)条件,但满足其平均功率有限,即

$$P = \lim_{T \to \infty} \frac{1}{2T} \int_{-T}^{T} |f(t)|^2 \mathrm{d}t < \infty \qquad (1.2.6)$$

则称信号为功率信号,如各种周期信号、阶跃信号等,它们的能量无限,但功率有限。

1.2.4　非确定信号与确定信号

(1)非确定性信号

在工程测试中,存在大量非确定性信号,如电路系统的热噪声、机械振动信号等,其幅值的大小、最大幅值出现的时间等,均无法由数学公式来对它进行精确描述、计算、预测,即实际测量的结果每次都不相同,这种性质称为"随机性",故也称这种非确定性信号为随机信号。随机信号无法用公式表示因而也无法预见任一时刻此信号的大小,最多只可用统计数学的方法指出在某一时刻此信号取得某一个值的概率,如图1.2.5所示。随机信号可分为平稳性随机信号和非平稳性随机信号两类。如果描述随机信号的统计数学参数(如平均值、均方根值、概率密度函数等)都不随时间的变化而变化,则这种信号称为平稳性随机信号;反之,如果在不同采样时间内测得的那些统计数学参数不能看成常数,则这种信号就称为非平稳性随机信号。

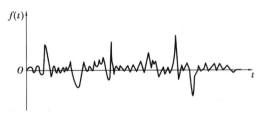

图1.2.5　非确定性信号

(2)确定信号

能够用明确的数学关系式描述的信号,或者可用实验的方法以足够的精度重复产生的信号,称为确定信号。例如,电路分析中常用的正弦、余弦信号就是确定信号。从信息量的角度出发,确定信号不具有信息量或新的信息。但确定信号作为理想化模型,其基本理论与分析方法是研究随机信号的基础,在此基础上根据统计特性可进一步研究随机信号。本书的研究只涉及确定信号。

1.2.5　因果信号与非因果信号

按信号所存在的时间范围,可以将信号分为因果信号与非因果信号。当$t<0$时,连续信号$f(t)=0$,信号$f(t)$是因果信号;反之,则为非因果信号;当$n<0$时,离散信号$f(n)=0$,则信号$f(n)$是因果信号;反之,则为非因果信号。

1.2.6 常用信号

(1)实指数信号

实指数信号的表达式为

$$f(t) = Ke^{\alpha t} \tag{1.2.7}$$

其中,K 和 α 为实数。$\alpha = 0$ 时,信号不随时间变化,成为直流信号;$\alpha > 0$ 时,信号随时间增长;$\alpha < 0$ 时,信号随时间衰减。$|\alpha|$ 的大小反映信号随时间增、减的速率。通常将 $\tau = \dfrac{1}{|\alpha|}$ 称为指数信号的时间常数。τ 越大,指数信号的增长或衰减速率越慢;τ 越小,指数信号的增长或衰减速率越快。K 为信号在 $t = 0$ 时刻的初始值。实指数信号如图1.2.6所示。

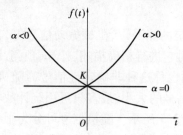

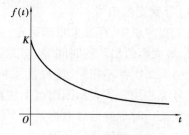

| 图1.2.6　实指数信号 | 图1.2.7　单边指数信号 |

实际中用得比较多的是单边指数信号,其信号波形如图1.2.7所示,表达式为

$$f(t) = \begin{cases} 0 & t < 0 \\ Ke^{-\frac{t}{\tau}} & t > 0 \end{cases} \tag{1.2.8}$$

(2)正弦信号

正弦信号的一般表达式为

$$f(t) = K\sin(\omega t + \theta) \tag{1.2.9}$$

其中,K 是振幅,ω 是角频率,θ 是初相,周期 $T = \dfrac{2\pi}{\omega}$,频率 $f = \dfrac{1}{T}$。正弦信号的波形如图1.2.8所示。

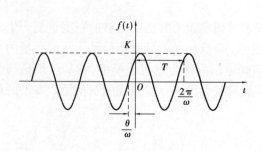

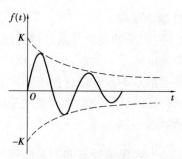

| 图1.2.8　正弦信号 | 图1.2.9　单边正弦减幅振荡信号 |

(3)复指数信号

当实指数信号中的 α 为复数时,$f(t)$ 为复指数信号,即

$$f(t) = Ke^{st} \tag{1.2.10}$$

其中,$s = \sigma + j\omega$,σ 是复数 s 的实部,ω 是复数 s 的虚部。根据欧拉公式

$$e^{j\omega t} = \cos(\omega t) + j\sin(\omega t) \tag{1.2.11}$$

式(1.2.10)展开为

$$f(t) = Ke^{\sigma t}\cos(\omega t) + jKe^{\sigma t}\sin(\omega t) \tag{1.2.12}$$

式(1.2.12)表明,复指数信号可分解为实部与虚部。实部为振幅随时间变化的余弦函数,虚部为振幅随时间变化的正弦函数。可分别用波形画出实部、虚部变化的情况。指数因子 s 的实部 σ 表征了正弦和余弦函数的振幅随时间变化的情况。若 $\sigma > 0$,正弦、余弦信号是增幅振荡;若 $\sigma < 0$,正弦、余弦信号是减幅振荡。指数因子 s 的虚部 ω 是正弦、余弦信号的角频率。

综上所述,复指数信号具有以下特性:

①若 $\sigma = 0$,即 s 为虚数时,则正弦、余弦信号为等幅振荡;

②若 $\omega = 0$,即 s 为实数时,则复指数为一般的指数信号;

③若 $\sigma = 0$ 且 $\omega = 0$,即 $s = 0$ 时,则复指数变为直流信号。

在实际中,虽然没有复指数信号,但其概括了多种情况,因而复指数信号成为一种非常重要的信号,在信号分析理论中,能用它来描述各种基本信号。图1.2.9所示为 $\sigma < 0$ 且 $\omega \neq 0$ 时的单边正弦减幅振荡信号。

(4)采样信号

采样信号 $Sa(t)$ 常在通信等领域的信号处理中应用,其信号定义为

$$Sa(t) = \frac{\sin t}{t} \tag{1.2.13}$$

其信号波形如图1.2.10所示。可以证明 $Sa(t)$ 信号是偶函数,当 $t \to \pm\infty$ 时,$Sa(t)$ 信号振幅衰减,且 $Sa(\pm k\pi) = 0$。其中,k 为整数。$Sa(t)$ 信号还有下列性质,即

$$\int_0^\infty Sa(t)\mathrm{d}t = \frac{\pi}{2} \tag{1.2.14}$$

$$\int_{-\infty}^\infty Sa(t)\mathrm{d}t = \pi \tag{1.2.15}$$

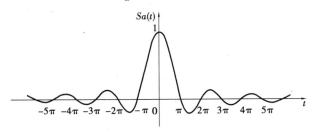

图1.2.10　采样信号 $Sa(t)$

(5)矩形脉冲信号

幅度为1,脉冲宽度为 τ 的矩形脉冲信号常用 $g_\tau(t)$ 表示,其定义为

$$g_\tau(t) = \begin{cases} 1 & |t| < \dfrac{\tau}{2} \\ 0 & |t| > \dfrac{\tau}{2} \end{cases} \tag{1.2.16}$$

其信号波形如图1.2.11所示。由于其形状像一扇门,它又常被称为门函数。

(6)符号函数 $sgn(t)$

符号函数是在 $t>0$ 时为 1，$t<0$ 时为 -1 的函数，其定义为

$$sgn(t) = \begin{cases} 1 & t > 0 \\ -1 & t < 0 \end{cases} \tag{1.2.17}$$

其信号波形如图 1.2.12 所示。

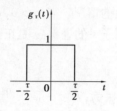
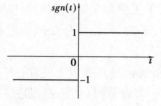

图 1.2.11　门函数　　　　　　图 1.2.12　符号函数 $sgn(t)$

1.3　信号的基本运算

在系统分析中,常遇到信号的一些基本运算——加、乘、平移、反转及尺度变换等。

1.3.1　相加和相乘

(1)相加

信号 $f_1(t)$ 和 $f_2(t)$ 之和是指同一瞬间两信号的函数值相加所构成的信号,即

$$f(t) = f_1(t) + f_2(t) \tag{1.3.1}$$

图 1.3.1 所示为信号 $f_1(t)$ 和 $f_2(t)$ 之和。

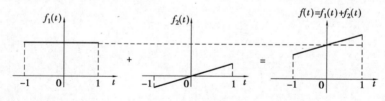

图 1.3.1　信号相加

(2)相乘

信号 $f_1(t)$ 和 $f_2(t)$ 相乘是指同一瞬间两信号的函数值之积所构成的信号,即

$$f(t) = f_1(t) \cdot f_2(t) \tag{1.3.2}$$

图 1.3.2 所示为信号 $f_1(t)$ 和 $f_2(t)$ 之积。

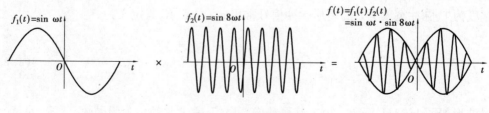

图 1.3.2　信号相乘

1.3.2　平移、反转和尺度变换

（1）平移

若将信号 $f(t)$ 的波形沿时间轴向右平移 $t_0(t_0>0)$ 时间，则得到信号 $f(t-t_0)$。若沿时间轴向左平移 t_0 时间，则得到信号 $f(t+t_0)$，如图 1.3.3 所示。

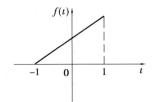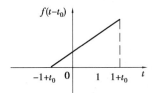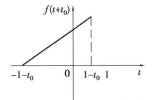

图 1.3.3　信号的平移

（2）反转

信号的反转，又称为信号的倒置。在数学上，信号的反转就是将信号 $f(t)$ 中的自变量 t 换为 $-t$，从而得到反转信号 $f(-t)$；从几何图形上看，$f(t)$ 的波形与 $f(-t)$ 的波形关于纵轴对称，即将信号 $f(t)$ 以纵坐标轴为对称轴反转得到 $f(-t)$，如图 1.3.4 所示。

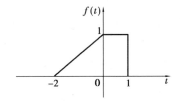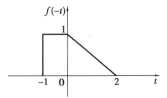

图 1.3.4　信号的反转

如果将平移与反转相结合，就可得到信号 $f(-t-t_0)$ 和 $f(-t+t_0)$。

例 1.2　已知 $f(t)$ 的波形如图 1.3.5 所示，求 $f(-t-t_0)$ 和 $f(-t+t_0)$。

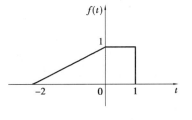

解　方法 1：先反转后平移

$$f(t)\rightarrow f(-t)\rightarrow f(-t-t_0)=f[-(t+t_0)]$$

和

$$f(t)\rightarrow f(-t)\rightarrow f(-t+t_0)=f[-(t-t_0)]$$

信号变化过程如图 1.3.6 所示。

图 1.3.5　例 1.2 用图

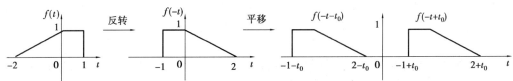

图 1.3.6　先反转后平移

9

方法 2：先平移后反转

$$f(t) \rightarrow f(t-t_0) \rightarrow f(-t-t_0) = f[-(t+t_0)]$$

和

$$f(t) \rightarrow f(t+t_0) \rightarrow f(-t+t_0) = f[-(t-t_0)]$$

其信号过程如图 1.3.7 所示。

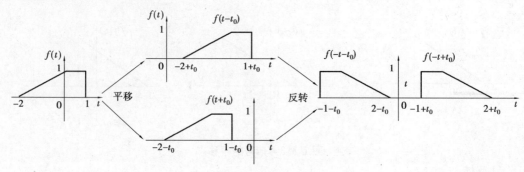

图 1.3.7　先平移后反转

比对两种方法，最后得到的 $f(-t-t_0)$ 和 $f(-t+t_0)$ 的波形相同。

（3）尺度变换

将信号 $f(t)$ 的自变量 t 乘以一个常数 $a(a>0)$ 所得的信号 $f(at)$，称为 $f(t)$ 的尺度变换信号。若 $a>1$，$f(at)$ 的波形是将 $f(t)$ 的波形沿 t 轴压缩至原来的 $\frac{1}{a}$ 倍；若 $0<a<1$，$f(at)$ 的波形是将 $f(t)$ 的波形沿 t 轴扩展至原来的 $\frac{1}{a}$ 倍。例如，$f(t)$ 为录音带信号，则 $f(2t)$ 相当于以 2 倍速度快速播放；$f\left(\frac{1}{2}t\right)$ 是以一半的速度慢速播放。信号 $f(t)$ 的波形如图 1.3.8(a) 所示，图 1.3.8(b) 和图 1.3.8(c) 分别为 $f(2t)$ 和 $f\left(\frac{t}{2}\right)$ 的波形。

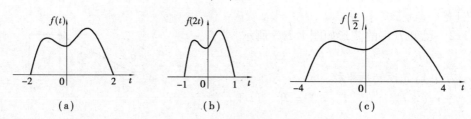

（a）　　　　　　（b）　　　　　　（c）

图 1.3.8　信号的尺度变换

例 1.3　信号 $f(t)$ 的波形如图 1.3.9(a) 所示，画出信号 $f(-2t+4)$ 的波形。

解　先反转求出 $f(-t)$，如图 1.3.9(b) 所示；然后向右平移 4，求得 $f(-t+4)$，如图 1.3.9(c) 所示；最后尺度变换，即压缩为原来的 $\frac{1}{2}$，求得 $f(-2t+4)$ 如图 1.3.9(d) 所示。

例 1.4　$f(t)$ 的波形如图 1.3.10(a) 所示，画出 $f(-2(t-1))$ 的波形。

解　首先反转求得 $f(-t)$，如图 1.3.10(b) 所示；再压缩求得 $f(-2t)$，如图 1.3.10(c) 所示；最后平移求得 $f(-2(t-1))$，如图 1.3.10(d) 所示。

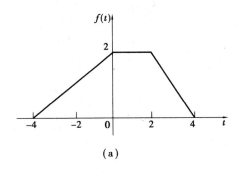

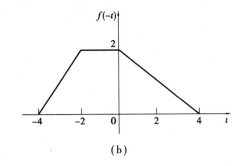

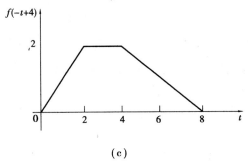

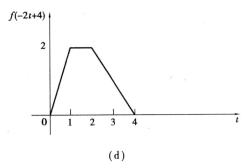

图 1.3.9　例 1.3 用图

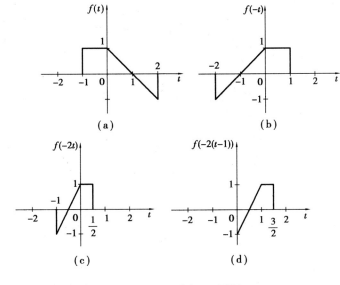

图 1.3.10　例 1.4 用图

1.3.3　微分与积分

(1) 微分

信号的微分是指信号对时间的导数,可表示为

$$y(t) = \frac{\mathrm{d}}{\mathrm{d}t} f(t) = f'(t) \tag{1.3.3}$$

信号经微分后,可将其信号变化突出显示,如图 1.3.11 所示。

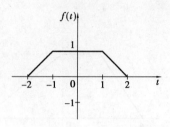 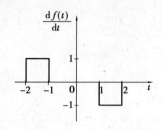

图 1.3.11　信号的微分

（2）积分

信号的积分是指信号在区间$(-\infty,t)$上的积分,可表示为

$$y(t) = \int_{-\infty}^{t} f(\tau)\mathrm{d}\tau = f^{(-1)}(t) \tag{1.3.4}$$

与信号的微分相反,将信号进行积分运算后信号的突变部分变得平滑,如图 1.3.12 所示。

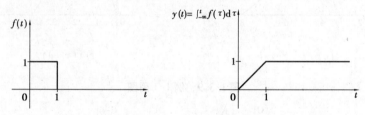

图 1.3.12　信号的积分

1.4　阶跃信号和冲激信号

阶跃函数和冲激函数不同于普通的函数,称为奇异函数。引入奇异函数后,将使信号与系统的分析方法更加完美、灵活,更为简捷。

1.4.1　单位阶跃信号

单位阶跃函数用 $\varepsilon(t)$ 来表示,其定义为

$$\varepsilon(t) = \begin{cases} 0 & t < 0 \\ 1 & t > 0 \end{cases} \tag{1.4.1}$$

该函数在 $t=0$ 处是不连续的,在该点的函数值未定义,其波形如图 1.4.1(a)所示。单位阶跃函数简称阶跃函数。

阶跃函数的时延函数在时间 $t=t_0(t_0>0)$ 发生跃变,其图分别如图 1.4.1(b)、(c)所示,分别表示为

$$\varepsilon(t-t_0) = \begin{cases} 0 & t < t_0 \\ 1 & t > t_0 \end{cases} \tag{1.4.2}$$

和

12

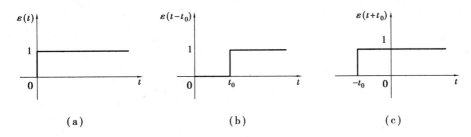

图 1.4.1　阶跃函数

$$\varepsilon(t + t_0) = \begin{cases} 0 & t < -t_0 \\ 1 & t > -t_0 \end{cases} \tag{1.4.3}$$

利用阶跃函数和延时阶跃函数可以表示某些复杂信号,图 1.4.2(a)所示信号可表示为

$$f(t) = 2\varepsilon(t) - 3\varepsilon(t - 1) + \varepsilon(t - 2)$$

图 1.4.2(b)所示信号可表示为

$$f(t) = \varepsilon(t) + \varepsilon(t - 1) - 2\varepsilon(t - 2)$$

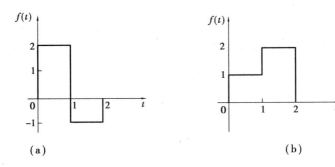

图 1.4.2　可用延时阶跃函数表示的信号

设有连续时间信号 $f(t)$ 如图 1.4.3(a)所示,则信号 $f(t)\varepsilon(t)$ 和 $f(t)\varepsilon(t-t_0)$ 可分别表示为

$$f(t)\varepsilon(t) = \begin{cases} 0 & t < 0 \\ f(t) & t > 0 \end{cases} \tag{1.4.4}$$

和

$$f(t)\varepsilon(t - t_0) = \begin{cases} 0 & t < t_0 \\ f(t) & t > t_0 \end{cases} \tag{1.4.5}$$

其波形分别如图 1.4.3(b)、(c)所示。图 1.4.3(d)所示波形的函数为 $f(t-t_0)\varepsilon(t-t_0)$,其函数可表示为

$$f(t - t_0)\varepsilon(t - t_0) = \begin{cases} 0 & t < t_0 \\ f(t - t_0) & t > t_0 \end{cases} \tag{1.4.6}$$

请一定注意,图 1.4.3 所示为几个函数的区别。

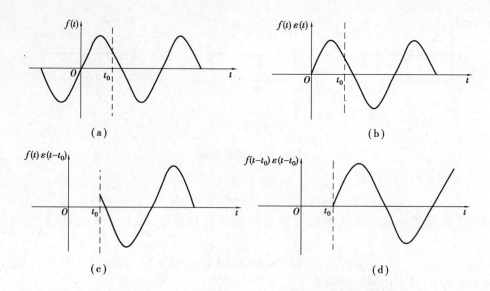

图 1.4.3　$f(t)$ 及其时延与 $\varepsilon(t)$ 及其时延相乘的波形

1.4.2　单位冲激信号

单位冲激函数简称冲激函数,其定义为

$$\begin{cases} \displaystyle\int_{-\infty}^{\infty} \delta(t)\,\mathrm{d}t = 1 \\ \delta(t) = 0 \qquad t \neq 0 \end{cases} \tag{1.4.7}$$

其波形如图 1.4.4(a)所示。其中,带箭头的(1)表示 $\delta(t)$ 的面积,也称为冲激函数的强度。

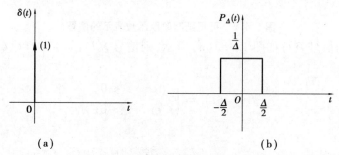

图 1.4.4　$\delta(t)$ 的波形及窄脉冲 $P_\Delta(t)$

单位冲激函数 $\delta(t)$ 可看成图 1.4.4(b)所示的窄脉冲 $P_\Delta(t)$ 的极限。该窄脉冲的宽度为 Δ,幅度为 $\dfrac{1}{\Delta}$,其面积等于 1。当 $\Delta \to 0$ 时,$P_\Delta(t)$ 变得越来越窄,幅度越来越大,即 $\dfrac{1}{\Delta} \to \infty$,但其面积仍然为 1,其极限为单位冲激函数,即

$$\delta(t) = \lim_{\Delta \to 0} P_\Delta(t) = \lim_{\Delta \to 0} \frac{1}{\Delta}\left[\varepsilon\left(t + \frac{\Delta}{2} \right) - \varepsilon\left(t - \frac{\Delta}{2} \right) \right] \tag{1.4.8}$$

其中

14

$$P_{\Delta}(t) = \frac{1}{\Delta}\left[\varepsilon\left(t+\frac{\Delta}{2}\right) - \varepsilon\left(t-\frac{\Delta}{2}\right)\right] \quad (1.4.9)$$

单位冲激函数的时延 $\delta(t-t_0)$ 为

$$\begin{cases} \int_{-\infty}^{\infty} \delta(t-t_0)\mathrm{d}t = 1 \\ \delta(t-t_0) = 0 \qquad t \neq t_0 \end{cases} \quad (1.4.10)$$

其波形如图 1.4.5 所示。

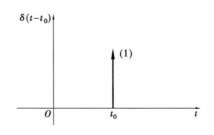

图 1.4.5 单位冲激函数的时延 $\delta(t-t_0)$

1.4.3 冲激函数与阶跃函数的关系

(1) 单位冲激函数 $\delta(t)$ 的积分为单位阶跃函数 $\varepsilon(t)$

单位冲激函数 $\delta(t)$ 的积分为单位阶跃函数 $\varepsilon(t)$，即

$$\varepsilon(t) = \int_{-\infty}^{t} \delta(\tau)\mathrm{d}\tau = \begin{cases} 0 & t < 0 \\ 1 & t > 0 \end{cases} \quad (1.4.11)$$

这是因为 $\delta(\tau)$ 的强度出现在 $\tau = 0$ 处，当式(1.4.11)的积分从 $-\infty$ 到 $t < 0$ 处，没有包含 $\delta(\tau)$，故积分为零。当 $t > 0$ 时，积分包含了 $\delta(\tau)$，故积分值等于 1。

(2) 单位阶跃函数 $\varepsilon(t)$ 的导数是单位冲激函数

单位阶跃函数 $\varepsilon(t)$ 的导数是单位冲激函数，即

$$\delta(t) = \frac{\mathrm{d}\varepsilon(t)}{\mathrm{d}t} \quad (1.4.12)$$

可知，引入冲激函数之后，间断点的导数也存在。如图 1.4.6(a)所示的信号 $f(t)$，其导数 $f'(t)$ 波形如图 1.4.6(b)所示。

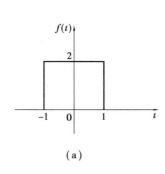

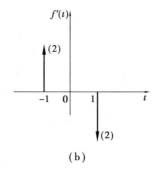

(a)   (b)

图 1.4.6 函数间断点处的导数

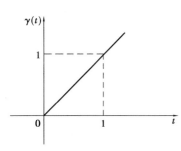

图 1.4.7 斜升函数

单位阶跃函数 $\varepsilon(t)$ 的积分为斜升函数用 $\gamma(t)$ 表示，即

$$\gamma(t) = \int_{-\infty}^{t} \varepsilon(\tau)\mathrm{d}\tau = \int_{0}^{t} 1\mathrm{d}\tau = t\varepsilon(t) \quad (1.4.13)$$

其波形如图 1.4.7 所示。斜升函数 $\gamma(t)$ 在 $t = 0$ 处是连续的。

例 1.5 信号 $f(t)$ 波形如图 1.4.8(a)所示，令 $y(t) = f'(t)$，求信号 $y(t)$ 并画出其波形。

解 信号 $f(t)$ 用阶跃函数表示为

$$f(t) = -\varepsilon(t) + 3\varepsilon(t-1) - \varepsilon(t-2) - \varepsilon(t-3)$$

根据阶跃函数与冲激函数的关系,可得

$$y(t) = \frac{\mathrm{d}f(t)}{\mathrm{d}t} = -\delta(t) + 3\delta(t-1) - \delta(t-2) - \delta(t-3)$$

$y(t)$的波形如图 1.4.8(b)所示。

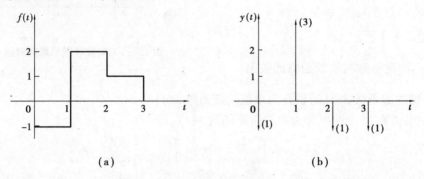

图 1.4.8 例 1.5 用图

由此可知,引入 $\delta(t)$ 函数以后,在函数的突变处也存在导数,即可对不连续函数进行微分,扩展了可微函数的范围。图 1.4.8(a)中,信号 $f(t)$ 的间断点在数学上称为第一类间断点。今后在对函数求导时,若遇到第一类间断点,那么在间断点处将出现冲激函数。由例 1.5 可知,若沿 t 的正方向函数向上突变,那么其导数在间断点处将出现正冲激;若沿 t 的正方向函数向下突变,那么其导数在间断点处将出现负冲激。冲激函数的强度等于间断点处突变的幅度值。

1.4.4 广义函数

(1)广义函数概念

普通函数是:在定义域中,对每个自变量 t,按照一定规则 f,指定一个函数值 $f(t)$。一个普通函数,对于定义域中的变量 t,都有对应的函数值 $f(t)$,间断点处的导数不存在。与此不同,$\varepsilon(t)$ 在 $t=0$ 处的导数是 $\delta(t)$,$\delta(t)$ 在唯一不为零的 $t=0$ 处的函数值为 ∞,这类函数不能按常规函数定义理解,称为广义(或奇异)函数。

广义函数理论认为,虽然某些函数不能确定它在每一时刻的函数值(不存在自变量与因变量之间的确定映射关系),但是可通过它与其他函数(又称测试函数)的相互作用规律(运算规则)来确定其函数关系,这种新的函数是广义函数,其可理解为:在测试函数集 $\{\varphi(t)\}$ 中,$g(t)$ 对每一函数 $\varphi(t)$,按一定规则 Ng,分配一个函数值 $Ng[\varphi(t)]$。$\varphi(t)$ 是普通函数,满足连续、有任意阶导数,且 $\varphi(t)$ 及各阶导数在 $|t| \to \infty$ 时要比 $|t|$ 的任意次幂更快地趋于零。这样广义函数定义为

$$\int_{-\infty}^{\infty} g(t)\varphi(t)\mathrm{d}t = Ng[\varphi(t)] \tag{1.4.14}$$

(2)$\delta(t)$,$\varepsilon(t)$ 的广义函数定义

$\delta(t)$ 就是一个将在 $t=0$ 处连续的任意有界函数 $\varphi(t)$,赋予 $\varphi(0)$ 值的一种(运算规则)广义函数,记为

$$\int_{-\infty}^{\infty} \delta(t)\varphi(t)\mathrm{d}t = \varphi(0) \tag{1.4.15}$$

这种用运算规则来定义函数的思路是建立在测度理论基础上的,它与建立在映射理论基础上的普通函数是相容且不矛盾的。因此,只要一个函数 $g(t)$ 与任意的测试函数 $\varphi(t)$ 之间满足关系式

$$\int_{-\infty}^{\infty} g(t)\varphi(t)\mathrm{d}t = \varphi(0) \tag{1.4.16}$$

则这个函数 $g(t)$ 就是单位冲激函数,即

$$g(t) = \delta(t) \tag{1.4.17}$$

其中, $\varphi(t)$ 是在 $t=0$ 时刻任意的有界函数。例如,

$$\int_{-\infty}^{\infty} \left[\lim_{\Delta \to 0} p_\Delta(t)\right]\varphi(t)\mathrm{d}t = \lim_{\Delta \to 0}\int_{-\infty}^{\infty} p_\Delta(t)\varphi(t)\mathrm{d}t = \varphi(0) \tag{1.4.18}$$

故脉冲序列信号 $p_\Delta(t)$ 具有筛选性质,同样可作为 $\delta(t)$ 定义。

$\varepsilon(t)$ 的广义函数定义为

$$\int_{-\infty}^{\infty} \varepsilon(t)\varphi(t)\mathrm{d}t = \int_{0}^{\infty} \varphi(t)\mathrm{d}t \tag{1.4.19}$$

表明 $\varepsilon(t)$ 是这样一种广义函数——其与 $\varphi(t)$ 的作用效果是分配一个积分值 $\int_{0}^{\infty} \varphi(t)\mathrm{d}t$。

1.4.5 冲激函数的性质

(1) 采样性质

由 $\delta(t)$ 的定义可知,在 $t \neq 0$ 时, $\delta(t)$ 处处为 0,只有在 $t=0$ 时, $\delta(t)$ 才不为 0。因此,将 $\delta(t)$ 与一个在 $t=0$ 处连续的有界函数相乘时,其乘积也必然是一个冲激函数,但其冲激强度不再是 1,而是 $f(t)$ 在 $t=0$ 处的值 $f(0)$,即

$$f(t)\delta(t) = f(0)\delta(t) \tag{1.4.20}$$

若对式(1.4.20)求定积分,即

$$\begin{aligned}\int_{-\infty}^{\infty} f(t)\delta(t)\mathrm{d}t &= \int_{-\infty}^{\infty} f(0)\delta(t)\mathrm{d}t \\ &= f(0)\int_{-\infty}^{\infty} \delta(t)\mathrm{d}t = f(0)\end{aligned} \tag{1.4.21}$$

式(1.4.21)表述了单位冲激函数的采样(筛选)性质,这是 $\delta(t)$ 最本质的性质。

值得注意的是,尽管式(1.4.20)和式(1.4.21)都称为 $\delta(t)$ 的采样特性,但两者之间是有差别的。式(1.4.20)是用 $\delta(t)$ 乘以 $f(t)$,所得的结果仍然是一个冲激函数,只是强度改变了;而式(1.4.21)则是将式(1.4.20)进行积分,其结果就不再是冲激函数,而是一个数值,它就是 $f(t)$ 在 $t=0$ 时的函数值 $f(0)$。

同理,可将式(1.4.20)和式(1.4.21)进行推广,可得

$$f(t)\delta(t-t_0) = f(t_0)\delta(t-t_0) \tag{1.4.22}$$

和

$$\begin{aligned}\int_{-\infty}^{\infty} f(t)\delta(t-t_0)\mathrm{d}t &= \int_{-\infty}^{\infty} f(t_0)\delta(t-t_0)\mathrm{d}t \\ &= f(t_0)\int_{-\infty}^{\infty} \delta(t-t_0)\mathrm{d}t \\ &= f(t_0)\end{aligned} \tag{1.4.23}$$

这表明，连续有界函数 $f(t)$ 与位于 $t = t_0$ 处的冲激函数相乘并求 $-\infty$ 到 ∞ 区间的定积分，可筛选出 $f(t)$ 在 $t = t_0$ 时刻的函数值 $f(t_0)$。

例 1.6 计算下式：

1) $\cos t\delta(t)$

2) $\int_{-5}^{5} (t^3 + 2t + 1)\delta(t)\mathrm{d}t$

3) $\int_{-5}^{5} (t^3 + 2t + 1)\delta(t - 6)\mathrm{d}t$

4) $\int_{-\infty}^{\infty} \left[1 + t^2 + \sin\left(\frac{\pi t}{8} + \frac{\pi}{4}\right) \right]\delta(t - 2)\mathrm{d}t$

解 1) $\cos t\delta(t) = \cos 0\delta(t) = \delta(t)$

2) $\int_{-5}^{5} (t^3 + 2t + 1)\delta(t)\mathrm{d}t = \int_{-5}^{5} \delta(t)\mathrm{d}t = 1$

3) $\int_{-5}^{5} (t^3 + 2t + 1)\delta(t - 6)\mathrm{d}t = 0$

4) $\int_{-\infty}^{\infty} \left[1 + t^2 + \sin\left(\frac{\pi t}{8} + \frac{\pi}{4}\right) \right]\delta(t - 2)\mathrm{d}t = \int_{-\infty}^{\infty} \left[1 + 2^2 + \sin\left(\frac{2\pi}{8} + \frac{\pi}{4}\right) \right]\delta(t - 2)\mathrm{d}t$

$$= \int_{-\infty}^{\infty} 6\delta(t - 2)\mathrm{d}t = 6$$

(2) $\delta(t)$ 是偶函数

$\delta(t)$ 是偶函数，即

$$\delta(-t) = \delta(t) \tag{1.4.24}$$

证明 考虑积分 $\int_{-\infty}^{\infty} f(t)\delta(-t)\mathrm{d}t$，其中 $f(t)$ 在 $t = 0$ 处连续，对上式进行积分变量置换，令 $\tau = -t, \mathrm{d}t = -\mathrm{d}\tau$，积分上下限作相应变化，则有

$$\int_{-\infty}^{\infty} f(t)\delta(-t)\mathrm{d}t = \int_{\infty}^{-\infty} f(-\tau)\delta(\tau)(-\mathrm{d}\tau)$$

$$= \int_{-\infty}^{\infty} f(-\tau)\delta(\tau)\mathrm{d}\tau \tag{1.4.25}$$

$$= \int_{-\infty}^{\infty} f(0)\delta(\tau)\mathrm{d}\tau$$

$$= f(0)$$

比较式 (1.4.25) 与式 (1.4.21)，得

$$\int_{-\infty}^{\infty} f(t)\delta(t)\mathrm{d}t = \int_{-\infty}^{\infty} f(t)\delta(-t)\mathrm{d}t \tag{1.4.26}$$

从而有

$$\delta(-t) = \delta(t) \tag{1.4.27}$$

(3) 单位冲激函数的导数及其性质

1) 冲激偶函数

$\delta(t)$ 是一种广义函数，与一般函数不同，它是以特殊的方法加以定义的，具有很多特殊的性质。$\delta(t)$ 的一阶导数用 $\delta'(t)$ 表示，称为单位冲激偶，简称冲激偶。对冲激偶进行积分等于零，即

$$\int_{-\infty}^{\infty} \delta'(t)\mathrm{d}t = 0 \tag{1.4.28}$$

$\delta(t)$ 的 N 阶导数用 $\delta^{(N)}(t)$ 表示，即

$$\delta^{(N)}(t) = \frac{\mathrm{d}^N \delta(t)}{\mathrm{d}t^N} \tag{1.4.29}$$

2）冲激偶函数的性质

①冲激偶函数是奇函数

冲激偶是奇函数，即

$$\delta'(-t) = -\delta'(t) \tag{1.4.30}$$

②冲激偶函数的加权性

设 $f(t)$ 为在 $t=0$ 处连续，$f'(0)$ 是 $f(t)$ 的一阶导数在 $t=0$ 时的函数值，则

$$f(t)\delta'(t) = f(0)\delta'(t) - f'(0)\delta(t) \tag{1.4.31}$$

③冲激偶函数的采样性

设 $f(t)$ 为在 $t=0$ 处连续，$f'(0)$ 是 $f(t)$ 的一阶导数在 $t=0$ 时的函数值，则

$$\int_{-\infty}^{\infty} f(t)\delta'(t)\mathrm{d}t = -f'(0) \tag{1.4.32}$$

推广，对于 $t=t_0$ 时刻，有

$$\int_{-\infty}^{\infty} f(t)\delta'(t-t_0)\mathrm{d}t = -f'(t_0) \tag{1.4.33}$$

例1.7　计算下式：

1）$f(t) = \dfrac{\mathrm{d}}{\mathrm{d}t}\left[\mathrm{e}^{-2t}\varepsilon(t)\right]$　　　　　　2）$\displaystyle\int_{-5}^{5}(t^2-2t+3)\delta'(t-2)\mathrm{d}t$

3）$\displaystyle\int_{-5}^{5}(t^2-2t+3)\delta'(t-6)\mathrm{d}t$

解　1）$f(t) = \dfrac{\mathrm{d}}{\mathrm{d}t}\left[\mathrm{e}^{-2t}\varepsilon(t)\right] = -2\mathrm{e}^{-2t}\varepsilon(t) + \mathrm{e}^{-2t}\delta(t) = -2\mathrm{e}^{-2t}\varepsilon(t) + \delta(t)$

2）$\displaystyle\int_{-5}^{5}(t^2-2t+3)\delta'(t-2)\mathrm{d}t = -(t^2-2t+3)'\Big|_{t=2} = -(2t-2)\Big|_{t=2} = -2$

3）$\displaystyle\int_{-5}^{5}(t^2-2t+3)\delta'(t-6)\mathrm{d}t = 0$

1.5　系统的描述

　　系统所涉及的范围十分广泛，包括各种有联系的事物组合体，如物理系统、非物理系统、人工系统、自然系统、社会系统等。系统具有层次性，可以有系统嵌套系统，对某一系统，其外部更大的系统称为环境，所包含的更小的系统为子系统。因为本书主要研究的信号是电信号，对电信号的产生、处理及传输等是通过电路系统（电路网络）完成。电路系统是由电子元件组成的实现不同功能的整体，电路侧重于局部，系统侧重于全部。本书将用电路网络阐述系统，并对信号的传输、处理、变换等问题进行讨论，书中"电路""系统"和"网络"3个词互相通用。

1.5.1　系统的数学模型

　　系统在受到一个或多个输入信号的作用时，会产生一个或多个输出信号。输入信号又称

为系统的激励,输出信号也称为系统的响应。人们常常关心的是系统的响应与其激励之间的关系,即系统的外部特性,常将系统用一个方框来表示,如图 1.5.1 所示。

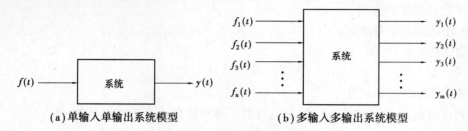

(a) 单输入单输出系统模型　　　　(b) 多输入多输出系统模型

图 1.5.1　系统框图表示

图 1.5.1 中,$f(t)$ 是系统的激励(输入),$y(t)$ 是系统的响应(输出)。为叙述简便,激励与响应的关系也常表示为 $f(t) \rightarrow y(t)$,其中,"→"表示系统对信号的作用。系统的数学模型就是系统的特定功能、特性的一种数学抽象或数学描述。具体来说,就是利用某种数学关系或者具有理想特性的符号组合图形来表征系统的特性。为了对系统的输入、输出关系进行分析,首先要建立系统的数学模型,实现对系统的描述。

图 1.5.2 所示的 RLC 二阶电路中,初始观察时刻 $t=0$,以 $u_s(t)$ 作激励,$u_c(t)$ 作为响应,根据电路的 KVL 和伏安关系列方程,并整理得

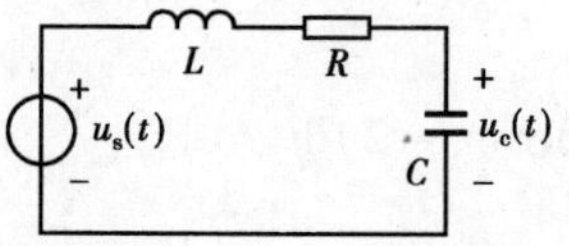

图 1.5.2　RLC 二阶电路

$$\begin{cases} LC \dfrac{d^2 u_c}{dt^2} + RC \dfrac{du_c}{dt} + u_c = u_s \\ u_c(0_+), u_c'(0_+) \end{cases} \tag{1.5.1}$$

式(1.5.1)为 RLC 二阶电路的二阶常系数线性微分方程。

本书一般将 $t_0=0$ 记为"初始"时刻,并用 0_- 表示系统"初始或电路换路"前系统储能的初始状态,用 0_+ 表示"初始或电路换路"后系统响应的初始条件。连续时间系统的输入、输出都是时间的连续函数,通常它是用微分方程来描述的。对于图 1.5.1(a)所示的单输入单输出系统,可用一阶或高阶微分方程描述。例如,一个 N 阶系统的微分方程的一般表达式为

$$a_N \frac{d^N y(t)}{dt^N} + a_{N-1} \frac{d^{N-1} y(t)}{dt^{N-1}} + \cdots + a_1 \frac{dy(t)}{dt} + a_0 y(t)$$

$$= b_M \frac{d^M f(t)}{dt^M} + b_{M-1} \frac{d^{M-1} f(t)}{dt^{M-1}} + \cdots + b_1 \frac{df(t)}{dt} + b_0 f(t) \tag{1.5.2}$$

这样式(1.5.1)所示的微分方程可表示为

$$a_2 \frac{d^2 y(t)}{dt^2} + a_1 \frac{dy(t)}{dt} + a_0 y(t) = b_0 f(t) \tag{1.5.3}$$

根据网络对偶理论可知,一个电导(G)、电容(C)和电感(L)组成的并联回路,在电流源激励下求其端电压的微分方程将与式(1.5.3)形式相同。此外,一些对应的非电路系统(如机械系统)的数学模型与式(1.5.3)表示的电路方程也可以完全相同,这说明同物理性质完全不同的系统可用同样的数学模型描述。

1.5.2　系统的框图

除利用数学表达式描述系统模型之外,还可借助方框图来表示系统模型。每个方框图反映某种数学运算功能,给出该方框图输入与输出信号的约束条件,由若干方框图组成一个完

整的系统。描述系统的基本运算单元为加法器、数乘器、积分器（连续系统使用）及延迟单元（离散系统使用）。图 1.5.3 中的 4 个分图分别给出了这 4 种基本运算单元的框图及其运算功能。

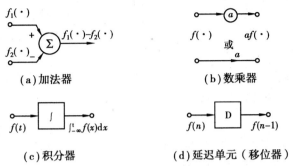

(a) 加法器　　　　　　　　(b) 数乘器

(c) 积分器　　　　　　　(d) 延迟单元（移位器）

图 1.5.3　基本运算单元框图

式 (1.5.4) 所示二阶连续系统的数学模型为微分方程，其用基本运算单元建立的系统框图如图 1.5.4 所示。

$$y''(t) + 2y'(t) + 3y(t) = 4f'(t) + 3f(t) \qquad (1.5.4)$$

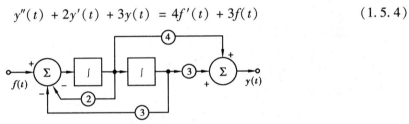

图 1.5.4　二阶连续系统框图

二阶离散系统的数学模型为式 (1.5.5) 所示的差分方程，其用基本运算单元建立的系统框图如图 1.5.5 所示。

$$y(n) + 2y(n-1) + 3y(n-2) = 4f(n-1) + 5f(n-2) \qquad (1.5.5)$$

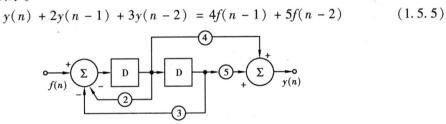

图 1.5.5　二阶离散系统框图

1.6　系统的分类和特性

1.6.1　系统的分类

可以从多种角度来观察、分析研究系统的特征，提出对系统进行分类的方法。不同类型的系统其系统分析的过程是一样的，但系统的数学模型不同，其分析方法也就不同。下面讨论几种常用的系统分类法。

（1）连续系统与离散系统

若系统的输入信号是连续信号，系统的输出信号也是连续信号，则称该系统为连续时间系统，简称为连续系统。若系统的输入信号和输出信号均是离散信号，则称该系统为离散时间系统，简称为离散系统。普通的收音机是典型的连续时间系统，而计算机则是典型的离散时间系统。

（2）动态系统与静态系统

含有动态元件的系统是动态系统，如 RC，RL 电路。动态系统在任一时刻的响应不仅与该时刻的激励有关，而且与它过去的历史状况有关，动态系统也称记忆系统，描述动态系统的数学模型为微分方程或差分方程。没有动态元件的系统是静态系统，也称即时系统或无记忆系统，如纯电阻电路。描述静态系统的数学模型为代数方程。

（3）单输入单输出系统与多输入多输出系统

若系统的输入信号和输出信号都只有一个，则称为单输入单输出系统，如图 1.5.1（a）所示。若系统的输入信号有多个，输出信号也有多个，则称为多输入多输出系统，如图 1.5.1（b）所示。尽管实际中多输入多输出系统用得很多，但就方法和概念而言，单输入单输出系统是基础。因此，本书重点研究单输入单输出系统。

（4）线性系统与非线性系统

一般来说，线性系统是由线性元件组成的系统，非线性系统则是含有非线性元件的系统。线性系统具有叠加性与齐次性，而不满足叠加性与齐次性的系统是非线性系统。

（5）时变系统与时不变系统

如果系统的参数不随时间而变化，则称此系统为时不变系统；如果系统的参数随时间改变，则称该系统为时变系统。

除上述几种划分之外，还可按照系统的参数是集总的或分布的而分为集总参数系统和分布参数系统，可按照系统是否满足因果性而分为因果系统和非因果系统，可按照系统内是否含源而分为无源系统和有源系统，等等。本书着重讨论在确定性输入信号作用下的集总参数线性时不变系统，包括连续系统和离散系统。下面将对线性时不变系统的基本性质进行讨论。

1.6.2　线性特性

具有线性特性的系统是线性系统，线性特性包括叠加性与齐次性。线性系统的数学模型是线性微分方程或线性差分方程。系统具有叠加性是指当若干个输入激励同时作用于系统时，系统的输出响应是每个输入激励单独作用时（此时其余输入激励为零）相应输出响应的叠加。系统具有齐次性是指当系统的激励增大 a 倍时，其响应也增大 a 倍。

系统的齐次性和叠加性可表示如下：

1）叠加性

若

$$f_1(t) \to y_1(t), f_2(t) \to y_2(t)$$

则

$$f_1(t) + f_2(t) \to y_1(t) + y_2(t) \tag{1.6.1}$$

2）齐次性

若

$$f_1(t) \rightarrow y_1(t)$$

则

$$af_1(t) \rightarrow ay_1(t) \tag{1.6.2}$$

线性特性要求系统同时具有叠加性和齐次性,也即可综合表示系统的线性特性如下:

若

$$f_1(t) \rightarrow y_1(t), f_2(t) \rightarrow y_2(t)$$

则对于任意常数 a 和 b,有

$$af_1(t) + bf_2(t) \rightarrow ay_1(t) + by_2(t) \tag{1.6.3}$$

同时满足叠加性和齐次性的系统,称为线性系统;否则,系统称为非线性系统。线性系统在零状态下,有两个重要特性:微分特性和积分特性。

1）微分特性

若线性系统的输入 $f(t)$ 所产生的响应为 $y(t)$,则当系统输入为 $\dfrac{\mathrm{d}f(t)}{\mathrm{d}t}$ 时,其响应为 $\dfrac{\mathrm{d}y(t)}{\mathrm{d}t}$,即

$$\frac{\mathrm{d}f(t)}{\mathrm{d}t} \rightarrow \frac{\mathrm{d}y(t)}{\mathrm{d}t} \tag{1.6.4}$$

2）积分特性

若线性系统的输入 $f(t)$ 所产生的响应为 $y(t)$,则当输入 $\displaystyle\int_0^t f(\tau)\mathrm{d}\tau$ 时,其响应为 $\displaystyle\int_0^t y(\tau)\mathrm{d}\tau$,即

$$\int_0^t f(\tau)\mathrm{d}\tau \rightarrow \int_0^t y(\tau)\mathrm{d}\tau \tag{1.6.5}$$

例1.8　讨论具有下列输入、输出关系的系统是否线性。

$$y(t) = 3 + 5f(t) \tag{1.6.6}$$

解
$$f_1(t) \rightarrow y_1(t) = 3 + 5f_1(t)$$
$$f_2(t) \rightarrow y_2(t) = 3 + 5f_2(t)$$
$$f_1(t) + f_2(t) \rightarrow y(t) = 3 + 5[f_1(t) + f_2(t)] \neq y_1(t) + y_2(t) = 6 + 5[f_1(t) + f_2(t)]$$

故该系统是非线性系统。

1.6.3　时不变特性

系统的参数都是常数,不随时间变化,则称该系统为时不变系统,也称非时变系统、常参系统、定常系统等。系统参数随时间变化的是时变系统,也称变参系统。从系统响应来看,时不变系统在初始状态相同的情况下,系统响应与激励加入的时刻无关。也就是说,若激励 $f(t)$ 在某个时刻接入时响应为 $y(t)$,当激励延迟 t_0 作用时,它所引起的响应也延迟相同的时间 t_0,即

$$f(t - t_0) \rightarrow y(t - t_0) \tag{1.6.7}$$

这一特性如图 1.6.1 所示。

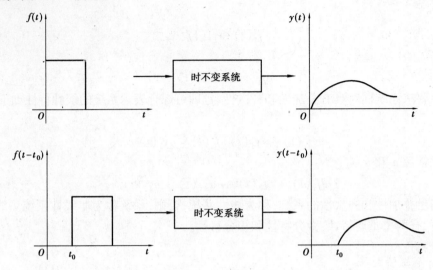

图 1.6.1　时不变系统

由图 1.6.1 可知,当激励延迟一段时间 t_0 加入时不变系统时,输出响应也延时 t_0 才出现,并且波形变化的规律不变。若系统既是线性的又是时不变的,则称为线性时不变系统(Linear Time-Invariant System,简称 LTI 系统)。对线性时不变系统而言,其描述方程为线性常系数微分方程或线性常系数差分方程。本书只研究线性时不变系统。

1.6.4　因果性

一个系统,如果在任意时刻的输出只取决于当前时刻和过去时刻的输入信号值,而与后续的输入信号无关,则称该系统为因果系统。也就是说,激励是产生响应的原因,响应是激励引起的后果,因果系统的响应不会出现在激励之前;反之,不具有因果特性的系统称为非因果系统。图 1.6.2 所示为因果系统和非因果系统示意图。

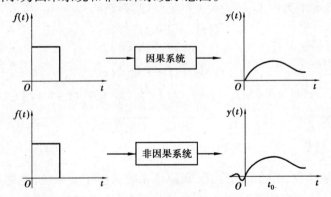

图 1.6.2　因果性示意图

一般在物理上可实现的系统都是因果系统,如电路系统、机械系统等。非因果系统在后处理技术中得到了广泛的应用,其基本过程是先将数据接收存储,再进行处理。非因果系统的概念与特性也有实际的意义,如信号的压缩、扩展等处理。本书重点研究因果系统。

1.6.5　稳定性

当系统的输入信号为有界信号时,输出信号也是有界的,则该系统是稳定的,称为稳定系统;否则,系统为不稳定系统。简而言之,对于一个稳定系统,任何有界的输入信号总是产生有界的输出信号;反之,只要某个有界的输入信号能导致无界的输出信号,系统就不稳定,即若激励 $|f(\cdot)| < \infty$,其系统响应 $|y(\cdot)| < \infty$,则称系统是稳定的。

1.7　线性时不变系统分析方法

分析线性时不变系统的主要任务就是建立与求解系统的数学模型。其中,建立系统数学模型的方法有输入输出描述法与状态变量描述法,而求解系统数学模型的方法可分为时间域分析法与变换域分析法。

(1)输入输出描述法

输入输出描述法着眼于系统激励与响应的外部关系,一般不考虑系统的内部变量情况,可直接建立系统的输入输出函数关系。由此建立的系统方程直观、简单,很适用于单输入、单输出系统,如通信系统中大量遇到的就是单输入单输出系统。

(2)状态变量描述法

状态变量描述法除了给出系统的响应外,还可提供系统内部变量的情况,建立系统的内部变量之间及内部变量与输出之间的函数关系,适用于多输入、多输出的情况。在控制系统理论研究中,广泛采用状态变量描述法。

就本书所研究的 LTI 系统而言,由输入输出模型建立的系统方程是一个线性常系数的微分方程或差分方程;由状态变量模型建立的系统状态方程是一阶线性微分方程组或差分方程组,输出方程是一组代数方程。

在求解系统的数学模型方面,时间域分析法是以时间 t 为变量,直接分析时间变量的函数,研究系统的时域特性,这一方法的优点是物理概念比较清楚,但计算较为烦琐。变换域分析法是应用数学的映射理论,将时间变量映射为某个变换域的变量,从而使时间变量函数变换为某个变换域的某种变量的函数,使系统的动态方程式转化为代数方程式,从而简化了计算。变换域方法有傅里叶变换、拉普拉斯变换、z 变换。对系统的特性分析常用系统函数进行表征,系统函数将响应同激励联系起来。表 1.7.1 为线性时不变系统分析方法分类表。

表 1.7.1　线性时不变系统分析方法表

LTI 系统类别			连续系统	离散系统
LTI 系统的分析方法	内部法		状态变量法	状态变量法
	外部法	输入输出法	时域分析	时域分析
			变换域法 (频域法、复频域法)	变换域法 (z 域法)
	系统特性		系统函数	系统函数

在 LTI 系统的时域分析中,将输入信号 $f(t)$ 分解成冲激信号(或脉冲序列)单元的线性组合,只要求出单位冲激信号(或单位序列)作用下系统的响应,就可根据系统的线性和时不变特性确定各冲激信号(或脉冲序列)单元作用下系统的响应分量,再将这些响应分量叠加求得系统在激励信号下的输出响应。这就产生了系统响应的卷积积分和卷积和的计算方法。在频域分析中,将输入信号分解为虚指数信号($e^{j\omega t}$ 或 $e^{j\Omega n}$)单元的线性组合,只要求出基本信号 $e^{j\omega t}$(或 $e^{j\Omega n}$)作用下系统的响应,再由系统的线性、时不变特性确定各虚指数信号单元作用下系统的响应分量,并将这些响应分量叠加,便可求得激励信号下的系统响应,这就是傅里叶分析的思想。在复频域分析中,用复指数信号 e^{st} 或 z^n 作为基本信号,将输入 $f(t)$(或 $f(n)$)分解为复指数信号单元(或 z^n)的线性组合,其系统响应表示为各复指数信号单元(或 z^n)作用下相应输出的叠加,这就是应用拉普拉斯变换和 z 变换的系统分析方法。

本书关于连续系统、离散系统与系统分析理论之间具有在内容上并行,体系上相对独立的特点。根据信号与系统的不同分析方法,全书内容按照先输入输出分析,后状态空间分析;先连续系统分析,后离散系统分析;先时域分析,后变换域分析;先信号分析,后系统分析的方式依次展开讨论。

习题 1

1.1 什么是连续信号? 什么是离散信号?

1.2 在题图 1.1 所示的信号中,哪些是连续信号? 哪些是离散信号? 哪些是周期信号? 哪些是非周期信号?

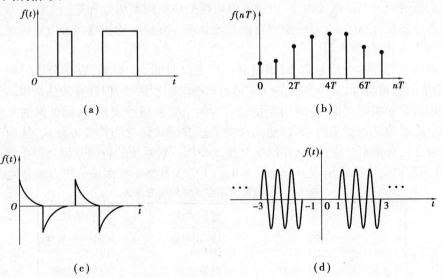

题图 1.1

1.3 判断下列信号是否为周期信号。如果是周期信号,试确定其周期。

(1) $f(t) = 3\cos(2t) + 2\cos(\pi t)$

(2) $f(t) = |\cos(2t)|$

(3) $f(t) = \cos\left(\frac{\pi}{2}t\right) + \cos\left(\frac{\pi}{3}t\right) + \cos\left(\frac{\pi}{6}t\right)$

(4) $f(n) = \cos(0.3\pi n)$

1.4 信号 $f_1(t)$ 的波形如题图 1.2 所示,绘出 $f_2(t) = f_1(t-1)\varepsilon(t-1)$ 的波形。

1.5 已知 $f(t)$ 的波形如题图 1.3 所示,绘出 $f(5-2t)$ 的波形。

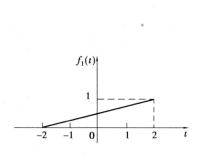

题图 1.2

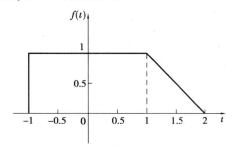

题图 1.3

1.6 已知信号 $f(t)$ 如题图 1.4 所示,绘出 $f(-2t-2)$ 的波形。

1.7 已知信号 $f(2-t)$ 的波形如题图 1.5 所示,绘出 $f(t)$ 的波形。

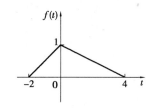

题图 1.4

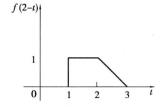

题图 1.5

1.8 若 $f(t) = 2\varepsilon(t) - \varepsilon(t-1) + 2\varepsilon(t-2) - 3\varepsilon(t-3)$,绘出 $f(t)$ 的波形。

1.9 两信号 $f_1(t)$ 和 $f_2(t)$ 如题图 1.6 所示,则 $f_1(t)$ 与 $f_2(t)$ 间的变换关系是什么?

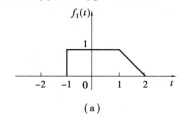

(a)

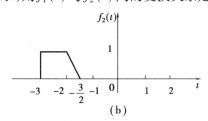

(b)

题图 1.6

1.10 什么是冲激函数?什么是单位阶跃函数?它们的关系是什么?

1.11 信号 $f(t)$ 的波形如题图 1.7 所示,试用阶跃函数写出 $f(t)$ 的函数表达式。

1.12 已知信号 $f(t)$ 的波形如题图 1.8 所示,写出 $f(t-1)\varepsilon(t)$ 的表达式。

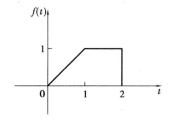

题图 1.7

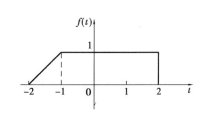

题图 1.8

1.13 用阶跃函数表达如题图 1.9 所示波形。

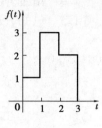

题图 1.9

1.14 已知函数 $f(t) = \mathrm{e}^{-t}[\varepsilon(t) - \varepsilon(t-2)]$，写出 $f(3-2t)$ 的数学表达式。

1.15 写出如题图 1.10(a)、(b)所示信号的数学表示式。

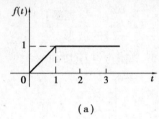   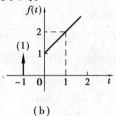

(a)   (b)

题图 1.10

1.16 计算下列各题：

(1) $(t^3 - 2t^2 - t + 2)\delta(t-1)$

(2) $\int_{-5}^{6} \cos t \cdot \delta(t-\pi)\,\mathrm{d}t$

(3) $\int_{-\infty}^{\infty} 2\,\dfrac{\sin 2t}{t}\delta(t)\,\mathrm{d}t$

(4) $\int_{-\infty}^{\infty} \mathrm{e}^{-\mathrm{j}\omega t}[\delta(t) - \delta(t-t_0)]\,\mathrm{d}t$

(5) $\int_{-\infty}^{\infty} \mathrm{e}^{-t}\delta(t+3)\,\mathrm{d}t$

(6) $\int_{-\infty}^{\infty} (t+4)\delta(-t-3)\,\mathrm{d}t$

(7) $\int_{-\infty}^{\infty} f(t)\delta(t-t_0)\,\mathrm{d}t$

(8) $\int_{-1}^{1} (2t^2+1)\delta(t-2)\,\mathrm{d}t$

(9) $\int_{-\infty}^{\infty} (t+\sin t)\delta\left(t-\dfrac{\pi}{6}\right)\mathrm{d}t$

(10) $\dfrac{\mathrm{d}}{\mathrm{d}t}[\mathrm{e}^{-t}\varepsilon(t)]$

(11) $\int_{-\infty}^{+\infty} (\mathrm{e}^{-t}+t)\delta(t+2)\,\mathrm{d}t$

(12) $\int_{-\infty}^{\infty} \sin^8(t)\delta(t)\,\mathrm{d}t$

(13) $\int_{-\infty}^{\infty} (t^2+2)\delta\left(\dfrac{t}{2}\right)\mathrm{d}t$

(14) $\int_{-\infty}^{\infty} (t^3+2t^2-2t+1)\delta'(t-1)\,\mathrm{d}t$

1.17 计算积分 $\int_{-\infty}^{t} \mathrm{e}^{-2\tau}\delta(\tau)\,\mathrm{d}\tau$ 的值。

1.18 计算 $\int_{-\infty}^{\infty} \sin^2 t\,\delta\left(t-\dfrac{\pi}{6}\right)\mathrm{d}t$ 的值。

1.19 已知 $f(t)$ 信号的波形如题图 1.11 所示，求 $f'(t)$。

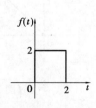

题图 1.11

1.20 试证明

$$\delta(at) = \frac{1}{a}\delta(t)$$

其中，$a > 0$。

1.21 下列表达式中错误的表达式是哪个？

$(1)\delta(t) = \delta(-t)$ $(2)\delta(t - t_0) = \delta(t_0 - t)$

$(3)\delta(t) = -\delta(t)$ $(4)\delta(-2t) = \frac{1}{2}\delta(t)$

1.22 计算积分 $\int_{-4}^{4} (t^2 + 3t + 2)[\delta(t) + 2\delta(t - 2)]\,\mathrm{d}t$ 及 $\int_{0}^{\infty} (t^3 + 4)\delta(t + 1)\,\mathrm{d}t$ 的值。

1.23 什么是线性时不变系统？

1.24 什么是因果系统？什么是非因果系统？

1.25 设 $f(t)$ 为系统输入，$y(t)$ 为系统输出，则下列描述系统的输入输出关系中哪个为线性时不变系统？

$(1)y(t) = x(t)f(t)$ $(2)y(t) = tf(t)$

$(3)y''(t) + y(t) = f'(t) + f(t)$ $(4)y(t) = f(2t)$

1.26 设激励为 $f_1(t)$，$f_2(t)$ 时系统产生的响应分别为 $y_1(t)$，$y_2(t)$，并设 a, b 为任意实常数，若系统具有以下性质：$af_1(t) + bf_2(t) \leftrightarrow ay_1(t) + by_2(t)$，则系统是什么系统？

1.27 下列微分方程描述的系统，是线性的还是非线性的？是时变的还是非时变的？

$(1)y'(t) + 5y(t) = f'(t) - f(t)$ $(2)y'(t) + \cos ty(t) = 2f(t)$

$(3)y''(t) + ty'(t) + 4y(t) = 3f(t)$ $(4)y'(t) + [y(t)]^2 = f(t)$

$(5)y(t) = \int_{-\infty}^{t} f(\tau)\,\mathrm{d}\tau$ $(6)y(t) = \int_{-\infty}^{7t} f(\tau)\,\mathrm{d}\tau$

第 **2** 章
连续系统的时域分析

2.1　连续系统的数学模型

2.1.1　连续系统数学模型的建立

分析一个实际的电路系统,首先要对其建立数学模型,基于建立的数学模型运用数学方法求其解,然后再回到实际系统对结果作出相应解释。根据电路系统的结构、元件特性,利用相关基本定律寻找能表征系统特性的数学关系式,称为对系统建模;所建立的数学关系式,称为系统的数学模型。线性时不变连续系统的时域数学模型是线性常系数微分方程。

例 2.1　如图 2.1.1 所示电路,写出激励 $u_s(t)$ 和响应 $u_R(t)$ 间的微分方程。

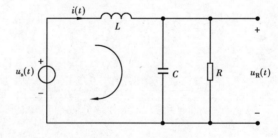

图 2.1.1　例 2.1 用图

解　根据 KVL,KCL 可列方程为

$$L\frac{\mathrm{d}i(t)}{\mathrm{d}t} + u_R(t) = u_s(t) \tag{2.1.1}$$

$$C\frac{\mathrm{d}u_R(t)}{\mathrm{d}t} + \frac{u_R(t)}{R} = i(t) \tag{2.1.2}$$

对式(2.1.2)两边求导,得

$$C\frac{\mathrm{d}^2 u_R(t)}{\mathrm{d}t^2} + \frac{1}{R}\frac{\mathrm{d}u_R(t)}{\mathrm{d}t} = \frac{\mathrm{d}i(t)}{\mathrm{d}t} \tag{2.1.3}$$

将式(2.1.3)代入式(2.1.1),得

$$LC\frac{\mathrm{d}^2 u_{\mathrm{R}}(t)}{\mathrm{d}t^2} + \frac{L}{R}\frac{\mathrm{d}u_{\mathrm{R}}(t)}{\mathrm{d}t} + u_{\mathrm{R}}(t) = u_{\mathrm{s}}(t) \tag{2.1.4}$$

式(2.1.4)即为激励 $u_{\mathrm{s}}(t)$ 和响应 $u_{\mathrm{R}}(t)$ 间的微分方程。

例 2.2　如图 2.1.2 所示的电路,输入激励是电流源 $i_{\mathrm{s}}(t)$,试列出以电流 $i_{\mathrm{L}}(t)$ 为响应的微分方程。

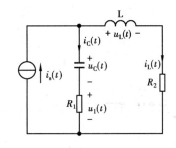

解　由 KVL,列出电压方程为

$$
\begin{aligned}
u_{\mathrm{C}}(t) + u_1(t) &= u_{\mathrm{L}}(t) + R_2 i_{\mathrm{L}}(t) \\
&= L\frac{\mathrm{d}i_{\mathrm{L}}(t)}{\mathrm{d}t} + R_2 i_{\mathrm{L}}(t)
\end{aligned} \tag{2.1.5}
$$

图 2.1.2　例 2.2 用图

对式(2.1.5)求导,并考虑到 $i_{\mathrm{C}}(t) = C\dfrac{\mathrm{d}u_{\mathrm{C}}(t)}{\mathrm{d}t}, R_1 i_{\mathrm{C}}(t) = u_1(t)$,则

$$\frac{1}{R_1 C}u_1(t) + R_1\frac{\mathrm{d}i_{\mathrm{C}}(t)}{\mathrm{d}t} = L\frac{\mathrm{d}i_{\mathrm{L}}^2(t)}{\mathrm{d}t^2} + R_2\frac{\mathrm{d}i_{\mathrm{L}}(t)}{\mathrm{d}t} \tag{2.1.6}$$

根据 KCL,有

$$i_{\mathrm{C}}(t) = i_{\mathrm{s}}(t) - i_{\mathrm{L}}(t) \tag{2.1.7}$$

因而

$$u_1(t) = R_1 i_{\mathrm{C}}(t) = R_1(i_{\mathrm{s}}(t) - i_{\mathrm{L}}(t)) \tag{2.1.8}$$

将式(2.1.7)、式(2.1.8)代入式(2.1.6),得

$$\frac{1}{C}(i_{\mathrm{s}}(t) - i_{\mathrm{L}}(t)) + R_1\left(\frac{\mathrm{d}i_{\mathrm{s}}(t)}{\mathrm{d}t} - \frac{\mathrm{d}i_{\mathrm{L}}(t)}{\mathrm{d}t}\right) = L\frac{\mathrm{d}^2 i_{\mathrm{L}}(t)}{\mathrm{d}t^2} + R_2\frac{\mathrm{d}i_{\mathrm{L}}(t)}{\mathrm{d}t} \tag{2.1.9}$$

整理式(2.1.9)后,可得

$$\frac{\mathrm{d}^2 i_{\mathrm{L}}(t)}{\mathrm{d}t^2} + \frac{R_1 + R_2}{L}\frac{\mathrm{d}i_{\mathrm{L}}(t)}{\mathrm{d}t} + \frac{1}{LC}i_{\mathrm{L}}(t) = \frac{R_1}{L}\frac{\mathrm{d}i_{\mathrm{s}}(t)}{\mathrm{d}t} + \frac{1}{LC}i_{\mathrm{s}}(t) \tag{2.1.10}$$

式(2.1.10)即为以电流 $i_{\mathrm{L}}(t)$ 为响应的微分方程。采用同样的方法可求得输入激励是 $i_{\mathrm{s}}(t)$,以电流 $i_{\mathrm{C}}(t)$ 为响应的微分方程为

$$\frac{\mathrm{d}^2 i_{\mathrm{C}}(t)}{\mathrm{d}t^2} + \frac{R_1 + R_2}{L}\frac{\mathrm{d}i_{\mathrm{C}}(t)}{\mathrm{d}t} + \frac{1}{LC}i_{\mathrm{C}}(t) = R_1\frac{\mathrm{d}^2 i_{\mathrm{s}}(t)}{\mathrm{d}t^2} + \frac{R_1 R_2}{L}\frac{\mathrm{d}i_{\mathrm{s}}(t)}{\mathrm{d}t} \tag{2.1.11}$$

式(2.1.10)和式(2.1.11)是二阶线性常系数非齐次微分方程。

从上面例子可得到以下两点结论:

① 求得的微分方程的阶数与动态电路的阶数(即独立动态元件的个数)是一致的。一般有 N 个独立动态元件组成的系统是 N 阶系统,可由 N 阶微分方程描述(或 N 个一阶微分方程组描述),也可从另一个角度判断一般电路系统的阶数:系统的阶数等于独立的电容电压 $u_{\mathrm{C}}(t)$ 与独立的电感电流 $i_{\mathrm{L}}(t)$ 的个数之和,其中,独立 $u_{\mathrm{C}}(t)$ 是不能用其他 $u_{\mathrm{C}}(t)$(可含电源)表示,独立 $i_{\mathrm{L}}(t)$ 是不能用其他 $i_{\mathrm{L}}(t)$(可含电源)表示。

② 输出响应无论是 $i_{\mathrm{L}}(t)$, $i_{\mathrm{C}}(t)$ 或是 $u_{\mathrm{L}}(t)$, $u_{\mathrm{C}}(t)$,还是其他别的变量,它们的齐次方程系数都相同。这表明同一系统当它的元件参数确定不变时,它的自由频率是唯一的。

例 2.3　如图 2.1.3 所示的电路,判断系统阶数。

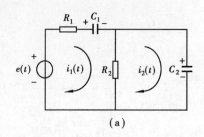 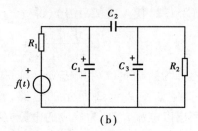

图 2.1.3　例 2.3 用图

解　①列电路图 2.1.3(a)的 KVL 方程为

$$\begin{cases} R_1 i_1(t) + u_{C1}(t) + u_{C2}(t) = e(t) \\ u_{C2}(t) = u_{R2}(t) \end{cases}$$

有两个独立的 $u_C(t)$，故该系统是二阶系统。

②列电路图 2.1.3(b)的 KVL 方程为

$$u_{C1}(t) = u_{C2}(t) + u_{C3}(t)$$

$u_{C1}(t)$ 是通过其他 $u_C(t)$ 表示的，是非独立的 $u_C(t)$。但 $u_{C2}(t) \neq u_{C3}(t)$，有两个独立的 $u_C(t)$，故该系统是二阶系统。

2.1.2　系统模拟

通过建立数学模型的连续系统分析方法，在实际研究过程中显得十分烦琐。为了简化分析过程，可将连续系统分解为若干基本运算单元，由它们组合构成复杂的系统。所谓连续系统模拟，是指利用线性微分方程的基本运算单元给出系统方框图的方法。这种方法容易正确理解系统性能特征的实质，系统分解与互连的研究方法也有助于从系统分析过渡到系统设计。

通常用到 3 种基本运算单元模拟连续系统：数乘器、加法器和积分器。数乘器、加法器和积分器的模型符号及其相应的运算功能如图 2.1.4 所示。

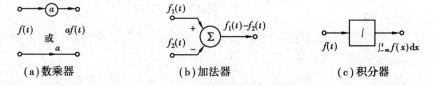

图 2.1.4　连续系统模拟基本运算单元

例 2.4　描述一个二阶系统输入与输出关系的微分方程为

$$y''(t) + a_1 y'(t) + a_0 y(t) = f(t)$$

请画出该系统的模拟框图。

解　为画出该系统的模拟框图，将系统微分方程改写为

$$y''(t) = -a_1 y'(t) - a_0 y(t) + f(t)$$

由于该方程为二阶微分方程，故需两个积分器。将 $y''(t)$ 作为加法器的输出，画出该系统的模拟图如图 2.1.5 所示。

例 2.5　描述一个二阶系统输入与输出关系的微分方程为

$$y''(t) + a_1 y'(t) + a_0 y(t) = b_1 f'(t) + b_0 f(t)$$

请画出该系统的模拟框图。

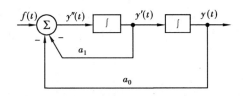

图 2.1.5　二阶系统的模拟框图

解　引入一辅助函数 $x(t)$，使 $x(t)$ 满足方程

$$x''(t) + a_1 x'(t) + a_0 x(t) = f(t)$$

可推导出

$$y(t) = b_1 x'(t) + b_0 x(t)$$

它满足原方程，则该系统的模拟框图如图 2.1.6 所示。

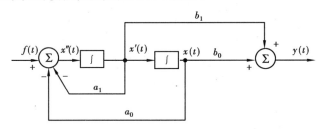

图 2.1.6　含有 $f(t)$ 导数的二阶系统的模拟

以上讨论的系统模拟框图是直接根据系统的微分方程作出的，一般称为直接系统模拟框图。

2.2　连续系统的响应

2.2.1　微分方程的经典解

描述 LTI 连续系统激励与响应关系的数学模型是 N 阶线性常系数微分方程，即

$$
\begin{aligned}
y^{(N)}(t) &+ a_{N-1} y^{(N-1)}(t) + \cdots + a_1 y^{(1)}(t) + a_0 y(t) \\
&= b_M f^{(M)}(t) + b_{M-1} f^{(M-1)}(t) + \cdots + b_1 f^{(1)}(t) + b_0 f(t)
\end{aligned}
\tag{2.2.1}
$$

或写为

$$\sum_{i=0}^{N} a_i y^{(i)}(t) = \sum_{j=0}^{M} b_j f^{(j)}(t) \tag{2.2.2}$$

其中，$a_i (i = 0, 1, 2, \cdots, N)$ 和 $b_j (j = 0, 1, 2, \cdots, M)$ 为常数，且 $a_N = 1$。由高等数学知识可知，该微分方程的全解由齐次解 $y_h(t)$ 和特解 $y_p(t)$ 组成，即

$$y(t) = \underbrace{y_h(t)}_{\text{齐次解}} + \underbrace{y_p(t)}_{\text{特解}} \tag{2.2.3}$$

(1) 微分方程的齐次解

当式 (2.2.1) 中 $f(t)$ 及其各阶导数都等于零时，该微分方程为齐次微分方程，即

$$y_h^{(N)}(t) + a_{N-1} y_h^{(N-1)}(t) + \cdots + a_1 y_h^{(1)}(t) + a_0 y_h(t) = 0 \tag{2.2.4}$$

式 (2.2.4) 的解为齐次解，其特征方程为

$$\lambda^N + a_{N-1}\lambda^{N-1} + \cdots + a_1\lambda + a_0 = 0 \tag{2.2.5}$$

其中，N 个根 $\lambda_i(i = 1, 2, \cdots, N)$ 称为微分方程的特征根。若齐次方程的特征根均为单实根，则

$$y_h(t) = \sum_{i=1}^{N} C_i e^{\lambda_i t} \tag{2.2.6}$$

其中，常数 C_i 由初始条件确定。齐次解 $y_h(t)$ 的函数形式由特征根确定，表 2.2.1 列出了不同的特征根所对应的齐次解。

表 2.2.1　不同特征根所对应的齐次解

特征根 λ	齐次解 $y_h(t)$
单实根	$Ce^{\lambda t}$
r 重实根	$C_{r-1}t^{r-1}e^{\lambda t} + C_{r-2}t^{r-2}e^{\lambda t} + \cdots + C_1 te^{\lambda t} + C_0 e^{\lambda t}$
一对共轭复根 $\lambda_{1,2} = a \pm j\beta$	$C_1\cos(\beta t)e^{\alpha t} + C_2\sin(\beta t)e^{\alpha t}$
r 重共轭复根	$C_{r-1}t^{r-1}e^{\alpha t}\cos(\beta t + \theta_{r-1}) + C_{r-2}t^{r-2}e^{\alpha t}\cos(\beta t + \theta_{r-2}) + \cdots + C_0 e^{\alpha t}\cos(\beta t + \theta_0)$

（2）特解

特解的函数形式与激励的函数形式有关，表 2.2.2 列出了几种常见类型的激励函数 $f(t)$ 及其所对应的特解 $y_p(t)$。选定特解后，将它代入原微分方程，求出其待定系数 P_i，就可得到方程的特解。

表 2.2.2　不同激励所对应的特解

激励 $f(t)$	特解 $y_p(t)$	
t^M	$P_M t^M + P_{M-1}t^{M-1} + \cdots + P_1 t + P_0$	所有的特征根均不等于 0
	$t^r[P_M t^M + P_{M-1}t^{M-1} + \cdots + P_1 t + P_0]$	有 r 重等于 0 的特征根
$e^{\alpha t}$	$Pe^{\alpha t}$	α 不等于特征根
	$P_1 te^{\alpha t} + P_0 e^{\alpha t}$	α 等于特征单根
	$P_r t^r e^{\alpha t} + P_{r-1}t^{r-1}e^{\alpha t} + \cdots + P_1 te^{\alpha t} + P_0 e^{\alpha t}$	α 等于 r 重特征根
$\cos(\beta t)$ 或 $\sin(\beta t)$	$P\cos(\beta t) + Q\sin(\beta t)$	所有的特征根均不等于 $\pm j\beta$

（3）全解

式（2.2.1）微分方程的全解为齐次解与特解之和，即

$$y(t) = \underset{\text{自由响应}}{\underbrace{\overset{\text{齐次解}}{y_h(t)}}} + \underset{\text{强迫响应}}{\underbrace{\overset{\text{特解}}{y_p(t)}}} \tag{2.2.7}$$

齐次解 $y_h(t)$ 的函数形式仅与系统的自身特性相关，而与激励的函数形式无关，也被称为系统的自由响应或固有响应。特解 $y_p(t)$ 的函数形式由激励确定，也被称为强迫响应。

一般情况下，激励信号 $f(t)$ 是在 $t = 0$ 时刻接入，那么微分方程的全解适合的时间区间为 $(0, \infty)$。为确定解的待定系数就需要一组 $t = 0_+$ 时刻的值 $y^{(j)}(0_+)(j = 0, 1, \cdots, N-1)$。对

于 N 阶常系数线性微分方程,利用初始条件 $y^{(j)}(0_+)$ 可求得待定系数 C_i。

例 2.6　描述某 LTI 系统的微分方程为

$$y''(t) + 5y'(t) + 6y(t) = f(t) \tag{2.2.8}$$

试求:

1) $f(t) = 2e^{-t}, t > 0; y(0_+) = 2, y'(0_+) = -1$ 时的全解;

2) $f(t) = e^{-2t}, t > 0; y(0_+) = 1, y'(0_+) = 0$ 时的全解。

解　1)求 $f(t) = 2e^{-t}, t > 0; y(0_+) = 2, y'(0_+) = -1$ 时的全解

①首先求齐次解

式(2.2.8)特征方程为

$$\lambda^2 + 5\lambda + 6 = 0$$

其特征根为 $\lambda_1 = -2$ 和 $\lambda_2 = -3$。微分方程的齐次解为

$$y_h(t) = C_1 e^{-2t} + C_2 e^{-3t} \qquad t > 0$$

②求特解

由表 2.2 可知,当 $f(t) = 2e^{-t}$ 时,其特解设为

$$y_p(t) = Pe^{-t}$$

将其代入式(2.2.8)得

$$Pe^{-t} - 5Pe^{-t} + 6Pe^{-t} = 2e^{-t}$$

解上式得

$$P = 1$$

则微分方程的特解为

$$y_p(t) = e^{-t}$$

③求全解

微分方程的全解为

$$y(t) = y_h(t) + y_p(t) = C_1 e^{-2t} + C_2 e^{-3t} + e^{-t}$$

其一阶导数为

$$y'(t) = -2C_1 e^{-2t} - 3C_2 e^{-3t} - e^{-t}$$

令 $t = 0_+$,根据初始条件得到

$$y(0_+) = C_1 + C_2 + 1 = 2$$
$$y'(0_+) = -2C_1 - 3C_2 - 1 = -1$$

由上两式可解得

$$\begin{cases} C_1 = 3 \\ C_2 = -2 \end{cases}$$

则微分方程的全解为

$$y(t) = 3e^{-2t} - 2e^{-3t} + e^{-t} \qquad t > 0$$

2)求 $f(t) = e^{-2t}, t > 0; y(0_+) = 1, y'(0_+) = 0$ 时的全解

①齐次解同上,即

$$y_h(t) = C_1 e^{-2t} + C_2 e^{-3t}$$

②当激励 $f(t) = e^{-2t}$ 时,其指数 $\alpha = -2$ 与特征根 $\lambda_1 = -2$ 相等。由表 2.2 可知,其特解设为

$$y_p(t) = (P_1 t + P_0)e^{-2t}$$

代入微分方程可得 $P_1 e^{-2t} = e^{-2t}$，则 $P_1 = 1$，但 P_0 不能求得，则特解为

$$y_p(t) = (t + P_0)e^{-2t}$$

③微分方程的全解为

$$y(t) = y_h(t) + y_p(t) = C_1 e^{-2t} + C_2 e^{-3t} + te^{-2t} + P_0 e^{-2t}$$
$$= (C_1 + P_0)e^{-2t} + C_2 e^{-3t} + te^{-2t}$$

其一阶导数为

$$y'(t) = -2(C_1 + P_0)e^{-2t} - 3C_2 e^{-3t} + e^{-2t} - 2te^{-2t}$$

代入初始条件到上两式，得

$$y(0_+) = (C_1 + P_0) + C_2 = 1$$
$$y'(0_+) = -2(C_1 + P_0) - 3C_2 + 1 = 0$$

求解上两式得

$$\begin{cases} (C_1 + P_0) = 2 \\ C_2 = -1 \end{cases}$$

故全解为

$$y(t) = 2e^{-2t} - e^{-3t} + te^{-2t} \qquad t > 0$$

其中，第 1 项的系数 $(C_1 + P_0) = 2$，不能区分 C_1 和 P_0，因而也不能区分自由响应和强迫响应。

2.2.2 系统初始条件

在求系统的初始条件时，可用系数匹配法求 $t = 0_+$ 时的初始值。若输入 $f(t)$ 是在 $t = 0$ 时接入系统，则确定待定系数 C_i 时用 $t = 0_+$ 时刻的初始值，即 $y^{(j)}(0_+)(j = 0, 1, \cdots, N-1)$。而 $y^{(j)}(0_+)$ 包含了输入信号的作用，不便于描述系统的历史信息。在 $t = 0_-$ 时，激励尚未接入，该时刻的值 $y^{(j)}(0_-)$ 反映了系统的历史情况而与激励无关，称这些值为初始状态。通常对于具体的系统，初始状态一般容易求得。这样为求解微分方程，就需要从已知的初始状态 $y^{(j)}(0_-)$ 设法求得 $y^{(j)}(0_+)$。

例 2.7 描述某 LTI 系统的微分方程为

$$y''(t) + 2y'(t) + 3y(t) = 3f'(t) + 2f(t) \qquad (2.2.9)$$

已知 $y(0_-) = 3, y'(0_-) = 1, f(t) = \varepsilon(t)$，求 $y(0_+)$ 和 $y'(0_+)$。

解 将 $f(t) = \varepsilon(t)$ 代入原微分方程，得

$$y''(t) + 2y'(t) + 3y(t) = 3\delta(t) + 2\varepsilon(t)$$

用系数匹配法分析：上式对于 $t = 0_-$ 也成立，在 $0_- < t < 0_+$ 区间等号两端 $\delta(t)$ 项的系数应相等。由于等号右端为 $3\delta(t)$，故 $y''(t)$ 应包含冲激函数，由此可知，$y'(t)$ 含有阶跃函数，故 $y'(t)$ 在 $t = 0$ 处将发生跃变，即 $y'(0_+) \neq y'(0_-)$。但 $y'(t)$ 不含冲激函数，否则 $y''(t)$ 将含有 $\delta'(t)$ 项。由于 $y'(t)$ 中不含 $\delta(t)$，故 $y(t)$ 在 $t = 0$ 处是连续的，即

$$y(0_+) = y(0_-) = 3$$

对式(2.2.9)从 0_- 到 0_+ 进行积分，有

$$\int_{0_-}^{0_+} y''(t)dt + 2\int_{0_-}^{0_+} y'(t)dt + 3\int_{0_-}^{0_+} y(t)dt = 3\int_{0_-}^{0_+} \delta(t)dt + 2\int_{0_-}^{0_+} \varepsilon(t)dt$$

由于在区间 $(0_-,0_+)$ 进行积分,而且 $y(t)$ 是连续的,故 $\int_{0_-}^{0_+} y(t)\mathrm{d}t = 0$, $\int_{0_-}^{0_+} \varepsilon(t)\mathrm{d}t = 0$,于是由上式得

$$[y'(0_+) - y'(0_-)] + 2[y(0_+) - y(0_-)] = 3$$

又因为 $y(t)$ 在 $t = 0$ 处是连续的,即 $y(0_+) = y(0_-) = 3$,故

$$y'(0_+) - y'(0_-) = 3$$

解得

$$y'(0_+) = y'(0_-) + 3 = 1 + 3 = 4$$

当微分方程等号右端含有冲激函数(及其各阶导数)时,响应 $y(t)$ 及其各阶导数中,有些在 $t = 0$ 处将发生跃变。但如果右端不含冲激函数时,则不会跃变。

例 2.8　如图 2.2.1 所示的电路,已知电源 $u_s(t) = 2\varepsilon(t)$ V,初始状态 $u_C(0_-) = 2$ V, $u'_C(0_-) = 1$ V,电阻 $R = 1\ \Omega$,电容 $C = 0.2$ F,电感 $L = \dfrac{5}{6}$ H。试求当 $t > 0$ 时的电容电压 $u_C(t)$。

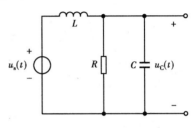

图 2.2.1　例 2.8 用图

解　1)以 $u_C(t)$ 为输出列出其微分方程

如图 2.2.1 所示,有

$$i_L(t) = \frac{u_C(t)}{R} + C\frac{\mathrm{d}u_C(t)}{\mathrm{d}t}$$

又因为

$$L\frac{\mathrm{d}i_L(t)}{\mathrm{d}t} = u_s(t) - u_C(t)$$

故

$$\frac{1}{L}(u_s(t) - u_C(t)) = \frac{u'_C(t)}{R} + Cu''_C(t)$$

从而得

$$u''_C(t) + \frac{1}{RC}u'_C(t) + \frac{1}{LC}u_C(t) = \frac{1}{LC}u_s(t)$$

将已知参数代入上式,得

$$u''_C(t) + 5u'_C(t) + 6u_C(t) = 12\varepsilon(t) \tag{2.2.10}$$

2)求初始条件 $u_C(0_+)$ 和 $u'_C(0_+)$

根据系数匹配法,等号右端含有 $\varepsilon(t)$,则 $u''_C(t)$ 含有 $\varepsilon(t)$ 在 $t = 0$ 处发生跳变,故 $u'_C(t)$ 不含 $\varepsilon(t)$,即 $u'_C(t)$ 在 $t = 0$ 连续,就有 $u'_C(0_+) = u'_C(0_-)$,同理 $u_C(t)$ 也不含 $\varepsilon(t)$,即 $u_C(t)$ 在 $t = 0$ 连续,就有 $u_C(0_+) = u_C(0_-)$,故

$$u'_C(0_+) = u'_C(0_-) = 1\text{ V}$$
$$u_C(0_+) = u_C(0_-) = 2\text{ V}$$

3)微分方程的解

式(2.2.10)的特征方程为

$$\lambda^2 + 5\lambda + 6 = 0$$

其特征根 $\lambda_1 = -2$ 和 $\lambda_2 = -3$。微分方程的齐次解为

$$y_h(t) = C_1 e^{-2t} + C_2 e^{-3t} \qquad t > 0$$

由于 $t > 0$ 时,激励 $u_s(t)$ 为常数,故设特解为

$$y_p(t) = P_0$$

将其代入式(2.2.10),得

$$P_0 = 2$$

电容电压 $u_C(t)$(全解)为

$$u_C(t) = C_1 e^{-2t} + C_2 e^{-3t} + 2 \qquad t > 0$$

其一阶导数为

$$u'_C(t) = -2C_1 e^{-2t} - 3C_2 e^{-3t} \qquad t > 0$$

将初始条件 $u'_C(0_+) = 1$ 和 $u_C(0_+) = 2$ 代入可得

$$\begin{cases} C_1 + C_2 + 2 = 2 \\ -2C_1 - 3C_2 = 1 \end{cases}$$

求解得

$$\begin{cases} C_1 = 1 \\ C_2 = -1 \end{cases}$$

电容电压 $u_C(t)$ 为

$$u_C(t) = (e^{-2t} - e^{-3t} + 2)\varepsilon(t)$$

2.2.3 零输入响应与零状态响应

线性非时变系统的完全响应也可分解为零输入响应和零状态响应。零输入响应是激励为零时,仅由系统的初始状态所引起的响应,用 $y_s(t)$ 表示。零状态响应是系统的初始状态为零时,仅由输入信号所引起的响应,用 $y_f(t)$ 表示。这样线性非时变系统的全响应将是零输入响应和零状态响应之和,即

$$y(t) = y_s(t) + y_f(t) \qquad (2.2.11)$$

(1)零输入响应

在零输入条件下,式(2.2.1)等式右端均为零,化为齐次方程

$$y^{(N)}(t) + a_{N-1}y^{(N-1)}(t) + \cdots + a_1 y^{(1)}(t) + a_0 y(t) = 0 \qquad (2.2.12)$$

若其特征根全为单根,则其零输入响应为

$$y_s(t) = \sum_{i=1}^{N} C_{si} e^{\lambda_i t} \qquad (2.2.13)$$

其中,C_{si} 为待定系数。由于输入为零,则 $y_s^{(j)}(t)$ 在 $t = 0$ 处都连续,故初始值

$$y_s^{(j)}(0_+) = y_s^{(j)}(0_-) \qquad (2.2.14)$$

(2)零状态响应

若系统的初始储能为零,即初始状态为零,这时式(2.2.1)仍为非齐次方程。若其特征根均为单根,则其零状态响应为

$$y_f(t) = \sum_{i=1}^{N} C_{fi} e^{\lambda_i t} + y_p(t) \qquad (2.2.15)$$

其中,C_{fi} 为待定系数,$y_p(t)$ 为特解。

　　系统的完全响应既可分解为自由响应和强迫响应,也可分解为零输入响应和零状态响应,它们的关系为

$$y(t) = \underbrace{\sum_{i=1}^{N} C_i e^{\lambda_i t}}_{\text{自由响应}} + \underbrace{y_p(t)}_{\text{强迫响应}}$$

$$= \underbrace{\sum_{i=1}^{N} C_{si} e^{\lambda_i t}}_{\text{零输入响应}} + \underbrace{\sum_{i=1}^{N} C_{fi} e^{\lambda_i t} + y_p(t)}_{\text{零状态响应}}$$

(2.2.16)

其中

$$\underbrace{\sum_{i=1}^{N} C_i e^{\lambda_i t}}_{\text{自由响应}} = \underbrace{\sum_{i=1}^{N} C_{si} e^{\lambda_i t}}_{\text{零输入响应}} + \underbrace{\sum_{i=1}^{N} C_{fi} e^{\lambda_i t}}_{\text{零状态响应的齐次解}}$$

(2.2.17)

　　可见,两种分解方式有以下明显的区别:

　　①尽管自由响应与零输入响应都是齐次方程的解,但二者系数各不相同。C_i 由初始状态和激励共同确定,C_{s_i} 由初始状态确定。

　　②自由响应包含了零输入响应和零状态响应中的齐次解。

　　对于系统响应还有一种分解方式,即瞬态响应和稳态响应。所谓瞬态响应,是指 $t \to \infty$ 时,响应趋于零的那部分响应分量;而稳态响应指 $t \to \infty$ 时,响应不为零的那部分响应分量。

　　例 2.9　描述某 LTI 系统的微分方程为

$$y''(t) + 3y'(t) + 2y(t) = 2f'(t) + 6f(t)$$

(2.2.18)

已知 $y(0_-) = 2, y'(0_-) = 0, f(t) = \varepsilon(t)$。求该系统的零输入响应、零状态响应和全响应。

　　解　①求零输入响应 $y_s(t)$

　　因为激励为零,故 $y_s(t)$ 满足

$$y''_s(t) + 3y'_s(t) + 2y_s(t) = 0$$

初始状态为

$$\begin{cases} y_s(0_-) = y(0_-) = 2 \\ y'_s(0_-) = y'(0_-) = 0 \end{cases}$$

由于激励为零,故 $y_s^{(j)}(t)$ 在 $t = 0$ 处都连续,即 $y_s^{(j)}(0_+) = y_s^{(j)}(0_-)$,则

$$\begin{cases} y_s(0_+) = y_s(0_-) = 2 \\ y'_s(0_+) = y'_s(0_-) = 0 \end{cases}$$

该齐次方程的特征根为 $\lambda_1 = -1$ 和 $\lambda_2 = -2$,故零输入响应为

$$y_s(t) = C_{s1} e^{-t} + C_{s2} e^{-2t}$$

(2.2.19)

其一阶导数为

$$y'_s(t) = -C_{s1} e^{-t} - 2C_{s2} e^{-2t}$$

将初始值代入上两式得

$$\begin{cases} C_{s1} + C_{s2} = 2 \\ -C_{s1} - 2C_{s2} = 0 \end{cases}$$

解得

$$\begin{cases} C_{s1} = 4 \\ C_{s2} = -2 \end{cases}$$

将求得系数代入式(2.2.19),得

$$y_s(t) = 4e^{-t} - 2e^{-2t} \qquad t > 0$$

②求零状态响应 $y_f(t)$

零状态响应 $y_f(t)$ 应满足

$$y''_f(t) + 3y'_f(t) + 2y_f(t) = 2\delta(t) + 6\varepsilon(t) \tag{2.2.20}$$

由于初始状态为零,即 $y_f^{(j)}(0_-) = 0$,现在就要求出初始条件 $y_f^{(j)}(0_+)$。式(2.2.20)等号右端含有 $\delta(t)$,故 $y''_f(t)$ 含有 $\delta(t)$,从而 $y'_f(t)$ 跃变,即 $y'_f(0_+) \neq y'_f(0_-)$,而 $y_f(t)$ 在 $t = 0$ 连续,因此得

$$y_f(0_+) = y_f(0_-) = 0$$

对式(2.2.20)从 0_- 到 0_+ 进行积分,有

$$\int_{0_-}^{0_+} y''_f(t)\,dt + 3\int_{0_-}^{0_+} y'_f(t)\,dt + 2\int_{0_-}^{0_+} y_f(t)\,dt = 2\int_{0_-}^{0_+} \delta(t)\,dt + 6\int_{0_-}^{0_+} \varepsilon(t)\,dt$$

由于在区间 $(0_-, 0_+)$ 进行的积分,且 $y(t)$ 是连续的,故 $\int_{0_-}^{0_+} y_f(t)\,dt = 0$,$\int_{0_-}^{0_+} \varepsilon(t)\,dt = 0$,于是由上式得

$$[y'_f(0_+) - y'_f(0_-)] + 3[y_f(0_+) - y_f(0_-)] = 2$$

故得到 $y'_f(0_+) - y'_f(0_-) = 2$,即

$$y'_f(0_+) = 2 + y'_f(0_-) = 2$$

在 $t > 0$ 时,式(2.2.20)有

$$y''_f(t) + 3y'_f(t) + 2y_f(t) = 6$$

不难求得其齐次解为

$$y_{fh}(t) = C_{f1}e^{-t} + C_{f2}e^{-2t}$$

其特解为

$$y_{fp}(t) = 3,$$

于是,零状态响应为

$$y_f(t) = C_{f1}e^{-t} + C_{f2}e^{-2t} + 3$$

其一阶导数为

$$y'_f(t) = -C_{f1}e^{-t} - 2C_{f2}e^{-2t}$$

将初始值代入上式求得

$$\begin{cases} C_{f1} + C_{f2} + 3 = 0 \\ -C_{f1} - 2C_{f2} = 2 \end{cases}$$

解得

$$\begin{cases} C_{f1} = -4 \\ C_{f2} = 1 \end{cases}$$

故

$$y_f(t) = -4e^{-t} + e^{-2t} + 3 \qquad t > 0$$

③求全响应 $y(t)$

全响应 $y(t)$ 为

$$y(t) = y_s(t) + y_f(t)$$
$$= 4e^{-t} - 2e^{-2t} - 4e^{-t} + e^{-2t} + 3$$
$$= (-e^{-2t} + 3)\varepsilon(t)$$

2.3　冲激响应与阶跃响应

2.3.1　冲激响应

(1) 冲激响应的定义

当激励为单位冲激函数 $\delta(t)$ 时,LTI 系统的零状态响应称为单位冲激响应,简称冲激响应。冲激响应用 $h(t)$ 表示,如图 2.3.1 所示。对于线性时不变系统,冲激响应 $h(t)$ 的性质可以表示系统的因果性和稳定性,$h(t)$ 的变换域表示更是分析线性时不变系统的重要手段,因而对冲激响应 $h(t)$ 的分析是系统分析中极为重要的问题。

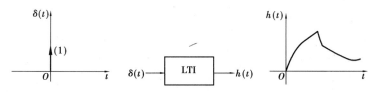

图 2.3.1　冲激响应

(2) 冲激响应的求解

例 2.10　描述某系统的微分方程为

$$y''(t) + 5y'(t) + 6y(t) = f(t) \tag{2.3.1}$$

试求该系统的冲激响应 $h(t)$。

解　由冲激响应的定义,当 $f(t) = \delta(t)$ 时,系统的零状态响应 $y_f(t) = h(t)$,式(2.3.1)可知 $h(t)$ 满足

$$\begin{cases} h''(t) + 5h'(t) + 6h(t) = \delta(t) \\ h(0_-) = h'(0_-) = 0 \end{cases} \tag{2.3.2}$$

首先求初始条件 $h(0_+)$ 和 $h'(0_+)$。因方程右端有 $\delta(t)$,故利用系数匹配法。$h''(t)$ 中含 $\delta(t)$,$h'(t)$ 含 $\varepsilon(t)$ 项,即 $h'(0_+) \neq h'(0_-)$,而 $h(t)$ 在 $t=0$ 处连续,即 $h(0_+) = h(0_-)$。对式(2.3.2)从 0_- 到 0_+ 进行积分得

$$[h'(0_+) - h'(0_-)] + 5[h(0_+) - h(0_-)] + \int_{0_-}^{0_+} h(t)\mathrm{d}t = \int_{0_-}^{0_+} \delta(t)\mathrm{d}t$$

由于 $h(t)$ 在 $t=0$ 处连续,故 $h(0_+) = h(0_-) = 0$,且 $\int_{0_-}^{0_+} h(t)\mathrm{d}t = 0$,$\int_{0_-}^{0_+} \delta(t)\mathrm{d}t = 1$,则由上式可得

$$\begin{cases} h(0_+) = h(0_-) = 0 \\ h'(0_+) = h'(0_-) + 1 = 1 \end{cases}$$

根据冲激函数 $\delta(t)$ 的定义,该函数只有在 $t=0$ 时起作用,而在 $t>0$ 时函数值为零,则当

$t > 0$ 时,式(2.3.2)为

$$h''(t) + 5h'(t) + 6h(t) = 0$$

故系统的冲激响应为系统的齐次解。

微分方程的特征根为 $\lambda_1 = -2$ 和 $\lambda_2 = -3$,故系统的冲激响应为

$$h(t) = C_1 e^{-2t} + C_2 e^{-3t} \qquad t > 0$$

其一阶导数为

$$h'(t) = -2C_1 e^{-2t} - 3C_2 e^{-3t} \qquad t > 0$$

代入初始条件得

$$\begin{cases} C_1 + C_2 = 0 \\ -2C_1 - 3C_2 = 1 \end{cases}$$

解得

$$\begin{cases} C_1 = 1 \\ C_2 = -1 \end{cases}$$

系统的冲激响应为

$$h(t) = (e^{-2t} - e^{-3t})\varepsilon(t)$$

由此可知,系统的冲激响应与该系统的零输入响应具有相同的函数形式。

(3) $h^{(j)}(0_+)$ 初始值的确定

一般说来,若 N 阶微分方程的等号右端只含有激励 $f(t)$,即

$$y^{(N)}(t) + a_{N-1}y^{(N-1)}(t) + \cdots + a_0 y(t) = f(t) \tag{2.3.3}$$

当 $f(t) = \delta(t)$ 时,冲激响应 $h(t)$ 应满足方程

$$\begin{cases} h^{(N)}(t) + a_{N-1}h^{(N-1)}(t) + \cdots + a_0 h(t) = \delta(t) \\ h^{(j)}(0_-) = 0 \qquad j = 0,1,2,\cdots,N-1 \end{cases} \tag{2.3.4}$$

由系数平衡法,可推得各 0_+ 初始值为

$$\begin{cases} h^{(j)}(0_+) = 0 \qquad j = 0,1,2,\cdots,N-2 \\ h^{(N-1)}(0_+) = 1 \end{cases} \tag{2.3.5}$$

(4) LTI 系统冲激响应的求解步骤

一般情况下,描述 LTI 系统的微分方程为

$$y^{(N)}(t) + a_{N-1}y^{(N-1)}(t) + \cdots + a_0 y(t)$$
$$= b_M f^{(M)}(t) + b_{M-1}f^{(M-1)}(t) + \cdots + b_0 f(t) \tag{2.3.6}$$

①选取新变量 $h_1(t)$,$h_1(t)$ 满足方程

$$h_1^{(N)}(t) + a_{N-1}h_1^{(N-1)}(t) + \cdots + a_0 h_1(t) = \delta(t) \tag{2.3.7}$$

$h_1(t)$ 的求解过程与式(2.3.2)的求解过程相同。

②根据线性时不变系统零状态响应的线性性质和微分特性,即可求出式(2.3.6)所示系统的冲激响应为

$$h(t) = b_M h_1^{(M)}(t) + b_{M-1}h_1^{(M-1)}(t) + \cdots + b_0 h_1(t) \tag{2.3.8}$$

例2.11 描述某系统的微分方程为

$$y''(t) + 5y'(t) + 4y(t) = f''(t) + 2f'(t) + 3f(t) \tag{2.3.9}$$

试求该系统的冲激响应 $h(t)$。

解 ① 选取新变量 $h_1(t)$，$h_1(t)$ 满足方程

$$\begin{cases} h''_1(t) + 5h'_1(t) + 4h_1(t) = \delta(t) \\ h_1(0_+) = 0, h'_1(0_+) = 1 \end{cases} \qquad (2.3.10)$$

式（2.3.10）所示微分方程的特征根为 $\lambda_1 = -1$ 和 $\lambda_2 = -4$，故冲激响应为

$$h_1(t) = C_1 e^{-t} + C_2 e^{-4t} \qquad t > 0$$

其一阶导数为

$$h'_1(t) = -C_1 e^{-t} - 4C_2 e^{-4t} \qquad t > 0$$

代入初始条件，得

$$\begin{cases} C_1 + C_2 = 0 \\ -C_1 - 4C_2 = 1 \end{cases}$$

解得

$$\begin{cases} C_1 = \dfrac{1}{3} \\ C_2 = -\dfrac{1}{3} \end{cases}$$

故 $h_1(t)$ 为

$$h_1(t) = \frac{1}{3}(e^{-t} - e^{-4t})\varepsilon(t)$$

② 求系统的冲激响应 $h(t)$，即

$$h(t) = h''_1(t) + 2h'_1(t) + 3h_1(t) = \left(\frac{2}{3}e^{-t} - \frac{11}{3}e^{-4t}\right)\varepsilon(t)$$

2.3.2 阶跃响应

（1）阶跃响应的定义

当输入激励为单位阶跃函数时所引起的零状态响应称为单位阶跃响应，简称阶跃响应。阶跃响应用 $g(t)$ 表示，如图 2.3.2 所示。

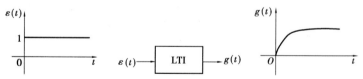

图 2.3.2 阶跃响应

（2）$g^{(j)}(0_+)$ 初始值的确定及 $g(t)$ 的求解

如果 N 阶微分方程等号右端只含有 $f(t)$，如式（2.3.3）所示。当激励为 $f(t) = \varepsilon(t)$ 时，系统的零状态响应即为阶跃响应 $g(t)$，满足方程

$$\begin{cases} g^{(N)}(t) + a_{N-1}g^{(N-1)}(t) + \cdots + a_0 g(t) = \varepsilon(t) \\ g^{(j)}(0_-) = 0 \qquad j = 0, 1, \cdots, N-1 \end{cases} \qquad (2.3.11)$$

由于上式的右端含有 $\varepsilon(t)$，根据系数匹配可知，$g^{(N)}(t)$ 含有 $\varepsilon(t)$ 项，则 $g^{(N-1)}(t)$（$j = 0, 1, \cdots, N-1$）在 $t = 0$ 处均连续，即有

$$g^{(j)}(0_+) = g^{(j)}(0_-) = 0 \qquad j = 0, 1, \cdots, N-1 \qquad (2.3.12)$$

式(2.3.11)为非齐次微分方程,其解由齐次解和特解组成。

(3)阶跃响应 $g(t)$ 与冲激响应 $h(t)$ 的关系

冲激函数与阶跃函数的关系为

$$\begin{cases} \delta(t) = \dfrac{\mathrm{d}\varepsilon(t)}{\mathrm{d}t} \\ \varepsilon(t) = \displaystyle\int_{-\infty}^{t} \delta(\tau)\mathrm{d}\tau \end{cases} \tag{2.3.13}$$

根据线性时不变系统的微分、积分性质可得

$$h(t) = \frac{\mathrm{d}g(t)}{\mathrm{d}t} \tag{2.3.14}$$

$$g(t) = \int_{-\infty}^{t} h(\tau)\mathrm{d}\tau \tag{2.3.15}$$

例 2.12 描述某 LTI 系统的微分方程为

$$y''(t) + 6y'(t) + 8y(t) = f(t) \tag{2.3.16}$$

求该系统的阶跃响应。

解 阶跃响应 $g(t)$ 满足方程

$$\begin{cases} g''(t) + 6g'(t) + 8g(t) = \varepsilon(t) \\ g(0_+) = 0, g'(0_+) = 0 \end{cases} \tag{2.3.17}$$

微分方程的特征根为 $\lambda_1 = -2$ 和 $\lambda_2 = -4$,故齐次解为

$$g_\mathrm{h}(t) = C_1 \mathrm{e}^{-2t} + C_2 \mathrm{e}^{-4t}$$

特解为

$$g_\mathrm{p}(t) = \frac{1}{8}$$

则阶跃响应为

$$g(t) = \left(C_1 \mathrm{e}^{-2t} + C_2 \mathrm{e}^{-4t} + \frac{1}{8} \right)\varepsilon(t)$$

将初始值代入上式,得

$$\begin{cases} g(0_+) = C_1 + C_2 + \dfrac{1}{8} = 0 \\ g'(0_+) = -2C_1 - 4C_2 = 0 \end{cases}$$

解得

$$\begin{cases} C_1 = -\dfrac{1}{4} \\ C_2 = \dfrac{1}{8} \end{cases}$$

全解为

$$g(t) = \left(-\frac{1}{4}\mathrm{e}^{-2t} + \frac{1}{8}\mathrm{e}^{-4t} + \frac{1}{8} \right)\varepsilon(t)$$

例 2.13 如图 2.3.3 所示的 LTI 系统,求其阶跃响应及冲激响应。

解 ①列写微分方程

设图 2.3.3 中右端积分器的输出为 $x(t)$,则其输入为 $x'(t)$,左端积分器的输入为 $x''(t)$,

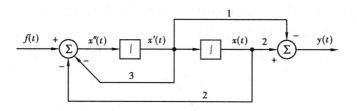

图 2.3.3 例 2.13 用图

如图 2.3.3 所示。左端加法器的输出

$$x''(t) = -3x'(t) - 2x(t) + f(t)$$

即

$$x''(t) + 3x'(t) + 2x(t) = f(t)$$

右端加法器的输出

$$y(t) = -x'(t) + 2x(t)$$

消去中间变量后,可得系统的微分方程为

$$y''(t) + 3y'(t) + 2y(t) = -f'(t) + 2f(t) \tag{2.3.18}$$

②阶跃响应

先求出如下微分方程的解 $g_1(t)$

$$g_1''(t) + 3g_1(t) + 2g_1(t) = \varepsilon(t)$$

根据线性性质,则式(2.3.18)描述的系统的阶跃响应为

$$g(t) = -g_1'(t) + 2g_1(t)$$

$g_1(t)$ 满足方程

$$\begin{cases} g_1''(t) + 3g_1'(t) + 2g_1(t) = \varepsilon(t) \\ g_1(0_-) = g_1'(0_-) = 0 \end{cases} \tag{2.3.19}$$

式(2.3.19)等号的右端只含有 $\varepsilon(t)$,故除了 $g_1''(t)$ 发生跳变外,$g_1(t)$ 和 $g_1'(t)$ 均连续,即有

$$g_1(0_+) = g_1'(0_+) = 0$$

式(2.3.18)微分方程的特征根为 $\lambda_1 = -1$ 和 $\lambda_2 = -2$,其特解为 0.5,于是得

$$g_1(t) = (C_1 e^{-t} + C_2 e^{-2t} + 0.5)\varepsilon(t)$$

将求得的初始值代入上式,有

$$\begin{cases} g(0_+) = C_1 + C_2 + 0.5 = 0 \\ g'(0_+) = -C_1 - 2C_2 = 0 \end{cases}$$

解上式可得

$$\begin{cases} C_1 = -1 \\ C_2 = 0.5 \end{cases}$$

于是得

$$g_1(t) = (-e^{-t} + 0.5e^{-2t} + 0.5)\varepsilon(t)$$

其一阶导数为

$$g_1'(t) = (e^{-t} + e^{-2t})\varepsilon(t)$$

系统的阶跃响应为

$$g(t) = -g_1'(t) + 2g_1(t) = (-3e^{-t} + 2e^{-2t} + 1)\varepsilon(t)$$

③冲激响应

根据冲激响应与阶跃响应的关系,即

$$h(t) = \frac{\mathrm{d}g(t)}{\mathrm{d}t}$$

于是得

$$h(t) = (3e^{-t} - 4e^{-2t})\varepsilon(t)$$

2.4 卷积积分

前面讨论了系统的冲激响应和阶跃响应,现在研究在任意激励下,系统的零状态响应的另外一种计算方法——卷积积分法。卷积积分是将输入信号分解为众多的冲激函数之和,利用冲激响应求解对线性时不变系统输入任意激励后的零状态响应。

2.4.1 卷积的定义

(1)信号的分解

如果系统的激励是任意信号 $f(t)$,如图 2.4.1 所示。将 $f(t)$ 近似地看成由许多幅度不等的矩形脉冲组成。这些窄脉冲的宽度为 $\Delta\tau$,幅度分别取窄脉冲左侧的函数值。

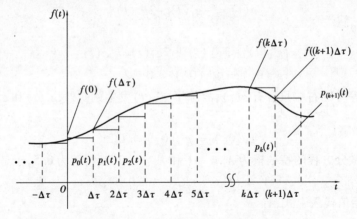

图 2.4.1 信号 $f(t)$ 分解为窄脉冲信号

当 $t = k\Delta\tau$ 时,窄脉冲 $p_k(t)(t = \cdots, -1, 0, 1, 2, \cdots)$ 可用阶跃函数表示为

$$p_k(t) = f(k\Delta\tau)\{\varepsilon(t - k\Delta\tau) - \varepsilon[t - (k+1)\Delta\tau]\}$$
$$= f(k\Delta\tau)\frac{\{\varepsilon(t - k\Delta\tau) - \varepsilon[t - (k+1)\Delta\tau]\}}{\Delta\tau}\Delta\tau \tag{2.4.1}$$

令

$$p_\Delta(t - k\Delta\tau) = \frac{\varepsilon(t - k\Delta\tau) - \varepsilon[t - (k+1)\Delta\tau]}{\Delta\tau} \tag{2.4.2}$$

式(2.4.2)表示幅值为 $\frac{1}{\Delta\tau}$,宽度为 $\Delta\tau$ 且面积等于 1 的矩形脉冲,则

$$p_k(t) = f(k\Delta\tau)p_\Delta(t - k\Delta\tau)\Delta\tau \tag{2.4.3}$$

信号 $f(t)$ 可近似表示为

$$f(t) \approx \sum_{k=-\infty}^{\infty} p_k(t)$$

$$= \sum_{k=-\infty}^{\infty} f(k\Delta\tau)p_\Delta(t - k\Delta\tau)\Delta\tau \tag{2.4.4}$$

当 $\Delta\tau \to 0$, $p_\Delta(t - k\Delta\tau)$ 将变为冲激函数 $\delta(t - k\Delta\tau)$, 即

$$\lim_{\Delta\tau\to 0} p_\Delta(t - k\Delta\tau) = \delta(t - k\Delta\tau) \tag{2.4.5}$$

故任意信号

$$f(t) = \sum_{k=-\infty}^{\infty} f(k\Delta\tau)\delta(t - k\Delta\tau)\Delta\tau \tag{2.4.6}$$

由式(2.4.6)可知, $f(t)$ 可看成一系列强度不同, 出现在 $t = k\Delta\tau$ 处的冲激信号组成。当 $\Delta\tau \to 0$ 时, $\Delta\tau \to \mathrm{d}\tau$, $k\Delta\tau \to \tau$, 求和符号改写为积分符号。于是, 式(2.4.6)可改写为

$$f(t) = \int_{-\infty}^{\infty} f(\tau)\delta(t - \tau)\mathrm{d}\tau \tag{2.4.7}$$

由式(2.4.6)可知, $f(t)$ 可看成由许多冲激函数叠加而成。

(2)任意信号作用下系统的零状态响应

若已知 LTI 系统的冲激响应, 即

$$\delta(t) \xrightarrow[\text{LTI 的零状态响应}]{} h(t) \tag{2.4.8}$$

则根据 LTI 系统的线性和时不变性质, 冲激函数 $f(k\Delta\tau)\delta(t - k\Delta\tau)\Delta\tau$ 的零状态响应为

$$f(k\Delta\tau)\delta(t - k\Delta\tau)\Delta\tau \xrightarrow[\text{LTI 的零状态响应}]{} f(k\Delta\tau)h(t - k\Delta\tau)\Delta\tau \tag{2.4.9}$$

当系统的激励为任意信号 $f(t)$ 时的零状态响应为

$$y_f(t) = \sum_{k=-\infty}^{\infty} f(k\Delta\tau)h(t - k\Delta\tau)\Delta\tau \tag{2.4.10}$$

当 $\Delta\tau \to 0$ 时, 式(2.4.10)可写为

$$y_f(t) = \int_{-\infty}^{\infty} f(\tau)h(t - \tau)\mathrm{d}\tau \tag{2.4.11}$$

式(2.4.11)称为卷积积分。它表明线性时不变系统的零状态响应是激励信号 $f(t)$ 与冲激响应 $h(t)$ 的卷积积分, 简记为

$$y_f(t) = f(t) * h(t) \tag{2.4.12}$$

同理, 式(2.4.7)可写为

$$f(t) = \int_{-\infty}^{\infty} f(\tau)\delta(t - \tau)\mathrm{d}\tau = f(t) * \delta(t) \tag{2.4.13}$$

(3)卷积的定义

一般来说, 若已知定义在区间 $(-\infty, \infty)$ 上的任意两个信号 $f_1(t)$ 和 $f_2(t)$, 则其积分

$$f(t) = \int_{-\infty}^{\infty} f_1(\tau)f_2(t - \tau)\mathrm{d}\tau \tag{2.4.14}$$

称为信号 $f_1(t)$ 和 $f_2(t)$ 的卷积积分, 简称卷积, 记为

$$f(t) = f_1(t) * f_2(t) \tag{2.4.15}$$

值得注意的是,积分是在假设的变量 τ 下进行的,τ 为积分变量,t 为参变量,其积分结果仍为 t 的函数。

例 2.14　已知某 LTI 系统的冲激响应为 $h(t) = (6e^{-2t} - 1)\varepsilon(t)$,求当激励 $f(t) = e^t(-\infty < t < \infty)$ 时的零状态响应。

解　系统的零状态响应是激励信号 $f(t)$ 与冲激响应 $h(t)$ 的卷积积分,即

$$
\begin{aligned}
y_f(t) &= f(t) * h(t) \\
&= \int_{-\infty}^{\infty} f(\tau) h(t - \tau) \mathrm{d}\tau \\
&= \int_{-\infty}^{\infty} e^{\tau} \left[6e^{-2(t-\tau)} - 1 \right] \varepsilon(t - \tau) \mathrm{d}\tau
\end{aligned}
$$

由于当 $t - \tau < 0$,即 $t < \tau$ 时 $\varepsilon(t - \tau) = 0$,则

$$
\begin{aligned}
y_f(t) &= \int_{-\infty}^{\infty} e^{\tau} \left[6e^{-2(t-\tau)} - 1 \right] \varepsilon(t - \tau) \mathrm{d}\tau \\
&= \int_{-\infty}^{t} e^{\tau} \left[6e^{-2(t-\tau)} - 1 \right] \mathrm{d}\tau \\
&= \int_{-\infty}^{t} \left[6e^{-2t} e^{3\tau} - e^{\tau} \right] \mathrm{d}\tau \\
&= 6e^{-2t} \int_{-\infty}^{t} e^{3\tau} \mathrm{d}\tau - \int_{-\infty}^{t} e^{\tau} \mathrm{d}\tau \\
&= 2e^{-2t} e^{3\tau} \Big|_{-\infty}^{t} - e^{\tau} \Big|_{-\infty}^{t} \\
&= 2e^{t} - e^{t} \\
&= e^{t} \varepsilon(t)
\end{aligned}
$$

2.4.2　卷积的图解

对于一些较简单的函数,如方波、三角波等,可利用图解方式来计算卷积。熟练掌握图解卷积的方法,对理解卷积的运算过程是有帮助的。下面通过例题来介绍图解卷积的具体步骤。

例 2.15　已知两信号 $f_1(t)$ 和 $f_2(t)$ 的波形如图 2.4.2 所示,求 $f_1(t) * f_2(t)$。

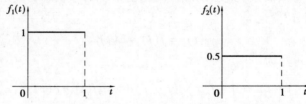

图 2.4.2　例 2.15 用图

解　求 $f_1(t) * f_2(t)$ 的步骤如下:

第 1 步:将函数 $f_1(t)$ 和 $f_2(t)$ 的自变量用 τ 代换,并将 $f_2(\tau)$ 反转得到 $f_2(-\tau)$,其波形如图 2.4.3(a)、(b)、(c)所示。

第 2 步:将函数 $f_2(-\tau)$ 沿 τ 轴平移 t,得 $f_2(t - \tau)$,波形如图 2.4.4(a)—(d)所示。

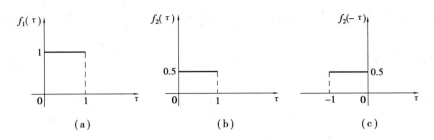

图 2.4.3　卷积的图示

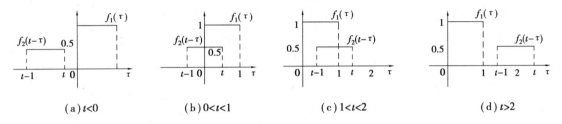

（a）$t<0$　　　（b）$0<t<1$　　　（c）$1<t<2$　　　（d）$t>2$

图 2.4.4　卷积的图示

第 3 步:将两信号重叠部分相乘,求相乘后图形的积分。

①当 $t<0$, $f_1(\tau)\cdot f_2(t-\tau)=0$, $f(t)=\int_{-\infty}^{\infty}f_1(\tau)\cdot f_2(t-\tau)\mathrm{d}\tau=0$,如图 2.4.4(a)所示。

②当 $0<t<1$, $f_1(\tau)\cdot f_2(t-\tau)=1\times0.5$, $f(t)=\int_0^t 1\times0.5\mathrm{d}\tau=0.5t$,如图 2.4.4(b)所示。

③当 $1<t<2$, $f_1(\tau)\cdot f_2(t-\tau)=1\times0.5$, $f(t)=\int_{t-1}^1 1\times0.5\mathrm{d}\tau=0.5(2-t)=1-0.5t$,如图 2.4.4(c)所示。

④当 $t>2$, $f_1(\tau)$ 与 $f_2(t-\tau)$ 完全分离, $f(t)=0$,如图 2.4.4(d)所示。

以上计算结果归纳在一起,得

$$
y(t)=\begin{cases}
0 & t<0 \\
0.5t & 0<t<1 \\
1-0.5t & 1<t<2 \\
0 & t>2
\end{cases}
$$

$y(t)$ 的波形如图 2.4.5 所示。

图解法一般比较烦琐,但若只求某一时刻的卷积值还是比较方便的。

例 2.16　信号 $f_1(t)$ 和 $f_2(t)$ 的波形如图 2.4.6(a)、(b)所示,已知 $f(t)=f_1(t)*f_2(t)$,求 $f(2)$。

解　由于

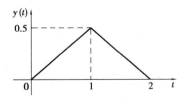

图 2.4.5　$y(t)$ 的波形图

$$f(t) = \int_{-\infty}^{\infty} f_1(\tau) f_2(t - \tau) \mathrm{d}\tau$$

故

$$f(2) = \int_{-\infty}^{\infty} f_1(\tau) f_2(2 - \tau) \mathrm{d}\tau$$

①换元,即 $f_1(t) \rightarrow f_1(\tau)$, $f_2(t) \rightarrow f_2(\tau)$,如图2.4.6(c)、(d)所示。

②反转,即由 $f_2(\tau)$ 反转得到 $f_2(-\tau)$,如图2.4.6(e)所示。

③平移,即 $f_2(-\tau)$ 右移得 $f_2(2-\tau)$,如图2.4.6(f)所示。

④相乘、积分,即 $f_1(\tau)$ 乘 $f_2(2-\tau)$,如图2.4.6(g)所示,得

$$f(2) = \int_{-\infty}^{\infty} f_1(\tau) f_2(2 - \tau) \mathrm{d}\tau = \int_0^2 f_1(\tau) f_2(2 - \tau) \mathrm{d}\tau = 0$$

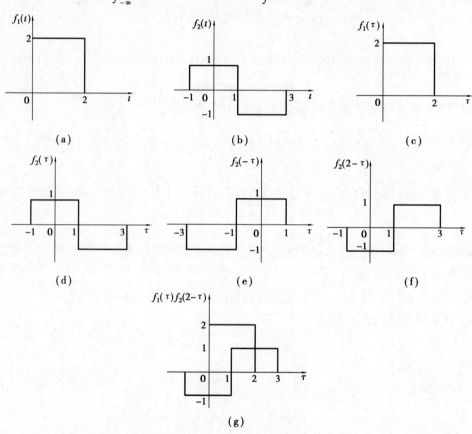

图2.4.6　例2.16用图

常用信号的卷积积分见附录1。

2.5　卷积的性质

卷积积分是一种数学运算,它有许多重要的性质,灵活地运用它们能简化卷积运算。下面讨论均设卷积积分是收敛的(或存在的)。

2.5.1　卷积的代数运算

（1）交换律

交换律为

$$f_1(t) * f_2(t) = f_2(t) * f_1(t) \tag{2.5.1}$$

（2）分配律

分配律为

$$f_1(t) * [f_2(t) + f_3(t)] = f_1(t) * f_2(t) + f_1(t) * f_3(t) \tag{2.5.2}$$

分配律用于系统分析,相当于并联系统的冲激响应等于组成并联系统的各子系统冲激响应的和,如图 2.5.1 所示。

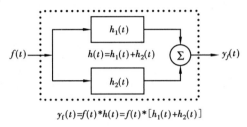

$$y_f(t) = f(t) * h(t) = f(t) * [h_1(t) + h_2(t)]$$

图 2.5.1　并联系统的 $h(t) = h_1(t) + h_2(t)$

（3）结合律

结合律为

$$[f_1(t) * f_2(t)] * f_3(t) = f_1(t) * [f_2(t) * f_3(t)] \tag{2.5.3}$$

结合律用于系统分析,相当于串联系统的冲激响应等于组成串联系统的各子系统冲激响应的卷积,并且子系统 $h_1(t)$,$h_2(t)$ 可以交换次序,如图 2.5.2 所示。

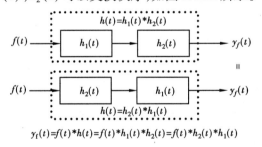

$$y_f(t) = f(t) * h(t) = f(t) * h_1(t) * h_2(t) = f(t) * h_2(t) * h_1(t)$$

图 2.5.2　串联系统的 $h(t) = h_1(t) * h_2(t) = h_2(t) * h_1(t)$

2.5.2　卷积的微分与积分

（1）卷积的微分性质

若

$$f(t) = f_1(t) * f_2(t)$$

则

$$f'(t) = f_1'(t) * f_2(t) = f_1(t) * f_2'(t) \tag{2.5.4}$$

其中,$f'(t)$,$f_1'(t)$ 和 $f_2'(t)$ 分别表示各函数的一阶导数。

（2）卷积的积分性质

若
$$f(t) = f_1(t) * f_2(t)$$

则
$$f^{(-1)}(t) = f_1^{(-1)}(t) * f_2(t) = f_1(t) * f_2^{(-1)}(t) \tag{2.5.5}$$

其中，$f^{(-1)}(t) = \int_{-\infty}^{t} y(\tau) d\tau, f_1^{(-1)}(t) = \int_{-\infty}^{t} f_1(\tau) d\tau$ 及 $f_2^{(-1)}(t) = \int_{-\infty}^{t} f_2(\tau) d\tau$。

若 $f_1(-\infty) = f_2(-\infty) = 0$，根据卷积的微分性质和积分性质，有
$$f(t) = f_1(t) * f_2(t) = f_1'(t) * f_2^{(-1)}(t) = f_1^{(-1)}(t) * f_2'(t) \tag{2.5.6}$$

例 2.17　信号 $f_1(t) = 1, f_2(t) = e^{-t}\varepsilon(t)$，求 $f_1(t)$ 和 $f_2(t)$ 的卷积。

解　由卷积的定义，得
$$f_1(t) * f_2(t) = \int_{-\infty}^{\infty} e^{-\tau}\varepsilon(\tau) d\tau = \int_{0}^{\infty} e^{-\tau} d\tau = -e^{-\tau}\Big|_{0}^{\infty} = 1$$

注意，若套用 $f(t) = f_1(t) * f_2(t) = f_1'(t) * f_2^{(-1)}(t) = 0$，因为不满足 $f_1(-\infty) = 0$ 的前提条件，将得到错误的结果。

2.5.3　函数与冲激函数的卷积

一个函数 $f(t)$ 与冲激函数 $\delta(t)$ 的卷积仍是这个函数 $f(t)$ 本身，即
$$f(t) * \delta(t) = \delta(t) * f(t) = f(t) \tag{2.5.7}$$

这个结论其实在得到式（2.4.7）时已得证。另外，利用卷积的微分、积分特性，还可得到
$$f(t) * \delta'(t) = f'(t) \tag{2.5.8}$$

$$f(t) * \varepsilon(t) = f^{(-1)}(t) * \varepsilon'(t) = f^{(-1)}(t) * \delta(t) = f^{(-1)}(t) = \int_{-\infty}^{t} f(\tau) d\tau \tag{2.5.9}$$

这表明，函数 $f(t)$ 与阶跃函数 $\varepsilon(t)$ 的卷积相当于对 $f(t)$ 进行积分。若 $f(t) = \varepsilon(t)$，有
$$\varepsilon(t) * \varepsilon(t) = \varepsilon^{(-1)}(t) * \varepsilon'(t) = \varepsilon^{(-1)}(t) * \delta(t) = \varepsilon^{(-1)}(t) = \int_{-\infty}^{t} \varepsilon(\tau) d\tau = t\varepsilon(t) \tag{2.5.10}$$

2.5.4　卷积的时移性质

若
$$f(t) = f_1(t) * f_2(t)$$

则
$$\begin{aligned}
f_1(t-t_1) * f_2(t-t_2) &= f_1(t-t_2) * f_2(t-t_1) \\
&= f_1(t-t_1-t_2) * f_2(t) \\
&= f_1(t) * f_2(t-t_1-t_2) \\
&= f(t-t_1-t_2)
\end{aligned} \tag{2.5.11}$$

例 2.18　已知两信号 $f_1(t)$ 和 $f_2(t)$ 的波形如图 2.5.3 所示，求 $f_1(t) * f_2(t)$。

解　用阶跃函数表达 $f_1(t)$ 和 $f_2(t)$，得

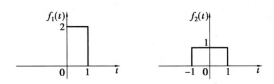

图 2.5.3　例 2.18 用图

$$f_1(t) = 2\varepsilon(t) - 2\varepsilon(t-1)$$
$$f_2(t) = \varepsilon(t+1) - \varepsilon(t-1)$$

则

$$
\begin{aligned}
f_1(t) * f_2(t) &= [2\varepsilon(t) - 2\varepsilon(t-1)] * [\varepsilon(t+1) - \varepsilon(t-1)] \\
&= 2\varepsilon(t) * \varepsilon(t+1) - 2\varepsilon(t) * \varepsilon(t-1) - 2\varepsilon(t-1) * \\
&\quad \varepsilon(t+1) + 2\varepsilon(t-1) * \varepsilon(t-1)
\end{aligned}
$$

由于 $\varepsilon(t) * \varepsilon(t) = t\varepsilon(t)$，并根据时移特性，有

$$
\begin{aligned}
f_1(t) * f_2(t) &= 2\varepsilon(t) * \varepsilon(t+1) - 2\varepsilon(t) * \varepsilon(t-1) - \\
&\quad 2\varepsilon(t-1) * \varepsilon(t+1) + 2\varepsilon(t-1) * \varepsilon(t-1) \\
&= 2(t+1)\varepsilon(t+1) - 2(t-1)\varepsilon(t-1) - 2t\varepsilon(t) + 2(t-2)\varepsilon(t-2)
\end{aligned}
$$

例 2.19　已知信号 $f_1(t)$ 和 $f_2(t)$ 的波形如图 2.5.4 所示，求 $y(t) = f_1(t) * f_2(t) * \delta'(t)$，并画出波形。

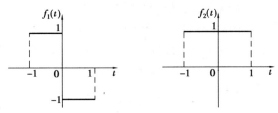

图 2.5.4　例 2.19 用图

解　根据卷积的微分性质及时移性质，有

$$
\begin{aligned}
y(t) &= f_1(t) * f_2(t) * \delta'(t) \\
&= [f_1(t) * f_2(t)]' * \delta(t) = [f_1(t) * f_2(t)]' = f'_1(t) * f_2(t) \\
&= f_1(t) * f'_2(t) \\
&= f_1(t) * [\delta(t+1) - \delta(t-1)] \\
&= f_1(t+1) - f_1(t-1)
\end{aligned}
$$

其波形如图 2.5.5 所示。

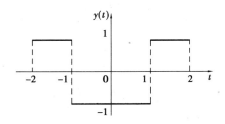

图 2.5.5　$y(t)$ 波形图

习题 2

2.1 如题图 2.1 所示的系统由加法器、积分器和放大量为 $-a$ 的放大器组成,试写出该系统的微分方程。

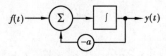

题图 2.1

2.2 设某系统以下列微分方程描述,即

$$y'(t) + 2y(t) = 3f'(t)$$

若 $f(t) = \varepsilon(t)$,已知 $y(0_-) = 0$,试求 $y(0_+)$。

2.3 设某 LTI 系统由微分方程描述为

$$2y''(t) + 3y'(t) + 4y(t) = f'(t)$$

已知 $f(t) = \varepsilon(t)$,$y(0_-) = 1$,$y'(0_-) = 1$,求 $y(0_+)$,$y'(0_+)$。

2.4 什么是系统的零状态响应和零输入响应?

2.5 已知一线性时不变系统,在相同初始条件下,当激励为 $\varepsilon(t)$ 时,完全响应为 $r_1(t) = [2e^{-3t} + \sin(2t)]\varepsilon(t)$;当激励为 $2\varepsilon(t)$ 时,完全响应为 $r_2(t) = [e^{-3t} + 2\sin(2t)]\varepsilon(t)$。求初始条件不变,当激励为 $\varepsilon(t - t_0)$ 时的完全响应 $r_3(t)$(t_0 为大于零的实常数)。

2.6 已知 LTI 系统的微分方程和初始状态如下:

(1) $y''(t) + 4y'(t) + 3y(t) = f(t)$,$y(0_-) = y'(0_-) = 1$,$f(t) = \varepsilon(t)$;

(2) $y''(t) + 4y'(t) + 4y(t) = f'(t) + 3f(t)$,$y(0_-) = 1$,$y'(0_-) = 2$,$f(t) = e^{-t}\varepsilon(t)$。

试求其零输入响应、零状态响应和全响应。

2.7 某线性时不变系统的初始状态一定,已知:

(1) 当激励为 $f(t)$ 时,全响应为 $y_1(t) = 7e^{-t} + 2e^{-3t}$($t > 0$);

(2) 当激励为 $3f(t)$ 时,全响应为 $y_2(t) = 17e^{-t} - 2e^{-2t} + 6e^{-3t}$($t > 0$)。

求当激励为 $2f(t)$ 时,系统的全响应 $y_3(t)$。

2.8 如题图 2.2 所示的电路,已知 $R_1 = 2 \ \Omega$,$R_2 = 4 \ \Omega$,$L = 1 \ \text{H}$,$C = \frac{1}{2} \ \text{F}$,$u_s(t) = 2e^{-t}\varepsilon(t) \ \text{V}$。

试列出 $i(t)$ 的微分方程,求其零状态响应。

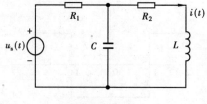

题图 2.2

2.9 什么是系统的冲激响应及阶跃响应?

2.10 设某 LTI 系统的单位冲激响应 $h(t) = e^{-2t}\varepsilon(t)$，若激励为 $f(t) = (2e^{-t} - 1)\varepsilon(t)$，求系统的零状态响应 $y_f(t)$。

2.11 已知某因果线性时不变系统，其输入输出关系表示为

$$y''(t) + 3y'(t) + 2y(t) = f(t)$$

求该系统冲激响应 $h(t)$。

2.12 已知一线性时不变系统，当激励信号为 $f(t)$ 时，其完全响应为 $(3\sin t - 2\cos t)\varepsilon(t)$；当激励信号为 $2f(t)$ 时，其完全响应为 $(5\sin t + \cos t)\varepsilon(t)$。求当激励信号为 $3f(t)$ 时，系统的完全响应。

2.13 已知系统方程为 $y'(t) + 5y(t) = 2f(t)$，求其冲激响应 $h(t)$。

2.14 如果线性时不变系统的单位冲激响应 $h(t)$ 和激励 $f(t)$ 如题图 2.3 所示，求系统的零状态响应 $y_f(t)$。

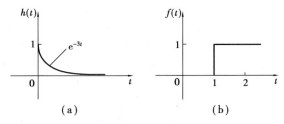

题图 2.3

2.15 已知一线性时不变系统的时域模拟框图如题图 2.4 所示。

(1) 写出 $y(t)$ 与 $f(t)$ 之间的关系式；

(2) 求该系统的单位冲激响应 $h(t)$。

2.16 已知在题图 2.5 中，$f(t)$ 为输入电压，$y(t)$ 为输出电压，电路的时间常数 $RC = 1$。

(1) 列出该电路的微分方程；

(2) 求出该电路的单位冲激响应 $h(t)$。

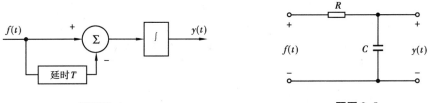

题图 2.4   题图 2.5

2.17 列出如题图 2.6 所示系统的微分方程，用时域法求系统的冲激响应 $h(t)$。

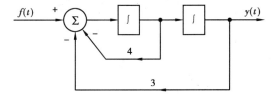

题图 2.6

2.18 信号 $f_1(t)$，$f_2(t)$ 的波形如题图 2.7 所示，求 $f(t) = f_1(t) * f_2(t)$。

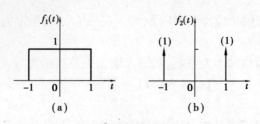

题图 2.7

2.19 信号 $f_1(t),f_2(t)$ 波形如题图 2.8 所示,设 $f(t) = f_1(t) * f_2(t)$,则 $f(0)$ 的值是多少?

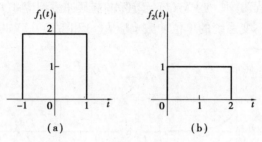

题图 2.8

2.20 信号 $f_1(t),f_2(t)$ 如题图 2.9 所示,若 $f(t) = f_1(t) * f_2(t)$,请画出 $f(t)$ 的波形。

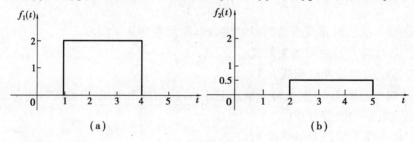

题图 2.9

2.21 已知信号 $f_1(t)$ 和 $f_2(t)$ 如题图 2.10 所示。

(1) $y(t) = f_1(t) * f_2(t)$,写出此卷积积分的一般表示公式;

(2) 分段求出 $y(t)$ 的表述式。

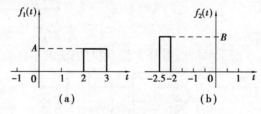

题图 2.10

2.22 已知 $f_1(t) = \varepsilon(t+1) - 2\varepsilon(t) + \varepsilon(t-1)$,$f_2(t) = 2[\varepsilon(t+1) - \varepsilon(t-1)]$,绘出 $f_1(t) * f_2(t) * \delta'(t)$ 的波形。

2.23 已知信号 $f_1(t)$ 如题图 2.11 所示,画出 $f_2(t) = f_1(-t-0.5)$,$f_3(t) = \delta(t) - \delta(t-1)$ 及 $f(t) = f_2(t) * f_3(t)$ 的波形图。

2.24 已知信号 $f_1(t)$ 如题图 2.12 所示,画出 $f_1(-2t-1)$,$f_2(t) = \delta(t+2) + \delta(t-2)$ 及

$f_3(t) = f_1(-2t-1) * f_2(t)$ 的波形。

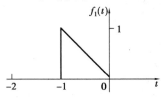

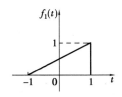

题图 2.11　　　　　　　　　　　　　　题图 2.12

2.25　已知一线性时不变系统在题图 2.13(a)所示信号的激励下的零状态响应如题图 2.13(b)所示,请画出在如题图 2.13(c)所示信号的激励下的零状态响应。

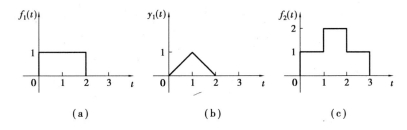

题图 2.13

2.26　已知一线性时不变系统的输入 $f(t)$ 与输出 $y(t)$ 的关系用下式表示,即

$$y(t) = \int_0^t f(t-\lambda) \frac{1}{RC} e^{-\frac{\lambda}{RC}} d\lambda$$

其中,R,C 均为常数,利用卷积积分法求激励信号为 $e^{-2t}\varepsilon(t)$ 时系统的零状态响应。

2.27　已知如题图 2.14(a)所示的线性时不变系统,对于输入 $f_1(t) = \varepsilon(t)$ 的零状态响应为 $y_1(t) = \varepsilon(t) - \varepsilon(t-1)$。如题图 2.14(b)所示系统由题图 2.14(a)所示系统级联而成,求该系统在输入为 $f_2(t) = \varepsilon(t) - \varepsilon(t-2)$ 时的零状态响应 $y_2(t)$。

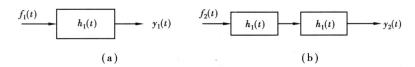

题图 2.14

2.28　如题图 2.15 所示,该系统由多个子系统组成,各子系统的冲激响应分别为 $h_1(t) = \varepsilon(t)$,$h_2(t) = \delta(t-1)$,$h_3(t) = -\delta(t)$,求复合系统的冲激响应 $h(t)$。

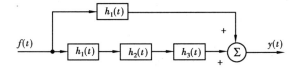

题图 2.15

2.29　如题图 2.16 所示的系统,已知 $h_1(t) = \varepsilon(t)$,$h_2(t) = e^{-t}\varepsilon(t)$,$h_3(t) = e^{-2t}\varepsilon(t)$,求整个系统的冲激响应 $h(t)$。

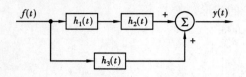

题图 2.16

2.30 已知系统的冲激响应 $h(t) = \varepsilon(t-1) - \varepsilon(t-2)$，激励 $f(t) = \varepsilon(t-1) - \varepsilon(t-2)$，求系统的零状态响应 $y_f(t)$。

2.31 由几个子系统构成的复合系统如题图 2.17 所示，已知 $h_1(t) = \delta(t-1)$，$h_2(t) = \varepsilon(t-1)$，试求系统的冲激响应 $h(t)$。

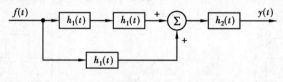

题图 2.17

第 **3** 章
连续系统的频域分析

在连续系统时域分析中,任意输入信号 $f(t)$ 可被分解成一系列冲激函数之和,从而导出了线性时不变系统的卷积分析法。在本章中,将研究把任意输入信号 $f(t)$ 分解成一系列不同频率的虚指数函数 $e^{j\omega t}$(或正弦函数)之和,从而导出线性时不变系统的傅里叶(Fourier)分析法。傅里叶分析为时域信号提供了一个频域描述,频域分析将时间变量变换成频率变量,揭示了信号内在的频率特性以及信号时间特性与其频率特性之间的密切关系。

3.1 信号的正交分解

3.1.1 正交函数与正交函数集

如有定义在区间 (t_1, t_2) 的两个函数 $\varphi_1(t)$ 和 $\varphi_2(t)$,若满足

$$\int_{t_1}^{t_2} \varphi_1(t)\varphi_2(t)\mathrm{d}t = 0 \tag{3.1.1}$$

则称 $\varphi_1(t)$ 和 $\varphi_2(t)$ 在区间 (t_1, t_2) 内正交。如有 N 个函数 $\varphi_1(t), \varphi_2(t), \cdots, \varphi_N(t)$ 构成一个函数集,当这些函数在区间 (t_1, t_2) 内满足

$$\int_{t_1}^{t_2} \varphi_i(t)\varphi_j(t)\mathrm{d}t = \begin{cases} 0 & \text{当 } i \neq j \\ K_i \neq 0 & \text{当 } i = j \end{cases} \tag{3.1.2}$$

其中,K_i 为常数,则称此函数集为在区间 (t_1, t_2) 的正交函数集。在区间 (t_1, t_2) 内相互正交的 N 个函数构成正交信号空间。

如果在正交函数集 $\{\varphi_1(t), \varphi_2(t), \cdots, \varphi_N(t)\}$ 之外,不存在函数 $\psi(t)$ $\left(0 < \int_{t_1}^{t_2} \psi^2(t)\mathrm{d}t < \infty\right)$ 满足等式

$$\int_{t_1}^{t_2} \psi(t)\varphi_i(t)\mathrm{d}t = 0 \qquad i = 1, 2, \cdots, N \tag{3.1.3}$$

则此函数集称为完备正交函数集;反之,该正交函数集是不完备的。

3.1.2 信号的正交分解

信号分解为正交函数的原理与矢量分解为正交矢量的概念类似。例如,在平面上的矢量 A 在直角坐标中可分解为 x 方向分量和 y 方向分量,如图 3.1.1(a)所示。如令 v_x,v_y 为各相应方向的正交单位矢量,则矢量 A 可表示为

$$A = C_1 v_x + C_2 v_y \tag{3.1.4}$$

为了研究方便,将相互正交的单位矢量组成一个二维"正交矢量集"。这样在此平面上的任意矢量都可用正交矢量集的分量组合表示。对于一个三维空间的矢量 A,可用一个三维正交矢量集 $\{v_x, v_y, v_z\}$ 的分量组合表示,它可表示为

$$A = C_1 v_x + C_2 v_y + C_3 v_z \tag{3.1.5}$$

其矢量分解如图 3.1.1(b)所示。

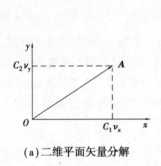

(a)二维平面矢量分解

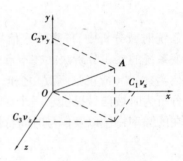

(b)三维空间矢量分解

图 3.1.1 矢量分解

空间矢量正交分解的概念可以推广到信号空间,在信号空间找到若干个相互正交的信号作为基本信号,使得信号空间中任一信号均可表示成它们的线性组合。

假设有 N 个函数 $\varphi_1(t), \varphi_2(t), \cdots, \varphi_N(t)$ 在区间 (t_1, t_2) 构成一个正交函数空间。将任一函数 $f(t)$ 用 N 个正交函数的线性组合来近似,可表示为

$$f(t) \approx C_1 \varphi_1(t) + C_2 \varphi_2(t) + \cdots + C_N \varphi_N(t) = \sum_{j=1}^{N} C_j \varphi_j(t) \tag{3.1.6}$$

由式(3.1.6)可知,应选取各系数 C_j 使实际函数与近似函数之间误差在区间 (t_1, t_2) 内最小。这里的误差最小,是指误差的均方值最小。这时可认为函数得到了最好的近似。误差的均方值也称为均方误差,用符号 $\overline{\varepsilon^2}$ 表示,即

$$\overline{\varepsilon^2} = \frac{1}{t_2 - t_1} \int_{t_1}^{t_2} \left[f(t) - \sum_{j=1}^{N} C_j \varphi_j(t) \right]^2 dt \tag{3.1.7}$$

为满足最佳近似的要求,可利用均方误差 $\overline{\varepsilon^2}$ 最小的条件求系数 $C_1, C_2, \cdots, C_N$。对于第 i 个系数 C_i,要使 $\overline{\varepsilon^2}$ 最小应满足

$$\frac{\partial \overline{\varepsilon^2}}{\partial C_i} = 0 \tag{3.1.8}$$

将 $\overline{\varepsilon^2}$ 表示式(3.1.7)代入式(3.1.8),得到

$$\frac{\partial}{\partial C_i} \left\{ \int_{t_1}^{t_2} \left[f(t) - \sum_{j=1}^{N} C_j \varphi_j(t) \right]^2 dt \right\} = 0 \tag{3.1.9}$$

展开被积函数,注意到由正交函数交叉相乘的所有各项都为零,并且所有不包含 C_i 的各项对 C_i 求导也等于零。这样式(3.1.9)可简化为

$$\frac{\partial}{\partial C_i}\int_{t_1}^{t_2}\left[-2C_if(t)\varphi_i(t)+C_i^2\varphi_i^2(t)\right]\mathrm{d}t=0 \tag{3.1.10}$$

交换微分与积分次序,得到

$$-2\int_{t_1}^{t_2}f(t)\varphi_i(t)\mathrm{d}t+2C_i\int_{t_1}^{t_2}\varphi_i^2(t)\mathrm{d}t=0 \tag{3.1.11}$$

即

$$\int_{t_1}^{t_2}f(t)\varphi_i(t)\mathrm{d}t=C_i\int_{t_1}^{t_2}\varphi_i^2(t)\mathrm{d}t \tag{3.1.12}$$

于是求出 C_i,得

$$C_i=\frac{\int_{t_1}^{t_2}f(t)\varphi_i(t)\mathrm{d}t}{\int_{t_1}^{t_2}\varphi_i^2(t)\mathrm{d}t}=\frac{1}{K_i}\int_{t_1}^{t_2}f(t)\varphi_i(t)\mathrm{d}t \tag{3.1.13}$$

其中,$K_i=\int_{t_1}^{t_2}\varphi_i^2(t)\mathrm{d}t$,这就是满足最小均方误差条件下式(3.1.6)中各系数 C_j 的表达式。此时,函数获得最佳逼近。

3.2　周期信号的傅里叶级数分解

3.2.1　三角函数形式的傅里叶级数

假设 $f(t)$ 是满足狄里赫利条件[①]的周期信号,则 $f(t)$ 可展开为下列形式的傅里叶级数,即

$$f(t)=\frac{a_0}{2}+\sum_{k=1}^{\infty}a_k\cos(k\omega_1 t)+\sum_{k=1}^{\infty}b_k\sin(k\omega_1 t) \tag{3.2.1}$$

其中,$\omega_1=\frac{2\pi}{T}$ 称为 $f(t)$ 的基波角频率,$k\omega_1$ 称为 k 次谐波,$\frac{a_0}{2}$ 称为 $f(t)$ 的直流分量,a_k 和 b_k 分别是余弦分量和正弦分量的幅值。a_0,a_k 和 b_k 被称为三角函数形式傅里叶级数系数。根据相关数学知识,可得傅里叶级数系数公式为

$$a_k=\frac{2}{T}\int_{-\frac{T}{2}}^{\frac{T}{2}}f(t)\cos(k\omega_1 t)\mathrm{d}t \qquad k=0,1,\cdots \tag{3.2.2}$$

$$b_k=\frac{2}{T}\int_{-\frac{T}{2}}^{\frac{T}{2}}f(t)\sin(k\omega_1 t)\mathrm{d}t \qquad k=1,2,\cdots \tag{3.2.3}$$

这里需要注意的是,a_k 系数公式中的 k 取值包含 $k=0$,即系数 a_0 也可由此公式求得。另外,上两式中积分区间也可取 $0\sim T$。在实际应用中,常将式(3.2.1)中的正弦和式项与余弦和式项合并,即

①狄里赫利条件:a. 函数在任意有限区间连续,或只有有限个第一类间断点(当 t 从左或右趋于这个间断点时,函数有有限的左极限和右极限)。b. 在一周期内,函数有有限个极大值或极小值。c. 在一个周期内,$f(t)$ 是绝对可积的。

$$f(t) = \frac{a_0}{2} + \sum_{k=1}^{\infty} a_k \cos(k\omega_1 t) + \sum_{k=1}^{\infty} b_k \sin(k\omega_1 t)$$

$$= \frac{a_0}{2} + \sum_{k=1}^{\infty} \left[a_k \cos(k\omega_1 t) + b_k \sin(k\omega_1 t) \right]$$

$$= \frac{a_0}{2} + \sum_{k=1}^{\infty} \sqrt{a_k^2 + b_k^2} \left[\frac{a_k}{\sqrt{a_k^2 + b_k^2}} \cos(k\omega_1 t) - \frac{-b_k}{\sqrt{a_k^2 + b_k^2}} \sin(k\omega_1 t) \right]$$

$$= \frac{A_0}{2} + \sum_{k=1}^{\infty} A_k \left[\cos\varphi_k \cos(k\omega_1 t) - \sin\varphi_k \sin(k\omega_1 t) \right]$$

$$= \frac{A_0}{2} + \sum_{k=1}^{\infty} A_k \cos(k\omega_1 t + \varphi_k) \tag{3.2.4}$$

其中

$$\begin{cases} A_0 = a_0 \\ A_k = \sqrt{a_k^2 + b_k^2} \\ \cos\varphi_k = \dfrac{a_k}{\sqrt{a_k^2 + b_k^2}} = \dfrac{a_k}{A_k} \qquad k = 0, 1, \cdots \\ \sin\varphi_k = \dfrac{-b_k}{\sqrt{a_k^2 + b_k^2}} = \dfrac{-b_k}{A_k} \end{cases} \tag{3.2.5}$$

由此可得

$$\begin{cases} \varphi_k = -\arctan\dfrac{b_k}{a_k} \\ a_k = A_k \cos\varphi_k \qquad k = 0, 1, \cdots \\ b_k = -A_k \sin\varphi_k \end{cases} \tag{3.2.6}$$

由式(3.2.1)和式(3.2.4)可得以下结论：

①两个等式左端均为信号的时域表示，等式右端则是简单的正弦信号线性组合。利用信号的三角函数形式傅里叶级数的变换，可将复杂的信号分解为简单信号进行处理。

②任意周期信号可分解为直流分量和一系列正弦谐波分量的相加，ω_1 为信号的基频，谐波的频率为基频的整数倍。

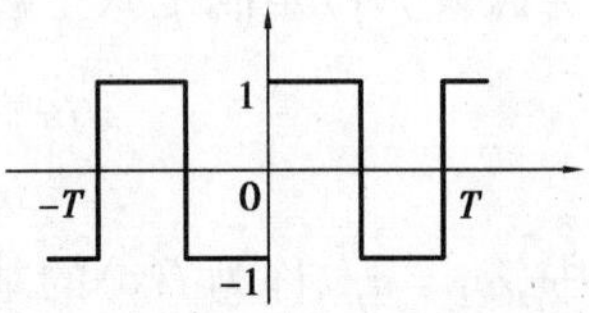

图3.2.1　例3.1用图

例3.1　将如图3.2.1所示的方波信号展开为傅里叶级数。

解　由式(3.2.2)和式(3.2.3)可得

$$a_k = \frac{2}{T} \int_{-\frac{T}{2}}^{\frac{T}{2}} f(t) \cos(k\omega_1 t) \, \mathrm{d}t$$

$$= \frac{2}{T} \int_{-\frac{T}{2}}^{0} (-1) \cos(k\omega_1 t) \, \mathrm{d}t + \frac{2}{T} \int_{0}^{\frac{T}{2}} (1) \cos(k\omega_1 t) \, \mathrm{d}t$$

$$= \frac{2}{T} \frac{1}{k\omega_1} \left[-\sin(k\omega_1 t) \right] \Big|_{-\frac{T}{2}}^{0} + \frac{2}{T} \frac{1}{k\omega_1} \left[\sin(k\omega_1 t) \right] \Big|_{0}^{\frac{T}{2}}$$

$$= 0$$

$$b_k = \frac{2}{T} \int_{-\frac{T}{2}}^{\frac{T}{2}} f(t) \sin(k\omega_1 t) \, dt$$

$$= \frac{2}{T} \int_{-\frac{T}{2}}^{0} - \sin(k\omega_1 t) \, dt + \frac{2}{T} \int_{0}^{\frac{T}{2}} \sin(k\omega_1 t) \, dt$$

$$= \frac{2}{T} \frac{1}{k\omega_1} \cos(k\omega_1 t) \Big|_{-\frac{T}{2}}^{0} + \frac{2}{T} \frac{1}{k\omega_1} [-\cos(k\omega_1 t)] \Big|_{0}^{\frac{T}{2}}$$

$$= \frac{2}{k\pi} [1 - \cos(k\pi)]$$

$$= \begin{cases} 0 & k = 2,4,6,\cdots \\ \dfrac{4}{k\pi} & k = 1,3,5,\cdots \end{cases}$$

将它们代入式(3.2.1),得到傅里叶级数展开式为

$$f(t) = \frac{4}{\pi} \left[\sin(\omega_1 t) + \frac{1}{3} \sin(3\omega_1 t) + \frac{1}{5} \sin(5\omega_1 t) + \cdots + \frac{1}{k} \sin(k\omega_1 t) + \cdots \right] \quad k = 1,3,5,\cdots$$

例 3.2　求如图 3.2.2 所示的三角波信号展开为傅里叶级数的系数。

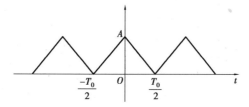

图 3.2.2　例 3.2 用图

解　该三角波在时域中的表达式为

$$f(t) = \begin{cases} A + \dfrac{2A}{T_0} t & -\dfrac{T_0}{2} \le t \le 0 \\ A - \dfrac{2A}{T_0} t & 0 \le t \le \dfrac{T_0}{2} \end{cases}$$

由式(3.2.2)和式(3.2.3)可得

$$a_0 = \frac{2}{T_0} \int_{-\frac{T_0}{2}}^{\frac{T_0}{2}} f(t) \, dt = 2 \cdot \frac{1}{2} \cdot T_0 \cdot A \cdot \frac{1}{T_0} = A$$

$$a_k = \frac{2}{T_0} \int_{-\frac{T_0}{2}}^{\frac{T_0}{2}} f(t) \cos(k\omega_1 t) \, dt$$

$$= \frac{4}{T_0} \int_{0}^{\frac{T_0}{2}} \left(A - \frac{2A}{T_0} t \right) \cos(k\omega_1 t) \, dt$$

$$= \frac{4A}{k^2 \pi^2} \sin^2 \frac{k\pi}{2}$$

$$= \begin{cases} \dfrac{4A}{k^2 \pi^2} & k = 1,3,5,\cdots \\ 0 & k = 2,4,6,\cdots \end{cases}$$

$$b_k = \frac{2}{T_0} \int_{-\frac{T_0}{2}}^{\frac{T_0}{2}} f(t) \sin(k\omega_1 t) \, \mathrm{d}t = 0$$

由以上两例可知,若$f(t)$是奇函数,则$a_k = 0$,计算b_k时只需在半个周期内积分再乘以2,即

$$b_k = \frac{2}{T} \int_{-\frac{T}{2}}^{\frac{T}{2}} f(t) \sin(k\omega_1 t) \, \mathrm{d}t = \frac{4}{T} \int_0^{\frac{T}{2}} f(t) \sin(k\omega_1 t) \, \mathrm{d}t \qquad (3.2.7)$$

若$f(t)$是偶函数,则$b_k = 0$,计算a_k时只需在半个周期内积分再乘以2,即

$$a_k = \frac{2}{T} \int_{-\frac{T}{2}}^{\frac{T}{2}} f(t) \cos(k\omega_1 t) \, \mathrm{d}t = \frac{4}{T} \int_0^{\frac{T}{2}} f(t) \cos(k\omega_1 t) \, \mathrm{d}t \qquad (3.2.8)$$

利用上述奇偶函数的积分特点,可简化傅里叶级数系数的计算。

3.2.2 指数形式的傅里叶级数

三角函数形式的傅里叶级数含义比较明确,但运算不方便,因而经常采用指数形式的傅里叶级数,由于

$$\cos(t) = \frac{\mathrm{e}^{jt} + \mathrm{e}^{-jt}}{2} \qquad (3.2.9)$$

式(3.2.4)可写为

$$f(t) = \frac{A_0}{2} + \sum_{k=1}^{\infty} \frac{A_k}{2} \left[\mathrm{e}^{j(k\omega_1 t + \varphi_k)} + \mathrm{e}^{-j(k\omega_1 t + \varphi_k)} \right]$$

$$= \frac{A_0}{2} + \frac{1}{2} \sum_{k=1}^{\infty} A_k \mathrm{e}^{j\varphi_k} \mathrm{e}^{jk\omega_1 t} + \frac{1}{2} \sum_{k=1}^{\infty} A_k \mathrm{e}^{-j\varphi_k} \mathrm{e}^{-jk\omega_1 t} \qquad (3.2.10)$$

由于A_k是关于k的偶函数,φ_k是关于k的奇函数,即$A_{-k} = A_k$,$\varphi_{-k} = -\varphi_k$,将式(3.2.4)第3项中的$k$用$-k$代换,则式(3.2.10)可写为

$$f(t) = \frac{A_0}{2} + \frac{1}{2} \sum_{k=1}^{\infty} A_k \mathrm{e}^{j\varphi_k} \mathrm{e}^{jk\omega_1 t} + \frac{1}{2} \sum_{k=-1}^{-\infty} A_{-k} \mathrm{e}^{-j\varphi_{-k}} \mathrm{e}^{jk\omega_1 t}$$

$$= \frac{A_0}{2} + \frac{1}{2} \sum_{k=1}^{\infty} A_k \mathrm{e}^{j\varphi_k} \mathrm{e}^{jk\omega_1 t} + \frac{1}{2} \sum_{k=-1}^{-\infty} A_k \mathrm{e}^{j\varphi_k} \mathrm{e}^{jk\omega_1 t} \qquad (3.2.11)$$

又因为$A_0 = A_0 \mathrm{e}^{j\varphi_0} \mathrm{e}^{j0\omega_1 t}$,则

$$f(t) = \frac{1}{2} \sum_{k=-\infty}^{\infty} A_k \mathrm{e}^{j\varphi_k} \mathrm{e}^{jk\omega_1 t} \qquad (3.2.12)$$

式(3.2.12)中,若令复数量$\frac{A_k}{2} \mathrm{e}^{j\varphi_k} = |F_k| \mathrm{e}^{j\varphi_k} = F_k$,称其为复傅里叶系数,简称傅里叶系数。其模为$|F_k|$,相角为$\varphi_k$,则得傅里叶级数的指数形式为

$$f(t) = \sum_{k=-\infty}^{\infty} F_k \mathrm{e}^{jk\omega_1 t} \qquad (3.2.13)$$

其中,F_k称为傅里叶指数展开式的复系数,F_k为

$$F_k = \frac{1}{T} \int_{-\frac{T}{2}}^{\frac{T}{2}} f(t) \mathrm{e}^{-jk\omega_1 t} \, \mathrm{d}t \qquad k = 0, \pm 1, \cdots \qquad (3.2.14)$$

式(3.2.14)就是求指数形式傅里叶级数的复系数 F_k 的公式。

式(3.2.13)表明,任意周期信号 $f(t)$ 可分解为许多不同频率的虚指数信号 $e^{jk\omega_1 t}$ 之和,其各分量的复数幅度(或相量)为 F_k。在指数形式的傅里叶级数中,当 k 取负数时,出现了负的 $k\omega_1$,但是这并不意味着存在负频率,而只是将第 k 次谐波的正弦分量写成两个指数项之和后出现的一种数学形式,只有将负频率项与相应的正频率项成对地合并起来,才是实际的频谱函数。

例3.3 已知图3.2.3所示的是幅值为2的周期矩形脉冲信号,求其指数函数形式的傅里叶级数展开式和三角函数形式的傅里叶级数展开式。

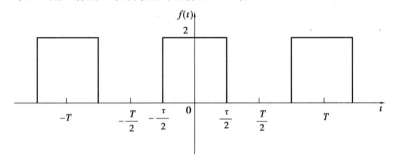

图3.2.3 例3.3用图

解 ①求指数函数形式的傅里叶级数展开式

由式(3.2.14)得

$$
\begin{aligned}
F_k &= \frac{1}{T}\int_{-\frac{T}{2}}^{\frac{T}{2}} f(t)\,e^{-jk\omega_1 t}\mathrm{d}t \\
&= \frac{1}{T}\int_{-\frac{\tau}{2}}^{\frac{\tau}{2}} 2e^{-jk\omega_1 t}\mathrm{d}t \\
&= \frac{2}{T}\left.\frac{e^{-jk\omega_1 t}}{-jk\omega_1}\right|_{-\frac{\tau}{2}}^{\frac{\tau}{2}} = \frac{2}{T}\frac{e^{\frac{-jk\omega_1\tau}{2}} - e^{j\frac{k\omega_1\tau}{2}}}{-jk\omega_1} \\
&= \frac{4}{T}\frac{\sin\frac{k\omega_1\tau}{2}}{k\omega_1} = \frac{2\tau}{T}\frac{\sin\frac{k\omega_1\tau}{2}}{\frac{k\omega_1\tau}{2}}
\end{aligned}
$$

$$(3.2.15)$$

式(3.2.15)可改写为 $F_k = \dfrac{2\tau}{T}Sa\left(\dfrac{k\omega_1\tau}{2}\right)$,由此可得指数函数形式的傅里叶级数展开式为

$$
\begin{aligned}
f(t) &= \sum_{k=-\infty}^{\infty} F_k e^{jk\omega_1 t} \\
&= \sum_{k=-\infty}^{\infty} \frac{2\tau}{T}Sa\left(\frac{k\omega_1\tau}{2}\right)e^{jk\omega_1 t}
\end{aligned}
$$

②求三角函数形式的傅里叶级数展开式

$f(t)$为偶函数,所以$b_k = 0$,$a_k = \dfrac{4}{T} \dfrac{\tau}{} Sa\left(\dfrac{k\omega_1 \tau}{2}\right)$,即三角函数形式的傅里叶级数展开式为

$$f(t) = \sum_{k=1}^{\infty} a_k \cos(k\omega_1 t)$$

$$= \sum_{k=1}^{\infty} \frac{4\tau}{T} Sa\left(\frac{k\omega_1 \tau}{2}\right)\cos(k\omega_1 t)$$

常用周期信号傅里叶级数的系数见附录3。

3.3 周期信号的频谱

3.3.1 周期信号的频谱

前节讨论了周期信号的三角函数形式和指数形式的傅里叶级数,分别重写为

$$f(t) = \frac{A_0}{2} + \sum_{k=1}^{\infty} A_k \cos(k\omega_1 t + \varphi_k) \tag{3.3.1}$$

$$f(t) = \sum_{k=-\infty}^{\infty} F_k e^{jk\omega_1 t} \tag{3.3.2}$$

式中,A_k和F_k分别为两种表达形式的傅里叶系数。周期信号的级数表示一个周期信号$f(t)$可分解为一系列正弦信号或虚指数信号的线性组合,其每个正弦信号或虚指数信号的频率都是基波频率的整数倍。对于不同的周期信号,其傅里叶级数的形式相同,但其傅里叶系数不同,因此这里主要研究傅里叶系数。由前述可知两种傅里叶系数之间的关系为

$$F_k = \frac{1}{2} A_k e^{j\varphi_k} = |F_k| e^{j\varphi_k} \tag{3.3.3}$$

其中,A_k和$|F_k|$为系数的模值,φ_k为系数的相位。作出模值和相位随角频率ω变化的曲线,称为周期信号的频谱特性曲线。$A_k - \omega$或$|F_k| - \omega$曲线称为幅度频谱,简称幅度谱。$\varphi_k - \omega$称为相位频谱,简称相位谱。由前述内容可知,幅度谱是关于ω的偶函数,而相位谱是关于ω的奇函数。周期信号的频谱都是离散的。

例3.4 试画出周期信号

$$f(t) = 1 + \cos\left(\Omega t - \frac{\pi}{2}\right) + 0.6\cos\left(2\Omega t + \frac{\pi}{3}\right) + 0.4\cos\left(3\Omega t + \frac{\pi}{2}\right)$$

的频谱。

解 首先画出$A_k - \omega$和$\varphi_k - \omega$的频谱,称为单边谱,如图3.3.1(a)所示。

再利用欧拉公式将上述周期信号$f(t)$化为

$$f(t) = 1 + \frac{1}{2}\left(e^{j\Omega t}e^{-j\frac{\pi}{2}t} + e^{-j\Omega t}e^{j\frac{\pi}{2}t}\right) + 0.3\left(e^{j2\Omega t}e^{j\frac{\pi}{3}t} + e^{-j2\Omega t}e^{-j\frac{\pi}{3}t}\right) + 0.2\left(e^{j3\Omega t}e^{j\frac{\pi}{2}t} + e^{-j3\Omega t}e^{j\frac{\pi}{2}t}\right)$$

画出$|F_k| - \omega$和$\varphi_k - \omega$的频谱,称为双边谱,如图3.3.1(b)所示。

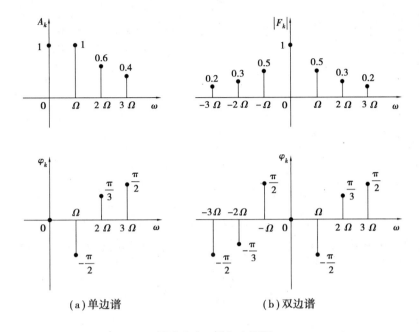

(a)单边谱   (b)双边谱

图 3.3.1 例 3.4 用图

3.3.2 周期矩形脉冲信号的频谱

设有一幅度为 A,脉冲宽度为 τ 的周期矩形脉冲,其周期为 T,如图 3.3.2 所示。根据式(3.2.14),可求得其傅里叶系数为

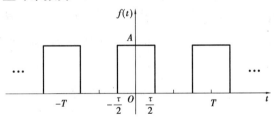

图 3.3.2 周期矩形脉冲

$$F_k = \frac{1}{T}\int_{-\frac{T}{2}}^{\frac{T}{2}} f(t)\,\mathrm{e}^{-jk\Omega t}\mathrm{d}t$$

$$= \frac{A}{T}\int_{-\frac{\tau}{2}}^{\frac{\tau}{2}} \mathrm{e}^{-jk\Omega t}\mathrm{d}t$$

$$= \frac{2A}{T}\frac{\sin\left(\dfrac{k\Omega\tau}{2}\right)}{k\Omega}$$

$$= \frac{A\tau}{T}\frac{\sin\left(\dfrac{k\Omega\tau}{2}\right)}{\dfrac{k\Omega\tau}{2}} \qquad k = 0,\ \pm 1,\ \pm 2,\cdots \tag{3.3.4}$$

其中,$\Omega = \dfrac{2\pi}{T}$ 为基波频率。式(3.3.4)也可写为

$$F_k = \frac{A\tau}{T}\frac{\sin\left(\dfrac{k\pi\tau}{T}\right)}{\dfrac{k\pi\tau}{T}}$$

$$= \frac{A\tau}{T}Sa\left(\frac{k\pi\tau}{T}\right) \qquad k = 0, \pm 1, \pm 2, \cdots \tag{3.3.5}$$

根据式(3.2.13),可写出该周期性矩形脉冲的指数形式傅里叶级数展开式为

$$f(t) = \sum_{k=-\infty}^{\infty} F_k \mathrm{e}^{jk\Omega t} = \frac{A\tau}{T}\sum_{k=-\infty}^{\infty} Sa\left(\frac{k\pi\tau}{T}\right)\mathrm{e}^{jk\Omega t} \tag{3.3.6}$$

图 3.3.3 画出了 $T = 6\tau$ 时的周期性矩形脉冲的频谱,由于本例中的 F_k 为实数,其相位为 0 或 π,幅度谱和相位谱合画在一幅图上。若 F_k 是复数,则幅度谱和相位谱应分别画出。

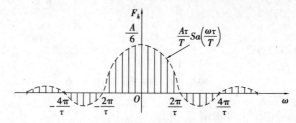

图 3.3.3　周期矩形脉冲的频谱($T = 6\tau$)

由以上可知,周期性矩形脉冲信号的频谱具有以下一般周期信号频谱的共同特点:

①它们的频谱都是离散的。周期性矩形脉冲信号的频谱仅含有 $\omega = k\Omega$ 的各分量,其相邻两谱线的间隔是 $\Omega\left(\Omega = \dfrac{2\pi}{T}\right)$,脉冲周期 T 越长,谱线间隔越小,频谱越稠密;反之,则越稀疏。

②对于周期矩形脉冲而言,直流分量、基波和各次谐波分量的大小正比于脉冲幅度 A 和脉冲宽度 τ,反比于周期 T。各谱线的幅度按包络线 $Sa\left(\dfrac{\omega\tau}{2}\right)$ 的规律变化。在 $\dfrac{\omega\tau}{2} = m\pi(m = \pm 1, \pm 2, \cdots)$ 各处,即 $\omega = \dfrac{2m\pi}{\tau}$ 的各处,包络为零,其相应的谱线,也即相应的频率分量也等于零。

③周期矩形脉冲信号包含无限多条谱线,也就是说,它可分解为无限多个频率分量。实际上,由于各分量的幅度随频率增高而减小,其信号能量主要集中在第一个零点 $\left(\omega = \dfrac{2\pi}{\tau}$ 或 $f = \dfrac{1}{\tau}\right)$ 以内。在允许一定失真的条件下,只需传送频率较低的那些分量就够了。

通常将 $0 \le f \le \dfrac{1}{\tau}\left(0 \le \omega \le \dfrac{2\pi}{\tau}\right)$ 这段频率范围称为周期矩形脉冲信号的频带宽度或信号的带宽,用符号 ΔF 表示,即周期矩形脉冲信号的频带宽度(带宽)为

$$\Delta F = \frac{1}{\tau} \tag{3.3.7}$$

图 3.3.4 画出了周期相同、脉冲宽度不同的信号及其频谱。由图 3.3.4 可知,由于周期

相同,因而相邻谱线的间隔相同;脉冲宽度越窄,其频谱包络线第一个零点的频率越高,即信号带宽越宽,频带内所含的分量越多。可知,信号的频带宽度与脉冲宽度成反比。信号周期不变而脉冲宽度减小时,频谱的幅度也相应减小,图 3.3.4 中未按比例画出这种关系。

图 3.3.5 画出了脉冲宽度相同而周期不同的信号及其频谱。由图 3.3.5 可知,这时频谱包络线的零点所在位置不变,而当周期增长时,相邻谱线的间隔减小,频谱变密。如果周期无限增长(这时就成为非周期信号),那么,相邻谱线的间隔将趋于零,周期信号的离散频谱就过渡为非周期信号的连续频谱。随着周期的增长,各谐波分量的幅度也相应减小,图 3.3.5 为示意图,未按比例画出这种关系。

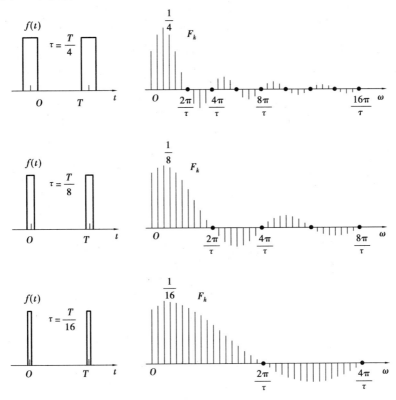

图 3.3.4　脉冲宽度与频谱的关系

3.3.3　周期信号的功率

周期信号是功率信号,研究周期信号在 $1\ \Omega$ 电阻上消耗的平均功率,称为归一化平均功率。周期信号 $f(t)$ 的归一化平均功率定义为

$$P = \frac{1}{T}\int_{-\frac{T}{2}}^{\frac{T}{2}} |f(t)|^2 \mathrm{d}t \tag{3.3.8}$$

将 $f(t)$ 展开为傅里叶级数

$$f(t) = \sum_{k=-\infty}^{\infty} F_k \mathrm{e}^{\mathrm{j}k\omega_1 t} \tag{3.3.9}$$

将式(3.3.9)代入式(3.3.8),得

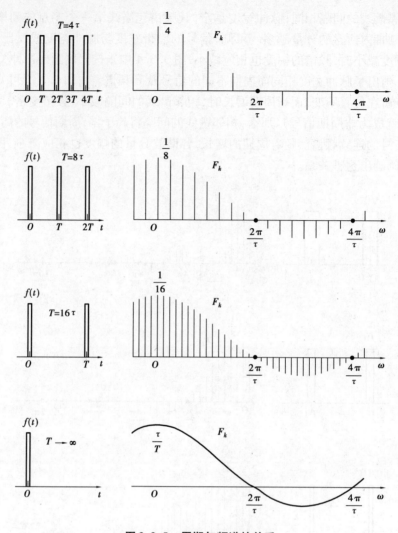

图 3.3.5　周期与频谱的关系

$$P = \frac{1}{T}\int_{-\frac{T}{2}}^{\frac{T}{2}} |f(t)|^2 \mathrm{d}t = \frac{1}{T}\int_{-\frac{T}{2}}^{\frac{T}{2}} f(t)f^*(t)\,\mathrm{d}t$$

$$= \frac{1}{T}\int_{-\frac{T}{2}}^{\frac{T}{2}} \sum_{k=-\infty}^{\infty} F_k \mathrm{e}^{\mathrm{j}k\omega_1 t} f^*(t)\,\mathrm{d}t \qquad (3.3.10)$$

交换积分次序得

$$P = \frac{1}{T}\sum_{k=-\infty}^{\infty} F_k \int_{-\frac{T}{2}}^{\frac{T}{2}} f^*(t)\,\mathrm{e}^{\mathrm{j}k\omega_1 t}\mathrm{d}t$$

$$= \sum_{k=-\infty}^{\infty} F_k \Big[\frac{1}{T}\int_{-\frac{T}{2}}^{\frac{T}{2}} f(t)\,\mathrm{e}^{\mathrm{j}k\omega_1 t}\mathrm{d}t\Big]^*$$

$$= \sum_{k=-\infty}^{\infty} F_k F_k^*$$

$$= \sum_{k=-\infty}^{\infty} |F_k|^2 \qquad (3.3.11)$$

其中，"＊"表共轭。式(3.3.11)被称为帕斯瓦尔功率守恒定理。它表明对于周期信号,在时域中求得信号功率与在频域中求得信号功率相等。可将式(3.3.11)展开为

$$P = \sum_{k=-\infty}^{\infty} |F_k|^2 = F_0^2 + 2\sum_{k=1}^{\infty} |F_k|^2 \tag{3.3.12}$$

它表明对于任意周期信号,平均功率都等于信号所包含的直流、基波和各次谐波的平均功率之和。

3.4 非周期信号的频谱

3.4.1 傅里叶变换

当周期信号的周期 $T \to \infty$ 时,周期信号就转化为非周期信号,因此,可将非周期信号看成周期为无限大的周期信号。当周期 $T \to \infty$ 时,相邻谱线的间隔 $\Omega = \dfrac{2\pi}{T}$ 趋近于无穷小,信号的离散频谱密集成连续频谱。为了描述非周期信号的频谱特性,引入频谱密度的概念。下面由周期信号的傅里叶级数推导出傅里叶变换,并说明频谱密度函数的意义。

设有一周期为 T 的信号 $f(t)$ 及其频谱 F_k,将 $f(t)$ 展成指数形式的傅里叶级数为

$$f(t) = \sum_{k=-\infty}^{\infty} F_k e^{jk\Omega t} \tag{3.4.1}$$

$$F_k = \frac{1}{T}\int_{-\frac{T}{2}}^{\frac{T}{2}} f(t) e^{-jk\Omega t} dt \tag{3.4.2}$$

上式两边乘以 T,得

$$F_k T = \frac{2\pi F_k}{\Omega} = \int_{-\frac{T}{2}}^{\frac{T}{2}} f(t) e^{-jk\Omega t} dt \tag{3.4.3}$$

$$f(t) = \sum_{k=-\infty}^{\infty} F_k T e^{jk\Omega t} \cdot \frac{1}{T} \tag{3.4.4}$$

对于非周期信号,T 趋于无限大,Ω 趋近无穷小,取其为 $d\omega$,$\dfrac{1}{T} = \dfrac{\Omega}{2\pi}$ 将趋近于 $\dfrac{d\omega}{2\pi}$,$\displaystyle\sum_{k=-\infty}^{\infty}$ 趋近于 $\displaystyle\int_{-\infty}^{\infty}$,离散频率 $k\Omega$ 变成连续频率 ω。在这种极限情况下,F_k 趋近于零,但量 $F_k T = \dfrac{2\pi}{\Omega}F_k$ 可望不趋近于零,而趋近于有限值,变成一个连续函数,称为频谱密度函数,记为 $F(j\omega)$,即

$$F(j\omega) = \lim_{T \to \infty} F_k T = \int_{-\infty}^{\infty} f(t) e^{-j\omega t} dt \tag{3.4.5}$$

$$f(t) = \frac{1}{2\pi}\int_{-\infty}^{\infty} F(j\omega) e^{j\omega t} d\omega \tag{3.4.6}$$

式(3.4.5)称为函数 $f(t)$ 的傅里叶变换,式(3.4.6)称为函数 $F(j\omega)$ 的傅里叶逆变换。$F(j\omega)$ 称为 $f(t)$ 的频谱密度函数或频谱函数,而 $f(t)$ 称为 $F(j\omega)$ 的原函数。$f(t)$ 与 $F(j\omega)$ 的对应关系可简记为

$$f(t) \leftrightarrow F(j\omega)$$

或

$$\begin{cases} F(\mathrm{j}\omega) = F[f(t)] \\ f(t) = F^{-1}[F(\mathrm{j}\omega)] \end{cases} \tag{3.4.7}$$

$F(\mathrm{j}\omega)$是$f(t)$的频谱函数,它一般是复函数,可写为

$$F(\mathrm{j}\omega) = |F(\mathrm{j}\omega)| \mathrm{e}^{\mathrm{j}\varphi(\omega)} \tag{3.4.8}$$

其中,$|F(\mathrm{j}\omega)|$是$F(\mathrm{j}\omega)$的模,它代表信号中各频率分量的相对大小;$\varphi(\omega)$是$F(\mathrm{j}\omega)$的相位函数,它表示信号中各频率分量之间的相位关系。为了与周期信号的频谱相一致,人们习惯将$|F(\mathrm{j}\omega)| - \omega$与$\varphi(\omega) - \omega$曲线分别称为非周期信号的幅度频谱和相位频谱,它们都是关于频率ω的连续函数,在形状上与相应的周期信号频谱包络线相同。

与周期信号相类似,式(3.4.6)也可写成三角函数形式,即

$$\begin{aligned} f(t) &= \frac{1}{2\pi}\int_{-\infty}^{\infty} F(\mathrm{j}\omega)\mathrm{e}^{\mathrm{j}\omega t}\mathrm{d}\omega \\ &= \frac{1}{2\pi}\int_{-\infty}^{\infty} |F(\mathrm{j}\omega)|\mathrm{e}^{\mathrm{j}[\omega t+\varphi(\omega)]}\mathrm{d}\omega \\ &= \frac{1}{2\pi}\int_{-\infty}^{\infty} |F(\mathrm{j}\omega)|\cos[\omega t+\varphi(\omega)]\mathrm{d}\omega + \\ &\quad \mathrm{j}\frac{1}{2\pi}\int_{-\infty}^{\infty} |F(\mathrm{j}\omega)|\sin[\omega t+\varphi(\omega)]\mathrm{d}\omega \end{aligned} \tag{3.4.9}$$

若$f(t)$为实函数,$|F(\mathrm{j}\omega)|$与$\varphi(\omega)$分别是频率ω的偶函数和奇函数,这样式(3.4.9)可化简为

$$\begin{aligned} f(t) &= \frac{1}{2\pi}\int_{-\infty}^{\infty} |F(\mathrm{j}\omega)|\cos[\omega t+\varphi(\omega)]\mathrm{d}\omega \\ &= \frac{1}{\pi}\int_{0}^{\infty} |F(\mathrm{j}\omega)|\cos[\omega t+\varphi(\omega)]\mathrm{d}\omega \end{aligned} \tag{3.4.10}$$

由此可知,非周期信号可看作是由不同频率的余弦"分量"所组成,它包含频率分量从零到无限大的一切频率"分量"。同时,由于周期趋于无限大,故对任一能量有限的信号,在各频率点的分量幅度$\dfrac{|F(\mathrm{j}\omega)|\mathrm{d}\omega}{\pi}$趋于无限小。因此,信号的频谱不能再用幅度来表示,而改用密度函数来表示。需要说明,前面在推导傅里叶变换时应遵循数学上的严格步骤。理论上讲,傅里叶变换也应该满足一定的条件才能存在。数学证明指出,信号$f(t)$的傅里叶变换存在的充分条件是在区间$(-\infty,\infty)$内满足绝对可积条件,即

$$\int_{-\infty}^{\infty} |f(t)|\mathrm{d}t < \infty \tag{3.4.11}$$

需要注意的是,这并非必要条件。当引入广义函数的概念以后,许多不满足绝对可积的函数也能进行傅里叶变换。

3.4.2　典型非周期信号的频谱

(1)矩形脉冲的频谱

图3.4.1(a)所示的幅度为1、宽度为τ的矩形脉冲常称为门函数,记为$g_\tau(t)$,表达式为

$$g_\tau(t) = \begin{cases} 1 & |t| < \dfrac{\tau}{2} \\ 0 & |t| > \dfrac{\tau}{2} \end{cases} \tag{3.4.12}$$

可得门函数的频谱函数为

$$G_\tau(j\omega) = \int_{-\infty}^{\infty} g_\tau(t) e^{-j\omega t} dt = \int_{-\frac{\tau}{2}}^{\frac{\tau}{2}} e^{-j\omega t} dt$$

$$= \frac{e^{-j\frac{\omega\tau}{2}} - e^{j\frac{\omega\tau}{2}}}{-j\omega} = \frac{2\sin\left(\dfrac{\omega\tau}{2}\right)}{\omega}$$

$$= \tau \frac{\sin\left(\dfrac{\omega\tau}{2}\right)}{\dfrac{\omega\tau}{2}} = \tau Sa\left(\dfrac{\omega\tau}{2}\right) \tag{3.4.13}$$

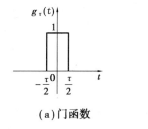
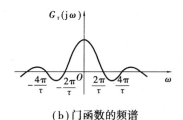

（a）门函数　　　　　　　　　　（b）门函数的频谱

图 3.4.1　门函数及其频谱

图 3.4.1（b）所示为门函数的频谱图。当 $G_\tau(j\omega)$ 为正值时，其相位为 0；当 $G_\tau(j\omega)$ 为负值时，其相位为 π 或者 -π。

（2）单位冲激函数的频谱

图 3.4.2 所示为单位冲激函数及其频谱，其频谱函数表达式为

$$F(j\omega) \xlongequal{def} \int_{-\infty}^{\infty} f(t) e^{-j\omega t} dt \tag{3.4.14}$$

由冲激函数的取样性质可得

$$F(j\omega) = \int_{-\infty}^{\infty} \delta(t) dt = 1 \tag{3.4.15}$$

即冲激函数的频谱是常数 1，其频谱密度在整个区间处处相等，常称为"均匀谱"或"白色频谱"。

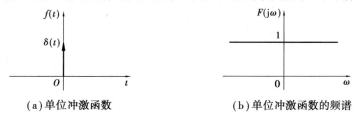

（a）单位冲激函数　　　　　　　　　　（b）单位冲激函数的频谱

图 3.4.2　单位冲激函数及其频谱

（3）单边指数衰减函数的频谱

图 3.4.3 所示的单边指数衰减函数的表达式为

$$f(t) = \begin{cases} 0 & t < 0 \\ e^{-\alpha t} & t > 0 \end{cases} \tag{3.4.16}$$

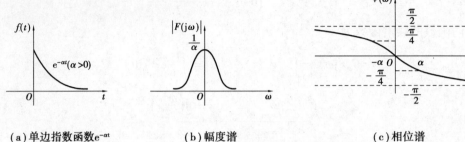

(a) 单边指数函数 $e^{-\alpha t}$ (b) 幅度谱   (c) 相位谱

图 3.4.3　单边指数衰减函数及其频谱

它的频谱函数为

$$F(\mathrm{j}\omega) = \int_{-\infty}^{\infty} f(t)\,e^{-\mathrm{j}\omega t}\mathrm{d}t = \int_{0}^{\infty} e^{-\alpha t}\cdot e^{-\mathrm{j}\omega t}\mathrm{d}t = \frac{1}{\alpha + \mathrm{j}\omega} \tag{3.4.17}$$

由此可得

$$\begin{cases} |F(\mathrm{j}\omega)| = \dfrac{1}{\sqrt{a^2 + \omega^2}} \\[2mm] \varphi(\omega) = -\arctan\dfrac{\omega}{\alpha} \end{cases} \tag{3.4.18}$$

(4) 奇双边指数衰减函数的频谱

图 3.4.4 所示的奇双边指数衰减信号表达式为

$$f(t) = \begin{cases} -e^{\alpha t} & t < 0 \\ e^{-\alpha t} & t > 0 \end{cases} \tag{3.4.19}$$

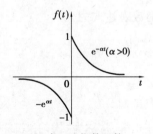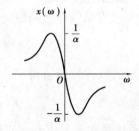

(a) 奇双边指数函数   (b) 奇双边指数函数的频谱

图 3.4.4　奇双边指数函数及其频谱

它的频谱函数为

$$F(\mathrm{j}\omega) = \int_{-\infty}^{\infty} f(t)\,e^{-\mathrm{j}\omega t}\mathrm{d}t = \int_{-\infty}^{0} -e^{\alpha t}e^{-\mathrm{j}\omega t}\mathrm{d}t + \int_{0}^{\infty} e^{-\alpha t}e^{-\mathrm{j}\omega t}\mathrm{d}t$$

$$= \frac{-1}{\alpha - \mathrm{j}\omega} + \frac{1}{\alpha + \mathrm{j}\omega} = -\mathrm{j}\frac{2\omega}{\alpha^2 + \omega^2} = \mathrm{j}x(\omega) \tag{3.4.20}$$

$F(\mathrm{j}\omega)$ 为虚函数、奇函数,可得

$$\begin{cases} \mid F(\mathrm{j}\omega)\mid = \dfrac{2\mid\omega\mid}{a^2 + \omega^2} \\[2mm] \varphi(\omega) = \begin{cases} \dfrac{\pi}{2} & \omega < 0 \\[2mm] -\dfrac{\pi}{2} & \omega > 0 \end{cases} \end{cases} \tag{3.4.21}$$

（5）偶双边指数衰减函数的频谱

图 3.4.5 所示的偶双边指数衰减信号表达式为

$$f(t) = \begin{cases} \mathrm{e}^{\alpha t} & t < 0 \\ \mathrm{e}^{-\alpha t} & t > 0 \end{cases} \tag{3.4.22}$$

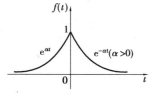

（a）偶双边指数函数　　　　　　　　（b）偶双边指数函数的频谱

图 3.4.5　偶双边指数函数及其频谱

它的频谱函数为

$$F(\mathrm{j}\omega) = \int_{-\infty}^{\infty} f(t)\mathrm{e}^{-\mathrm{j}\omega t}\mathrm{d}t = \int_{-\infty}^{0} \mathrm{e}^{\alpha t}\mathrm{e}^{-\mathrm{j}\omega t}\mathrm{d}t + \int_{0}^{\infty} \mathrm{e}^{-\alpha t}\mathrm{e}^{-\mathrm{j}\omega t}\mathrm{d}t$$

$$= \frac{1}{\alpha - \mathrm{j}\omega} + \frac{1}{\alpha + \mathrm{j}\omega} = \frac{2\alpha}{\alpha^2 + \omega^2} \tag{3.4.23}$$

$F(\mathrm{j}\omega)$ 为实函数，可得

$$\begin{cases} \mid F(\mathrm{j}\omega)\mid = \dfrac{2\alpha}{a^2 + \omega^2} \\[2mm] \varphi(\omega) = 0 \end{cases}$$

以上信号均满足绝对可积条件，下面讨论几个不满足绝对可积条件的常用信号。

（6）单位直流信号的频谱

图 3.4.6 所示的单位直流信号表达式为 $f(t) = 1$，它不满足绝对可积条件，所以不能直接用式（3.4.5）直接计算频谱函数。如果将直流信号看成是偶双边指数信号 $\alpha \to 0$ 的极限情况，则可利用偶双边指数信号的频谱函数式求得直流信号频谱，即

（a）单位直流信号　　　　　　　　（b）单位直流信号的频谱

图 3.4.6　单位直流信号及其频谱

$$F(\mathrm{j}\omega) = \lim_{\alpha \to 0} \frac{2\alpha}{\alpha^2 + \omega^2} = \begin{cases} 0 & \omega \neq 0 \\ \infty & \omega = 0 \end{cases} \tag{3.4.24}$$

由式(3.4.24)可知,直流信号的频谱函数在 $\omega = 0$ 处含有频域的冲激函数。该函数的强度为

$$\lim_{\alpha \to 0} \int_{-\infty}^{\infty} \frac{2\alpha}{\alpha^2 + \omega^2} d\omega = 2\pi \tag{3.4.25}$$

即

$$F(j\omega) = F[1] = 2\pi\delta(\omega) \tag{3.4.26}$$

(7) 符号函数的频谱

图3.4.7 所示的符号函数用符号 $\text{sgn}(t)$ 表示,其表达式为

$$\text{sgn}(t) \xlongequal{\text{def}} \begin{cases} -1 & t < 0 \\ 1 & t > 0 \end{cases} \tag{3.4.27}$$

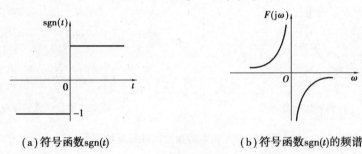

(a) 符号函数 $\text{sgn}(t)$ (b) 符号函数 $\text{sgn}(t)$ 的频谱

图3.4.7 符号函数 $\text{sgn}(t)$ 及其频谱

由此可知,符号函数不满足绝对可积条件,但是可利用与求直流信号频谱函数类似的方法求得其频谱函数。符号函数 $\text{sgn}(t)$ 也可看作奇双边指数衰减函数在 α 取极限趋近 0 时的一个特例,即

$$F(j\omega) = \lim_{\alpha \to 0} \left(-j \frac{2\omega}{\alpha^2 + \omega^2} \right) = \frac{2}{j\omega} \tag{3.4.28}$$

由此可得

$$\begin{cases} |F(j\omega)| = \dfrac{2}{|\omega|} \\ \varphi(\omega) = \begin{cases} -\dfrac{\pi}{2} & \omega > 0 \\ \dfrac{\pi}{2} & \omega < 0 \end{cases} \end{cases} \tag{3.4.29}$$

(8) 单位阶跃函数的频谱

图3.4.8 所示的单位阶跃函数可看作幅度为 1/2 的直流信号与 $\text{sgn}(t)/2$ 函数之和,其表达式为 $\varepsilon(t) = \dfrac{1}{2} + \dfrac{1}{2}\text{sgn}(t)$,故

$$\begin{aligned} F(j\omega) &= F[\varepsilon(t)] \\ &= F\left[\frac{1}{2}\right] + F\left[\frac{1}{2}\text{sgn}(t)\right] \\ &= \pi\delta(\omega) + \frac{1}{j\omega} \end{aligned} \tag{3.4.30}$$

幅度频谱函数为

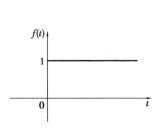

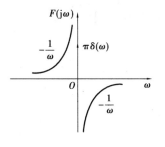

（a）单位阶跃函数　　　　　　　　　　（b）单位阶跃函数的频谱

图 3.4.8　单位阶跃函数及其频谱

$$|F(\mathrm{j}\omega)| = \begin{cases} \pi\delta(\omega) & \omega = 0 \\ \dfrac{1}{|\omega|} & \omega \neq 0 \end{cases} \tag{3.4.31}$$

相位频谱函数为

$$\varphi(\omega) = \begin{cases} \dfrac{\pi}{2} & \omega < 0 \\ 0 & \omega = 0 \\ -\dfrac{\pi}{2} & \omega > 0 \end{cases} \tag{3.4.32}$$

对于常用函数的傅里叶变换（见附录 4），读者应熟练掌握，在以后的信号与系统问题的分析中，遇到这些函数的变换或者反变换，可直接当成公式使用，而不必再求。

3.5　傅里叶变换的性质

本节介绍傅里叶变换的一些主要性质，一方面可简化傅里叶变换和傅里叶逆变换的运算过程，另一方面可加深读者对傅里叶变换和傅里叶逆变换的理解。

3.5.1　线性性质

若

$$f_1(t) \leftrightarrow F_1(\mathrm{j}\omega), f_2(t) \leftrightarrow F_2(\mathrm{j}\omega)$$

则

$$af_1(t) + bf_2(t) \leftrightarrow aF_1(\mathrm{j}\omega) + bF_2(\mathrm{j}\omega) \tag{3.5.1}$$

其中，a,b 为常数。

证明

$$\int_{-\infty}^{\infty} [af_1(t) + bf_2(t)] \mathrm{e}^{-\mathrm{j}\omega t}\mathrm{d}t = a\int_{-\infty}^{\infty} f_1(t)\mathrm{e}^{-\mathrm{j}\omega t}\mathrm{d}t + b\int_{-\infty}^{\infty} f_2(t)\mathrm{e}^{-\mathrm{j}\omega t}\mathrm{d}t \tag{3.5.2}$$

$$= aF_1(\mathrm{j}\omega) + bF_2(\mathrm{j}\omega)$$

例 3.5　求如图 3.5.1 所示信号 $f(t)$ 的傅里叶变换 $F(\mathrm{j}\omega)$。

解　可将 $f(t)$ 看作门函数 $g_2(t)$ 与 $g_6(t)$ 的叠加，即

$$f(t) = g_2(t) + g_6(t)$$

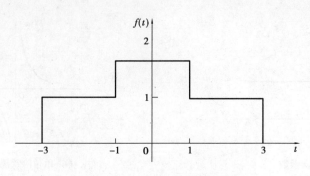

图 3.5.1　例 3.5 用图

由式(3.4.13)可得

$$g_2(t) \leftrightarrow 2Sa(\omega)$$

$$g_6(t) \leftrightarrow 6Sa(3\omega)$$

利用傅里叶变换的线性性质,可得

$$F(j\omega) = 2Sa(\omega) + 6Sa(3\omega)$$

一般来说,对于复杂的时域信号,将其在时域内分解为若干个常用函数的线性组合,利用常用函数的傅里叶变换对直接写出它们的傅里叶变换,再利用傅里叶变换的线性性质得到复杂的时域信号的傅里叶变换。

3.5.2　时移性质

若

$$f(t) \leftrightarrow F(j\omega)$$

则

$$f(t \pm t_0) \leftrightarrow e^{\pm j\omega t_0} F(j\omega) \tag{3.5.3}$$

其中,t_0 为正常实数。

证明　令 $x = t - t_0$,则

$$\int_{-\infty}^{\infty} f(t - t_0) e^{-j\omega t} dt = \int_{-\infty}^{\infty} f(x) e^{-j\omega(x + t_0)} dx$$

$$= e^{-j\omega t_0} \int_{-\infty}^{\infty} f(x) e^{-j\omega x} dx \tag{3.5.4}$$

$$= e^{-j\omega t_0} F(j\omega)$$

例 3.6　求如图 3.5.2 所示信号 $f(t)$ 的傅里叶变换 $F(j\omega)$。

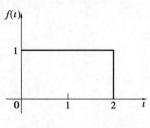

图 3.5.2　例 3.6 用图

解　可将 $f(t)$ 看作门函数 $g_2(t)$ 右移 1,即

$$f(t) = g_2(t - 1)$$

又知 $g_2(t) \leftrightarrow 2Sa(\omega)$,根据时移性质可得

$$F(j\omega) = 2Sa(\omega) e^{-j\omega}$$

时移性质表明,信号在时域中平移 t_0,对应于频域中频谱乘以因子 $e^{\pm j\omega t_0}$,即信号时移后,幅值谱不变,相位谱中相角改变量与频率成正比。

3.5.3 频移性质

若

$$f(t) \leftrightarrow F(j\omega)$$

则

$$f(t)e^{\pm j\omega_0 t} \leftrightarrow F[j(\omega \mp \omega_0)] \qquad (3.5.5)$$

其中,ω_0 为频域的正常实数。

证明

$$\int_{-\infty}^{\infty} f(t)e^{\pm j\omega_0 t}e^{-j\omega t}dt = \int_{-\infty}^{\infty} f(t)e^{-j(\omega \mp \omega_0)t}dt$$

$$= F[j(\omega \mp \omega_0)] \qquad (3.5.6)$$

例 3.7 求信号 $f_1(t) = \sin(\omega_0 t)$ 和 $f_2(t) = \cos(\omega_0 t)$ 的傅里叶变换。

解 由欧拉公式可得

$$\sin(\omega_0 t) = \frac{1}{2j}e^{j\omega_0 t} - \frac{1}{2j}e^{-j\omega_0 t}$$

$$\cos(\omega_0 t) = \frac{1}{2}e^{j\omega_0 t} + \frac{1}{2}e^{-j\omega_0 t}$$

又因为 $1 \leftrightarrow 2\pi\delta(\omega)$,根据傅里叶变换的线性性质和频移性质,得

$$F[\sin(\omega_0 t)] = j\pi[\delta(\omega + \omega_0) - \delta(\omega - \omega_0)]$$

$$F[\cos(\omega_0 t)] = \pi[\delta(\omega + \omega_0) + \delta(\omega - \omega_0)]$$

例 3.8 求高频脉冲信号 $p(t) = g_\tau(t)\cos(\omega_0 t)$ 的频谱函数。

解 由欧拉公式得

$$\cos\omega_0 t = \frac{e^{j\omega_0 t} + e^{-j\omega_0 t}}{2}$$

故有

$$F[p(t)] = F[g_\tau(t)\cos\omega_0 t]$$

$$= F\left[g_\tau(t)\frac{e^{j\omega_0 t} + e^{-j\omega_0 t}}{2}\right]$$

$$= \frac{1}{2}F[g_\tau(t)e^{j\omega_0 t}] + \frac{1}{2}F[g_\tau(t)e^{-j\omega_0 t}]$$

因为 $g_\tau(t) \leftrightarrow \tau Sa\left(\dfrac{\omega\tau}{2}\right)$,则利用频移性质得

$$g_\tau(t)e^{j\omega_0 t} \leftrightarrow \tau Sa\frac{(\omega - \omega_0)\tau}{2}$$

$$g_\tau(t)e^{-j\omega_0 t} \leftrightarrow \tau Sa\frac{(\omega + \omega_0)\tau}{2}$$

利用线性性质,得

$$F[p(t)] = \frac{1}{2}\tau Sa\left[\frac{(\omega - \omega_0)\tau}{2}\right] + \frac{1}{2}\tau Sa\left[\frac{(\omega + \omega_0)\tau}{2}\right]$$

其频移特性如图 3.5.3 所示。

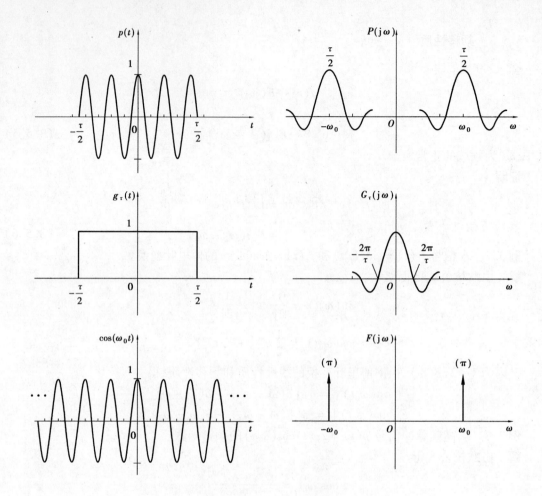

图 3.5.3　例 3.8 用图

频移性质表明,时域信号乘以因子 $e^{\pm j\omega_0 t}$,时域波形发生变化,频域中频谱沿频率轴移动一个 ω_0。频移性质在通信、调制、滤波技术中有着重要的作用。

3.5.4　尺度变换性质

若

$$f(t) \leftrightarrow F(j\omega)$$

则

$$f(at) \leftrightarrow \frac{1}{|a|} F\left(j \frac{\omega}{a}\right) \tag{3.5.7}$$

其中,a 为非零实常数。

证明

$$F[f(at)] = \int_{-\infty}^{\infty} f(at) e^{-j\omega t} dt \tag{3.5.8}$$

令 $at = x$,则 $dt = \frac{1}{a} dx$,$t = \frac{x}{a}$。若 $a > 0$ 时,则

$$F[f(at)] = \frac{1}{a}\int_{-\infty}^{\infty} f(x)\mathrm{e}^{-\mathrm{j}\frac{\omega}{a}x}\mathrm{d}x = \frac{1}{a}F\left(\mathrm{j}\,\frac{\omega}{a}\right) \tag{3.5.9}$$

若 $a < 0$ 时,则

$$F[f(at)] = \frac{1}{a}\int_{\infty}^{-\infty} f(x)\mathrm{e}^{-\mathrm{j}\frac{\omega}{a}x}\mathrm{d}x$$

$$= -\frac{1}{a}\int_{-\infty}^{\infty} f(x)\mathrm{e}^{-\mathrm{j}\frac{\omega}{a}x}\mathrm{d}x = -\frac{1}{a}F\left(\mathrm{j}\,\frac{\omega}{a}\right) \tag{3.5.10}$$

综合 $a > 0$, $a < 0$ 两种情况,尺度变换特性表示为

$$f(at) \leftrightarrow \frac{1}{|a|}F\left(\mathrm{j}\,\frac{\omega}{a}\right) \tag{3.5.11}$$

尺度变换性质表明:

①当 $a > 1$ 时, $f(at)$ 表示 $f(t)$ 的时域波形沿时间轴压缩了 a 倍; $F\left(\mathrm{j}\,\dfrac{\omega}{a}\right)$ 表示 $F(\mathrm{j}\omega)$ 的频域图形沿频率轴扩展了 a 倍。

②当 $a \leq 1$ 时, $f(at)$ 表示 $f(t)$ 的时域波形沿时间轴扩展了 $1/a$ 倍; $F\left(\mathrm{j}\,\dfrac{\omega}{a}\right)$ 表示 $F(\mathrm{j}\omega)$ 的频域图形沿频率轴压缩了 $1/a$ 倍。

图 3.5.4 所示为尺度相差 1 倍的门函数。一般来说,信号在时域中压缩等效于在频域中扩展;在时域中扩展等效于在频域中压缩,而且相对应的倍数是一致的。由此得到一个在通信技术中非常重要的结论:信号的持续时间与其占有的频带宽度成反比。在通信技术中,要提高信号的传输速率,就必须提高每秒内传送的脉冲数,为此就要压缩信号脉冲的宽度,这样就会加宽信号的频带,就需要加宽通信设备的通频带,以满足信号传输的质量要求。因此,在通信技术中信号的传输速率与所占用频带是矛盾的。

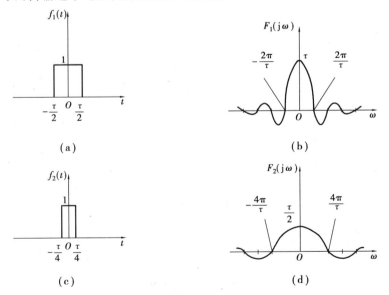

图 3.5.4　信号的尺度变换(尺度相差 1 倍)

例 3.9　已知 $f(t)$ 的傅里叶变换为 $F(\mathrm{j}\omega)$,设 $y(t) = f(2t-1)$,求 $y(t)$ 的频谱函数 $Y(\mathrm{j}\omega)$。

解 已知 $f(t)\leftrightarrow F(j\omega)$，根据傅里叶尺度变换性质有

$$f(2t)\leftrightarrow \frac{1}{2}F\left(j\frac{\omega}{2}\right)$$

而 $y(t)=f(2t-1)=f\left[2\left(t-\frac{1}{2}\right)\right]$，根据傅里叶时移性质可得

$$Y(j\omega)=\frac{1}{2}F\left(j\frac{\omega}{2}\right)e^{-\frac{1}{2}j\omega}$$

例 3.10 已知 $g_\tau(t)\leftrightarrow \tau Sa\left(\frac{\omega\tau}{2}\right)$，求 $g_\tau(2t)$ 的频谱函数。

解 根据傅里叶变换的尺度变换性质，$g_\tau(2t)$ 的频谱函数为

$$F[g_\tau(2t)]=\frac{1}{2}\tau Sa\left(\frac{\omega\tau}{4}\right)$$

3.5.5 对称性质

若

$$f(t)\leftrightarrow F(j\omega)$$

则

$$F(jt)\leftrightarrow 2\pi f(-\omega) \tag{3.5.12}$$

证明
$$f(t)=\frac{1}{2\pi}\int_{-\infty}^{\infty}F(j\omega)e^{j\omega t}d\omega \tag{3.5.13}$$

将 t 换为 $-t$，得

$$f(-t)=\frac{1}{2\pi}\int_{-\infty}^{\infty}F(j\omega)e^{-j\omega t}d\omega \tag{3.5.14}$$

将变量 t 与 ω 互换，得

$$2\pi f(-\omega)=\int_{-\infty}^{\infty}F(jt)e^{-j\omega t}dt \tag{3.5.15}$$

特别地，如果 $f(t)$ 是偶函数，则有

$$F(jt)\leftrightarrow 2\pi f(\omega) \tag{3.5.16}$$

傅里叶变换的对称性质表明，信号的时域波形与其频谱函数具有对称互易性。对称性是个非常有用的性质，它能简化某些信号的傅里叶变换计算。例如，单位冲激函数 $\delta(t)$ 的傅里叶变换为 1，即 $\delta(t)\leftrightarrow 1$，根据对称性，得 $1\leftrightarrow 2\pi\delta(-\omega)$，又因为 $\delta(\omega)$ 为偶函数，即 $\delta(-\omega)=\delta(\omega)$，则

$$1\leftrightarrow 2\pi\delta(\omega) \tag{3.5.17}$$

例 3.11 求函数 $\frac{1}{t}$ 的频谱函数。

解 符号函数的傅里叶变换为

$$\mathrm{sgn}(t)\leftrightarrow \frac{2}{j\omega}$$

由对称性质，得

$$\frac{2}{jt}\leftrightarrow 2\pi\,\mathrm{sgn}(-\omega)$$

又因为符号函数为奇函数,即 $\text{sgn}(-\omega) = -\text{sgn}(\omega)$,则

$$\frac{2}{jt} \leftrightarrow 2\pi\,\text{sgn}(-\omega) = -2\pi\,\text{sgn}(\omega)$$

根据线性性质,得

$$\frac{1}{t} \leftrightarrow -j\pi\,\text{sgn}(\omega)$$

3.5.6 卷积定理

卷积定理是信号处理研究领域中应用最广的傅里叶变换性质之一,在以后各章节中将认识到这一点。

(1)时域卷积定理

若

$$f_1(t) \leftrightarrow F_1(j\omega),\, f_2(t) \leftrightarrow F_2(j\omega)$$

则

$$f_1(t) * f_2(t) \leftrightarrow F_1(j\omega) \cdot F_2(j\omega) \tag{3.5.18}$$

证明 根据卷积的定义,已知

$$f_1(t) * f_2(t) = \int_{-\infty}^{\infty} f_1(\tau) f_2(t-\tau) d\tau \tag{3.5.19}$$

可得

$$\begin{aligned}
F[f_1(t) * f_2(t)] &= \int_{-\infty}^{\infty} \left[\int_{-\infty}^{\infty} f_1(\tau) f_2(t-\tau) d\tau \right] e^{-j\omega t} dt \\
&= \int_{-\infty}^{\infty} f_1(\tau) \left[\int_{-\infty}^{\infty} f_2(t-\tau) e^{-j\omega t} dt \right] d\tau \\
&= \int_{-\infty}^{\infty} f_1(\tau) F_2(j\omega) e^{-j\omega\tau} d\tau \\
&= F_2(j\omega) \int_{-\infty}^{\infty} f_1(\tau) e^{-j\omega\tau} d\tau \\
&= F_1(j\omega) \cdot F_2(j\omega) \tag{3.5.20}
\end{aligned}$$

时域卷积定理说明,两个时间函数卷积的频谱等于各个时间函数频谱的乘积,即在时域中两信号的卷积等效于在频域中频谱相乘。

(2)频域卷积定理

类似于时域卷积定理,由频域卷积定理可知,若

$$f_1(t) \leftrightarrow F_1(j\omega),\, f_2(t) \leftrightarrow F_2(j\omega)$$

则

$$f_1(t) \cdot f_2(t) \leftrightarrow \frac{1}{2\pi} F_1(j\omega) * F_2(j\omega) \tag{3.5.21}$$

频域卷积定理的证明方法同时域卷积定理,读者可自行证明。

频域卷积定理说明,两时间函数频谱卷积的原函数等效于两时间函数的乘积。或者说,两时间函数乘积的频谱等于各个函数频谱的卷积乘以 $\frac{1}{2\pi}$。显然,时域与频域卷积定理是对称

的,这是由傅里叶变换的对称性所决定的。

下面举例说明如何利用卷积定理求信号频谱。

例 3.12 已知

$$f(t) = \begin{cases} E\cos\left(\dfrac{\pi t}{\tau}\right) & |t| \leqslant \dfrac{\tau}{2} \\ 0 & |t| > \dfrac{\tau}{2} \end{cases}$$

利用卷积定理求余弦脉冲的频谱。

解 将余弦脉冲 $f(t)$ 看作矩形脉冲 $Eg_\tau(t)$ 与无穷长余弦函数 $\cos\left(\dfrac{\pi t}{\tau}\right)$ 的乘积,如图3.5.5 所示,其表达式为

$$f(t) = Eg_\tau(t)\cos\left(\frac{\pi t}{\tau}\right)$$

由傅里叶变换式可知,矩形脉冲的频谱为

$$G_\tau(j\omega) = F[g_\tau(t)] = \tau Sa\left(\frac{\omega\tau}{2}\right)$$

由余弦函数的傅里叶变换可得

$$F\left[E\cos\left(\frac{\pi t}{\tau}\right)\right] = E\left[\pi\delta\left(\omega + \frac{\pi}{\tau}\right) + \pi\delta\left(\omega - \frac{\pi}{\tau}\right)\right]$$

根据频域卷积定理,可得到 $f(t)$ 的频谱为

$$F(j\omega) = F\left[Eg_\tau(t)\cos\left(\frac{\pi t}{\tau}\right)\right]$$

$$= \frac{1}{2\pi}E\tau Sa\left(\frac{\omega\tau}{2}\right) * \pi\left[\delta\left(\omega + \frac{\pi}{\tau}\right) + \delta\left(\omega - \frac{\pi}{\tau}\right)\right]$$

上式化简后得到余弦脉冲的频谱为

$$F(j\omega) = \frac{2E\tau}{\pi}\frac{\cos\left(\dfrac{\omega\tau}{2}\right)}{\left[1 - \left(\dfrac{\omega\tau}{\pi}\right)^2\right]}$$

信号 $f(t)$ 及其频谱如图 3.5.5 所示。

3.5.7 时域微分和积分性质

(1)时域微分

若

$$f(t) \leftrightarrow F(j\omega)$$

则

$$\frac{\mathrm{d}f(t)}{\mathrm{d}t} \leftrightarrow j\omega F(j\omega) \tag{3.5.22}$$

其中, $f(t)$ 不为常数。

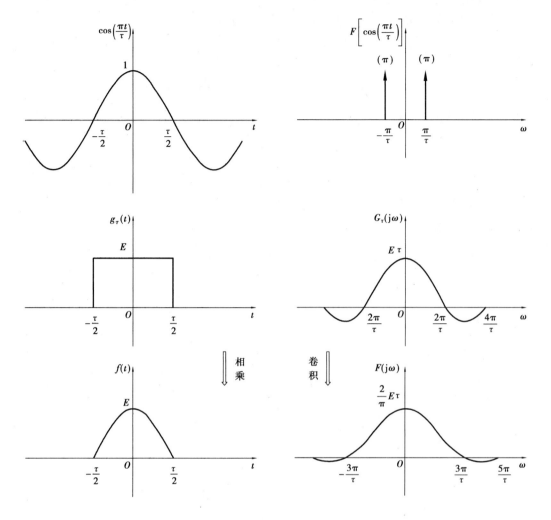

图 3.5.5　利用卷积定理求余弦脉冲的频谱

证明
$$\frac{\mathrm{d}f(t)}{\mathrm{d}t} = \frac{1}{2\pi}\frac{\mathrm{d}}{\mathrm{d}t}\int_{-\infty}^{\infty} F(\mathrm{j}\omega)\,\mathrm{e}^{\mathrm{j}\omega t}\,\mathrm{d}\omega$$

（3.5.23）

$$= \frac{1}{2\pi}\int_{-\infty}^{\infty} F(\mathrm{j}\omega)\left(\frac{\mathrm{d}}{\mathrm{d}t}\mathrm{e}^{\mathrm{j}\omega t}\right)\mathrm{d}\omega = \frac{1}{2\pi}\int_{-\infty}^{\infty} \mathrm{j}\omega F(\mathrm{j}\omega)\,\mathrm{e}^{\mathrm{j}\omega t}\,\mathrm{d}\omega$$

故
$$\frac{\mathrm{d}f(t)}{\mathrm{d}t} \longleftrightarrow \mathrm{j}\omega F(\mathrm{j}\omega)$$

同理,可推广到高阶导数的傅里叶变换,即

$$\frac{\mathrm{d}^k f(t)}{\mathrm{d}t^k} \longleftrightarrow (\mathrm{j}\omega)^k F(\mathrm{j}\omega)$$

（3.5.24）

例 3.13　设 $f(t)$ 的傅里叶变换为 $F(\mathrm{j}\omega)$,求 $\dfrac{\mathrm{d}f(at+b)}{\mathrm{d}t}$ 的傅里叶变换及 $F(0)$,$f(0)$。

解　由尺度变换性质得

$$f(at) \leftrightarrow \frac{1}{|a|}F\left(\mathrm{j}\frac{\omega}{a}\right)$$

85

根据时移性质得

$$f(at + b) \leftrightarrow \frac{1}{|a|} F\left(j\frac{\omega}{a}\right) e^{j\frac{\omega b}{a}}$$

又根据微分性质得

$$\frac{d}{dt} f(at + b) \leftrightarrow j\omega \frac{1}{|a|} F\left(j\frac{\omega}{a}\right) e^{j\frac{\omega b}{a}}$$

由傅里叶变换的定义得

$$F(j\omega) = \int_{-\infty}^{\infty} f(t) e^{-j\omega t} dt$$

令 $\omega = 0$，则

$$F(0) = \int_{-\infty}^{\infty} f(t) dt$$

由傅里叶逆变换的定义得

$$f(t) = \frac{1}{2\pi} \int_{-\infty}^{\infty} F(j\omega) e^{j\omega t} d\omega$$

令 $t = 0$，有

$$f(0) = \frac{1}{2\pi} \int_{-\infty}^{\infty} F(j\omega) d\omega$$

（2）时域积分

若

$$f(t) \leftrightarrow F(j\omega)$$

则

$$\int_{-\infty}^{t} f(\tau) d\tau \leftrightarrow \frac{F(j\omega)}{j\omega} + \pi F(0)\delta(\omega) \tag{3.5.25}$$

证明

$$\int_{-\infty}^{\infty} \left(\int_{-\infty}^{t} f(\tau) d\tau \right) e^{-j\omega t} dt = \int_{-\infty}^{\infty} \left[\int_{-\infty}^{\infty} f(\tau) \varepsilon(t - \tau) d\tau \right] e^{-j\omega t} dt$$

$$= \int_{-\infty}^{\infty} f(\tau) \left[\int_{-\infty}^{\infty} \varepsilon(t - \tau) e^{-j\omega t} dt \right] d\tau$$

$$= \int_{-\infty}^{\infty} f(\tau) \left[\pi\delta(\omega) + \frac{1}{j\omega} \right] e^{-j\omega\tau} d\tau$$

$$= \int_{-\infty}^{\infty} f(\tau) \pi\delta(\omega) e^{-j\omega\tau} d\tau + \int_{-\infty}^{\infty} f(\tau) \frac{1}{j\omega} e^{-j\omega\tau} d\tau$$

$$= \pi\delta(\omega) \int_{-\infty}^{\infty} f(\tau) d\tau + \frac{1}{j\omega} F(j\omega)$$

$$= \pi F(0)\delta(\omega) + \frac{1}{j\omega} F(j\omega) \tag{3.5.26}$$

微分和积分性质较为常用，尤其是将两者结合起来求解信号的傅里叶变换更加简便，具体步骤如下：先对信号在时域内求导，直到能应用常用函数的傅里叶变换对写出其频谱函数为止。然后再积分相同次数，即可求得复杂信号的傅里叶变换。

例 3.14　求如图 3.5.6(a) 所示信号的傅里叶变换。

解　可先求出 $f'(t)$，如图 3.5.6(b) 所示，即

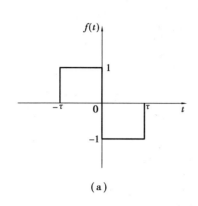

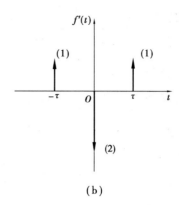

$$(a) \qquad\qquad\qquad (b)$$

图 3.5.6 例 3.14 用图

$$f'(t) = \delta(t + \tau) - 2\delta(t) + \delta(t-\tau)$$

可得

$$f'(t) \leftrightarrow F_1(\mathrm{j}\omega) = \mathrm{e}^{\mathrm{j}\omega\tau} + \mathrm{e}^{-\mathrm{j}\omega\tau} - 2 = 2\cos\omega\tau - 2$$

又因为 $f'(t)$ 的净面积为零,即

$$F_1(0) = \int_{-\infty}^{\infty} f'(t)\,\mathrm{d}t = 0$$

故

$$F(\mathrm{j}\omega) = \frac{1}{\mathrm{j}\omega} F_1(\mathrm{j}\omega)$$

$$= \frac{2}{\mathrm{j}\omega}(\cos\omega\tau - 1)$$

例 3.15 求如图 3.5.7(a) 所示信号 $f(t)$ 的频谱函数 $F(\mathrm{j}\omega)$。

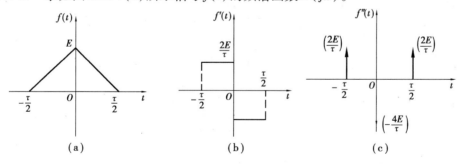

$$(a) \qquad\qquad\qquad (b) \qquad\qquad\qquad (c)$$

图 3.5.7 例 3.15 用图

解 $f(t)$ 可表示为

$$f(t) = E - \frac{2E}{\tau}t\left[\varepsilon(t) - \varepsilon\left(t - \frac{\tau}{2}\right)\right] +$$

$$\frac{2E}{\tau}t\left[\varepsilon\left(t + \frac{\tau}{2}\right) - \varepsilon(t)\right]$$

对 $f(t)$ 求一阶导数、二阶导数,其波形如图 3.5.7(b)、(c) 所示,则

$$f'(t) = -\frac{2E}{\tau}\left[\varepsilon(t) - \varepsilon\left(t - \frac{\tau}{2}\right)\right] +$$

$$\frac{2E}{\tau}\Big[\varepsilon\Big(t+\frac{\tau}{2}\Big)-\varepsilon(t)\Big]$$

$$f''(t) = \frac{2E}{\tau}\Big[\delta\Big(t+\frac{\tau}{2}\Big)+\delta\Big(t-\frac{\tau}{2}\Big)-2\delta(t)\Big]$$

根据时移、线性性质,得

$$f''(t)\leftrightarrow\frac{2E}{\tau}\big[\,\mathrm{e}^{\mathrm{j}\omega\frac{\tau}{2}}+\mathrm{e}^{-\mathrm{j}\omega\frac{\tau}{2}}-2\,\big]$$

$$=\frac{2E}{\tau}\Big[\,2\cos\Big(\omega\,\frac{\tau}{2}\Big)-2\,\Big]$$

$$=-\frac{8E}{\tau}\sin^2\Big(\frac{\omega\,\tau}{4}\Big)$$

因 $f'(t),f''(t)$ 的净面积都为零,根据积分性质,得

$$F(\mathrm{j}\omega) = \frac{-\dfrac{8E}{\tau}\sin^2\Big(\dfrac{\omega\,\tau}{4}\Big)}{(\mathrm{j}\omega)^2} = \frac{E\,\tau}{2}Sa^2\Big(\frac{\omega\,\tau}{4}\Big)$$

3.5.8 频域微分和积分性质

(1) 频域微分

若

$$f(t)\leftrightarrow F(\mathrm{j}\omega)$$

则

$$(-\mathrm{j}t)f(t)\leftrightarrow\frac{\mathrm{d}F(\mathrm{j}\omega)}{\mathrm{d}\omega} \tag{3.5.27}$$

证明

$$\frac{\mathrm{d}F(\mathrm{j}\omega)}{\mathrm{d}\omega} = \frac{\mathrm{d}}{\mathrm{d}\omega}\int_{-\infty}^{\infty}f(t)\,\mathrm{e}^{-\mathrm{j}\omega t}\mathrm{d}t$$

$$=\int_{-\infty}^{\infty}(-\mathrm{j}t)f(t)\,\mathrm{e}^{-\mathrm{j}\omega t}\mathrm{d}t$$

$$=F[\,-\mathrm{j}tf(t)\,] \tag{3.5.28}$$

同理可得高阶导数

$$(-\mathrm{j}t)^k f(t)\leftrightarrow\frac{\mathrm{d}^k F(\mathrm{j}\omega)}{\mathrm{d}\omega^k} \tag{3.5.29}$$

例 3.16 求 $f(t)=t\mathrm{e}^{-at}\varepsilon(t)$ 的频谱函数。

解 因为

$$\mathrm{e}^{-at}\varepsilon(t)\leftrightarrow\frac{1}{a+\mathrm{j}\omega}$$

则

$$t\mathrm{e}^{-at}\varepsilon(t)\leftrightarrow F(\mathrm{j}\omega) = \mathrm{j}\frac{\mathrm{d}}{\mathrm{d}\omega}\Big(\frac{1}{a+\mathrm{j}\omega}\Big)$$

$$=\mathrm{j}\,\frac{-\mathrm{j}}{(a+\mathrm{j}\omega)^2}$$

$$=\frac{1}{(a+\mathrm{j}\omega)^2}$$

(2) 频域积分

若

$$f(t) \leftrightarrow F(j\omega)$$

则

$$\pi f(0)\delta(t) + j\frac{f(t)}{t} \leftrightarrow \int_{-\infty}^{\omega} F(jx)\,\mathrm{d}x \tag{3.5.30}$$

其中

$$f(0) = \frac{1}{2\pi}\int_{-\infty}^{\infty} F(j\omega)\,\mathrm{d}\omega$$

频域积分特性的证明与时域积分性质相似,读者可自行证明。此特性的应用较少,此处不再举例。

现将傅里叶变换的主要性质及定理列于表 3.5.1 中,以便查阅和应用。

表 3.5.1　傅里叶变换的主要性质

序　号	名　称	时　域	频　域
1	线性性质	$af_1(t) + bf_2(t)$	$aF_1(j\omega) + bF_2(j\omega)$
2	时移性质	$f(t \pm t_0)$	$F(j\omega)e^{\pm j\omega t_0}$
3	频移性质	$f(t)e^{\pm j\omega_0 t}$	$F[j(\omega \mp \omega_0)]$
4	尺度变换	$f(at)$	$\dfrac{1}{\lvert a\rvert}F\left(j\dfrac{\omega}{a}\right)$
5	对称性质	$F(jt)$	$2\pi f(-\omega)$
6	时域卷积	$f_1(t) * f_2(t)$	$F_1(j\omega) \cdot F_2(j\omega)$
7	频域卷积	$f_1(t) \cdot f_2(t)$	$\dfrac{1}{2\pi}F_1(j\omega) * F_2(j\omega)$
8	时域微分	$\dfrac{\mathrm{d}f(t)}{\mathrm{d}t}$	$j\omega F(j\omega)$
9	时域积分	$\displaystyle\int_{-\infty}^{t} f(\tau)\,\mathrm{d}\tau$	$\dfrac{F(j\omega)}{j\omega} + \pi F(0)\delta(\omega)$
10	频域微分	$(-jt)f(t)$	$\dfrac{\mathrm{d}F(j\omega)}{\mathrm{d}\omega}$
11	频域积分	$\pi f(0)\delta(t) + j\dfrac{f(t)}{t}$	$\displaystyle\int_{-\infty}^{\omega} F(jx)\,\mathrm{d}x$

3.6　周期信号的傅里叶变换

在引入奇异函数之前周期信号因不满足绝对可积条件而无法讨论其傅里叶变换,只能通过傅里叶级数展开为谐波分量来研究其频谱性质。在引入奇异函数后,从极限的观点来分析,则周期信号也存在有傅里叶变换。这样非周期信号与周期信号的分析就可统一用傅里叶变换来分析了。现在就来讨论这个问题。

首先讨论指数函数 $e^{j\omega_c t}$ 的傅里叶变换,即

$$F[e^{j\omega_c t}] = \int_{-\infty}^{\infty} e^{j\omega_c t} e^{-j\omega t} dt = \int_{-\infty}^{\infty} e^{-j(\omega-\omega_c)t} dt \tag{3.6.1}$$

因为直接计算这个积分有困难,所以要用间接方法来进行变换。为此先考虑单位冲激函数及其变换式的关系。由冲激信号傅里叶变换式有

$$F^{-1}[1] = \frac{1}{2\pi} \int_{-\infty}^{\infty} e^{j\omega t} d\omega = \delta(t) \tag{3.6.2}$$

由 $\delta(t)$ 为偶函数可直接得

$$\int_{-\infty}^{\infty} e^{-j\omega t} d\omega = 2\pi\delta(-t) = 2\pi\delta(t) \tag{3.6.3}$$

再将式(3.6.3)中积分变量 ω 以 t 代换,t 以 $(\omega-\omega_c)$ 代换,可得

$$\int_{-\infty}^{\infty} e^{-j\omega t} d\omega = \int_{-\infty}^{\infty} e^{-j(\omega-\omega_c)t} dt = 2\pi\delta(\omega-\omega_c) \tag{3.6.4}$$

即

$$e^{j\omega_c t} \leftrightarrow 2\pi\delta(\omega-\omega_c) \tag{3.6.5}$$

由此可见,$e^{j\omega_c t}$ 的傅里叶变换是一个位于 ω_c 且强度为 2π 的冲激函数,因此有

$$1 \leftrightarrow 2\pi\delta(\omega) \tag{3.6.6}$$

以及

$$\cos(\omega_c t) \leftrightarrow \pi[\delta(\omega+\omega_c) + \delta(\omega-\omega_c)] \tag{3.6.7}$$

$$\sin(\omega_c t) \leftrightarrow j\pi[\delta(\omega+\omega_c) - \delta(\omega-\omega_c)] \tag{3.6.8}$$

一个周期信号 $f(t)$ 总可以用傅里叶级数将其展开为谐波分量之和,即

$$f(t) = \sum_{k=-\infty}^{\infty} F_k e^{jk\Omega t} \tag{3.6.9}$$

其中,$F_k = \frac{1}{T} \int_{-\frac{T}{2}}^{\frac{T}{2}} f(t) e^{-jk\Omega t} dt$,$\Omega = \frac{2\pi}{T}$。显然,此周期信号的傅里叶变换应为

$$F(j\omega) = F[f(t)] = F\left[\sum_{k=-\infty}^{\infty} F_k e^{jk\Omega t}\right]$$

$$= \sum_{k=-\infty}^{\infty} F_k F[e^{jk\Omega t}] \tag{3.6.10}$$

由式(3.6.5),式(3.6.10)可写成为

$$F(j\omega) = 2\pi \sum_{k=-\infty}^{\infty} F_k \delta(\omega-k\Omega) \tag{3.6.11}$$

由式(3.6.11)可知,周期信号的频谱函数是一个冲激序列,各个冲激位于各次谐波频率处,各冲激的强度分别等于各次谐波傅里叶系数 F_k 的 2π 倍。周期信号的频率函数具有冲激序列的性质也是意料之中的事,因为周期信号的频谱是一个离散频谱,每一个有限大小的谐波分量占据的频率为无穷小,从频谱密度来看就具有冲激的性质。事实上,式(3.6.6)—式(3.6.8)所示的单位直流、单位余弦、单位正弦信号的频谱函数也都属于周期信号频谱函数的情况,只是其傅里叶级数展开式中只有一个分量罢了。

例 3.17 求均匀冲激序列的傅里叶变换。

解 均匀冲激序列是图 3.6.1(a)所示的、向 t 的正负方向无限伸展的、间隔都等于 T 的

冲激函数的序列,它常以符号 $\delta_{\mathrm{T}}(t)$ 表示,即

$$\delta_{\mathrm{T}}(t) = \delta(t) + \delta(t - T) + \delta(t - 2T) + \cdots + \delta(t + T) + \delta(t + 2T) + \cdots$$

$$= \sum_{k=-\infty}^{\infty} \delta(t - kT)$$

这是一个周期为 T 的周期信号。

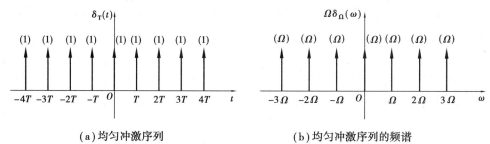

（a）均匀冲激序列　　　　　　　　（b）均匀冲激序列的频谱

图 3.6.1　例 3.17 用图

由图 3.6.1（a）可知,在间隔 $-\dfrac{2}{T} < t < \dfrac{2}{T}$ 内,$\delta_{\mathrm{T}}(t) = \delta(t)$,故

$$F_k = \frac{1}{T}\int_{-\frac{T}{2}}^{\frac{T}{2}} \delta(t) \mathrm{e}^{-jk\Omega t}\mathrm{d}t$$

根据单位冲激函数取样性质

$$\int_{-\frac{T}{2}}^{\frac{T}{2}} \delta(t) \mathrm{e}^{-jk\Omega t}\mathrm{d}t = \mathrm{e}^{-j0} = 1$$

故 $F_k = \dfrac{1}{T}$。将其代入式（3.6.11）可得

$$F(\mathrm{j}\omega) = F[\delta_{\mathrm{T}}(t)] = \frac{2\pi}{T}\sum_{k=-\infty}^{\infty} \delta(\omega - k\Omega) = \Omega\,\delta_{\Omega}(\omega)$$

即

$$\delta_{\mathrm{T}}(t) \leftrightarrow \Omega\,\delta_{\Omega}(\omega) \tag{3.6.12}$$

其中,$\delta_{\Omega}(\omega)$ 表示各冲激序列,也就是在 ω 轴上每隔 Ω 出现一个冲激。这种频谱如图 3.6.1（b）所示。

由此可知,一个时域冲激序列的傅里叶变换在频域仍是冲激序列。

3.7　连续系统的频域分析

3.7.1　频率响应

在第 2 章中,已讨论了线性时不变连续系统的时域分析,其中定义了表征系统本身时域特性的单位冲激响应 $h(t)$。对于输入信号 $f(t)$,系统的零状态响应 $y_{\mathrm{f}}(t)$ 等于输入信号 $f(t)$ 与系统单位冲激响应 $h(t)$ 的卷积积分,即

$$y_{\mathrm{f}}(t) = f(t) * h(t) \tag{3.7.1}$$

如果 $f(t)$ 和 $h(t)$ 的傅里叶变换均存在,则由傅里叶变换的时域卷积定理可得

$$Y_f(j\omega) = F(j\omega)H(j\omega) \tag{3.7.2}$$

其中

$$H(j\omega) \overset{\text{def}}{=\!=\!=} \frac{Y_f(j\omega)}{F(j\omega)} \tag{3.7.3}$$

式中,$H(j\omega)$ 称为系统的频率响应函数,简称频响函数。$H(j\omega)$ 一般为频率的复函数,写成极坐标形式有

$$H(j\omega) = |H(j\omega)|e^{j\varphi(\omega)} \tag{3.7.4}$$

其中,$|H(j\omega)|$ 称为系统的频率响应函数的模,$\varphi(\omega)$ 则称为系统的频率响应函数的相角。由 $|H(j\omega)|$ 与 ω 的关系画出的图形,称为系统的幅频特性;$\varphi(\omega)$ 与 ω 的关系画出的图形,称为系统的相频特性。本节主要讨论周期信号和非周期信号激励下的线性时不变连续系统的频域分析方法。

(1) 周期信号激励下系统的零状态响应

通常遇到的周期性激励信号都是满足狄里赫利条件的。因此,可将其分解为傅里叶级数。这样周期性激励信号可看作一系列谐波分量。根据叠加定理,周期性激励信号作用于系统产生的响应等于各谐波分量单独作用于系统产生的响应之和。而各谐波分量单独作用于系统产生的响应可由正弦稳态电路向量法求解。角频率为 ω 的激励代表向量用 $\dot{F}$ 表示,响应代表向量用 $\dot{Y}$ 表示,这种情况的系统频率响应函数又可用响应向量与激励向量之比来定义,即

$$H(j\omega) \overset{\text{def}}{=\!=\!=} \frac{\dot{Y}}{\dot{F}} \tag{3.7.5}$$

下面举例说明计算的基本过程。

例 3.18　如图 3.7.1(a) 所示,方波电压信号作用于图 3.7.1(b) 所示的电路。试求电阻上的稳态电压 $u(t)$。

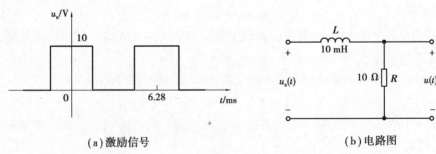

(a) 激励信号　　　　　　　　　　　　(b) 电路图

图 3.7.1　例 3.18 用图

解　首先将方波电压源展开为傅里叶级数

$$u_s(t) = \left[5 + \frac{20}{\pi}\cos(\omega_1 t) - \frac{20}{3\pi}\cos(3\omega_1 t) + \frac{4}{\pi}\cos(5\omega_1 t) - \cdots\right] \text{V}$$

①5 V 直流电压源作用时,由于 $\omega_0 = 0$,在直流稳态条件下,电感相当于短路,因此有

$$u_0(t) = U_0 = 5 \text{ V}$$

②基波电压 $(20/\pi)\cos\omega_1 t$ 作用时,$\omega_1 = 2\pi/T = 10^3 \text{rad/s}$ 为基波角频率。由图 3.7.1(b) 所

示的电路可得电路的系统频率响应函数为

$$H(j\omega) = \frac{\dot{U}_0}{\dot{U}_s} = \frac{R}{R + j\omega L}$$

电压源 $u_s(t)$ 的各次谐波分量分别为

$$\dot{U}_{s1m} = \frac{20}{\pi} \angle 0°$$

$$\dot{U}_{s3m} = \frac{20}{3\pi} \angle 180°$$

$$\dot{U}_{s5m} = \frac{20}{5\pi} \angle 0°$$

$$\vdots$$

系统频率响应函数在各谐波频率上的值分别为

$$H(j\omega_1) = \frac{R}{R + j\omega_1 L} = \frac{10}{10 + j10}$$

$$H(j\omega_3) = \frac{R}{R + j3\omega_1 L} = \frac{10}{10 + j30}$$

$$H(j\omega_5) = \frac{R}{R + j5\omega_1 L} = \frac{10}{10 + j50}$$

电阻电压 $u(t)$ 各次谐波代表向量分别为

$$\dot{U}_{1m} = \dot{U}_{s1m} H(j\omega_1) = 4.5 \angle -45° \text{V}$$

$$\dot{U}_{3m} = \dot{U}_{s3m} H(j\omega_3) = -0.671 \angle -71.6° \text{V}$$

$$\dot{U}_{5m} = \dot{U}_{s5m} H(j\omega_5) = 0.25 \angle -78.7° \text{V}$$

相应地,可写出电阻电压中各次谐波对应的时间函数分别为

$$u_1(t) = 4.5 \cos(10^3 t - 45°) \text{V}$$

$$u_3(t) = -0.671 \cos(3 \times 10^3 t - 71.6°) \text{V}$$

$$u_5(t) = 0.25 \cos(5 \times 10^3 t - 78.7°) \text{V}$$

最后可利用叠加定理得到电阻上的电压表达式

$$u(t) = 5 + 4.5 \cos(10^3 t - 45°) \text{V} - 0.671 \cos(3 \times 10^3 t - 71.6°) \text{V} +$$
$$0.25 \cos(5 \times 10^3 t - 78.7°) \text{V} + \cdots$$

通过例 3.18 可知,激励源谐波的频率越高,激励源谐波的振幅越小,5 次谐波振幅只有基波的 5%。因此,其他更高次谐波对 $u(t)$ 的结果影响不大。另外,在周期信号激励下无源网络吸收的平均功率等于它吸收的直流功率的各次谐波平均功率。

(2)非周期信号激励下系统的零状态响应

非周期信号通过线性系统的响应可以利用卷积定理:先求输入信号的傅里叶变换及系统的频响函数,再将两者相乘得到输出的傅里叶变换,最后经傅里叶反变换得到时域响应。对于周期信号和非周期信号,频域分析系统零状态响应都是适用的。时域分析和频域分析之间的关系如图 3.7.2 所示。

下面讨论非周期信号激励下系统的零状态响应频域分析法。

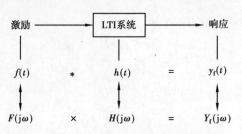

图 3.7.2   LTI 系统的时域分析和频域分析

例 3.19   已知某连续系统的 $h(t) = \mathrm{e}^{-t}\varepsilon(t)$，求输入 $f(t) = \varepsilon(t)$ 的零状态响应 $y_\mathrm{f}(t)$。

解   输入信号 $f(t)$ 的傅里叶变换为

$$f(t) = \varepsilon(t) \leftrightarrow \pi\delta(\omega) + \frac{1}{j\omega}$$

再求得 $h(t)$ 的傅里叶变换

$$h(t) \leftrightarrow H(j\omega) = \frac{1}{j\omega + 1}$$

然后求得零状态响应 $y_\mathrm{f}(t)$ 的傅里叶变换 $Y_\mathrm{f}(j\omega)$，即

$$
\begin{aligned}
Y_\mathrm{f}(j\omega) &= F(j\omega) \cdot H(j\omega) \\
&= \frac{1}{j\omega + 1} \cdot \left(\pi\delta(\omega) + \frac{1}{j\omega} \right) \\
&= \pi\delta(\omega) + \frac{1}{j\omega + 1} \cdot \frac{1}{j\omega} \\
&= \pi\delta(\omega) + \frac{1}{j\omega} \cdot \frac{1}{j\omega + 1}
\end{aligned}
$$

将 $Y_\mathrm{f}(j\omega)$ 进行傅里叶逆变换求得系统的零状态响应为

$$y_\mathrm{f}(t) = \varepsilon(t) - \mathrm{e}^{-t}\varepsilon(t) = (1 - \mathrm{e}^{-t})\varepsilon(t)$$

例 3.20   如图 3.7.3 所示的 RC 系统，输入为方波 $u_1(t)$，试求 $u_2(t)$ 的零状态响应。

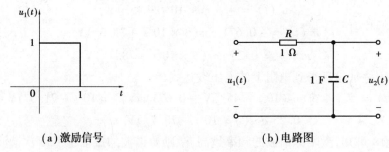

（a）激励信号   （b）电路图

图 3.7.3   例 3.20 用图

解   因为 RC 电路的频率响应为

$$H(j\omega) = \frac{U_2(j\omega)}{U_1(j\omega)} = \frac{\dfrac{1}{j\omega C}}{R + \dfrac{1}{j\omega C}} = \frac{1}{j\omega + 1}$$

已知

$$U_1(j\omega) = \frac{1}{j\omega}(1 - \mathrm{e}^{-j\omega})$$

则该系统的零状态响应 $u_2(t)$ 为

$$u_2(t) = u_1(t) * h(t)$$

由卷积定理,得

$$U_2(j\omega) = U_1(j\omega) \cdot H(j\omega)$$

故

$$U_2(\omega) = \frac{1}{j\omega + 1} \cdot \frac{1}{j\omega}(1 - e^{-j\omega})$$

进行傅里叶逆变换,得

$$u_2(t) = (1 - e^{-t})\varepsilon(t) - [1 - e^{-(t-1)}]\varepsilon(t-1)$$

例 3.21　描述某 LTI 系统的方程为

$$y''(t) + 4y'(t) + 3y(t) = f'(t) + 2f(t)$$

1)求该系统的冲激响应;

2)当输入信号 $f(t) = e^{-t}\varepsilon(t)$ 时,求系统的零状态响应 $y_f(t)$。

解　1)在零状态条件下,对方程两端取傅里叶变换,得

$$(j\omega)^2 Y_f(j\omega) + 4(j\omega)Y_f(j\omega) + 3Y_f(j\omega) = (j\omega)F(j\omega) + 2F(j\omega)$$

整理,得

$$[(j\omega)^2 + 4j\omega + 3]Y_f(j\omega) = [j\omega + 2]F(j\omega)$$

由上式得

$$H(j\omega) = \frac{Y_f(j\omega)}{F(j\omega)}$$

$$= \frac{j\omega + 2}{(j\omega)^2 + 4j\omega + 3}$$

将分式展开得

$$H(j\omega) = \frac{\frac{1}{2}}{j\omega + 1} + \frac{\frac{1}{2}}{j\omega + 3}$$

两边取傅里叶逆变换,得

$$h(t) = \left(\frac{1}{2}e^{-t} + \frac{1}{2}e^{-3t}\right)\varepsilon(t)$$

2)输入信号 $f(t) = e^{-t}\varepsilon(t)$ 的傅里叶变换为

$$F(j\omega) = \frac{1}{j\omega + 1}$$

故

$$Y_f(j\omega) = H(j\omega)F(j\omega)$$

$$= \frac{j\omega + 2}{(j\omega + 1)(j\omega + 3)} \frac{1}{(j\omega + 1)}$$

$$= \frac{j\omega + 2}{(j\omega + 1)^2(j\omega + 3)}$$

将分式展开得

$$Y_f(j\omega) = \frac{\frac{1}{2}}{(j\omega + 1)^2} + \frac{\frac{1}{4}}{j\omega + 1} - \frac{\frac{1}{4}}{j\omega + 3}$$

将 $Y_f(j\omega)$ 进行傅里叶逆变换求得系统的零状态响应为

$$y_f(t) = \left(\frac{1}{2}te^{-t} + \frac{1}{4}e^{-t} - \frac{1}{4}e^{-3t}\right)\varepsilon(t)$$

例 3.22　如图 3.7.4(a)所示的 RC 串联电路,已知 $e(t) = 2[\varepsilon(t) - \varepsilon(t-\tau)]$,求电容两端电压零状态响应 $u_0(t)$。

解　首先将时域电路模型转换为频域电路模型,如图 3.7.4(b)所示。

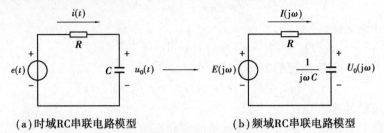

(a)时域RC串联电路模型　　　　　(b)频域RC串联电路模型

图 3.7.4　例 3.22 用图

激励的频域表达为

$$E(j\omega) = 2\left[\pi\delta(\omega) + \frac{1}{j\omega} - \pi\delta(\omega)e^{-j\omega\tau} - \frac{1}{j\omega}e^{-j\omega\tau}\right]$$

$$= \frac{2}{j\omega}\left(1 - e^{-j\omega\tau}\right)$$

$$= 2\tau Sa\left(\frac{\omega\tau}{2}\right)e^{-j\frac{\omega\tau}{2}}$$

根据图 3.7.4(b)所示频域模型求得系统函数

$$H(j\omega) = \frac{U_0(j\omega)}{E(j\omega)} = \frac{\dfrac{1}{j\omega C}}{R + \dfrac{1}{j\omega C}} = \frac{1}{1 + j\omega RC}$$

可得

$$U_0(j\omega) = E(j\omega)H(j\omega)$$

$$= \frac{1}{1 + j\omega RC} \cdot \frac{2}{j\omega}\left(1 - e^{-j\omega\tau}\right)$$

对频域响应进行傅里叶逆变换,得

$$u_0(t) = F^{-1}[U_0(j\omega)]$$

$$= F^{-1}\left[\frac{2}{j\omega}(1 - e^{-j\omega\tau})\frac{1}{1 + j\omega RC}\right]$$

$$= F^{-1}\left[\frac{2}{j\omega}(1 - e^{-j\omega\tau})\frac{1 + j\omega RC - j\omega RC}{1 + j\omega RC}\right]$$

$$= F^{-1}\left[\frac{2}{j\omega}(1 - e^{-j\omega\tau}) - 2(1 - e^{-j\omega\tau})\frac{RC}{1 + j\omega RC}\right]$$

$$= F^{-1}\left[\frac{2}{j\omega}(1 - e^{-j\omega\tau}) - \frac{2}{j\omega + \dfrac{1}{RC}} + \frac{2}{j\omega + \dfrac{1}{RC}}e^{-j\omega\tau}\right]$$

利用 $e^{-\alpha t}\varepsilon(t) \leftrightarrow \dfrac{1}{j\omega + \alpha}$，可得

$$\frac{2}{j\omega + \dfrac{1}{RC}} \leftrightarrow 2e^{-\frac{1}{RC}t}\varepsilon(t)$$

由 $e^{-\alpha(t-\tau)}\varepsilon(t-\tau) \leftrightarrow \dfrac{1}{j\omega + \alpha}e^{-j\omega\tau}$，可得

$$\frac{2}{j\omega + \dfrac{1}{RC}}e^{-j\omega\tau} \leftrightarrow 2e^{-\frac{t-\tau}{RC}}(t-\tau)$$

故

$$u_0(t) = 2\left[\varepsilon(t) - \varepsilon(t-\tau)\right] - 2\left[e^{-\frac{1}{RC}t}\varepsilon(t) - e^{-\frac{t-\tau}{RC}}\varepsilon(t-\tau)\right]$$

$$= 2\left[1 - e^{-\frac{1}{RC}t}\right]\varepsilon(t) - 2\left[1 - e^{\frac{t-\tau}{RC}}\right]\varepsilon(t-\tau)$$

3.7.2　无失真传输条件

在通信过程中,信号通过系统的作用之后,随之伴有两种情况的产生,即无失真和失真。所谓无失真,是指信号通过系统之后,输出信号与输入信号相比,只有幅度的大小和出现的时间先后不同,而没有波形上的变化,如图 3.7.5 所示。

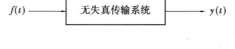

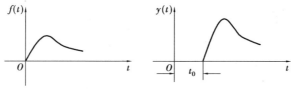

图 3.7.5　系统的无失真传输

设输入信号为 $f(t)$,经过无失真传输后,输出信号应为

$$y(t) = Kf(t - t_d) \tag{3.7.6}$$

即输出信号的幅度是输入信号的 K 倍,而输出信号在时间上要比输入信号延时了 t_d 秒。设输入信号的频谱函数为 $F(j\omega)$,输出信号的频谱为 $Y(j\omega)$,两者之间的频谱关系可利用时移和线性特性得到

$$Y(j\omega) = Ke^{-j\omega t_d}F(j\omega) \tag{3.7.7}$$

根据频率响应的定义得到

$$H(j\omega) = \frac{Y(j\omega)}{F(j\omega)} = Ke^{-j\omega t_d} \tag{3.7.8}$$

即它的幅频特性和相频特性分别为

$$\begin{cases} |H(j\omega)| = K \\ \varphi(\omega) = -\omega t_d \end{cases} \tag{3.7.9}$$

式(3.7.9)表明,为使信号无失真传输,对频率响应函数提出一定要求,即在全部频带范围内,幅频特性$|H(j\omega)|$应为一常数,相频特性$\varphi(\omega)$应为一过原点的直线,斜率为$-t_d$,幅频和相频曲线如图3.7.6所示。式(3.7.9)是信号无失真传输的理想情况,有时可根据实际传输情况对上述条件适当放宽,如传输有限带宽的信号,只要要求在所占频带范围内满足上述条件即可。

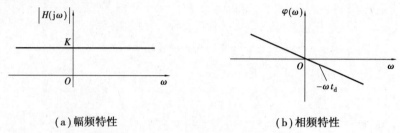

（a）幅频特性　　　　　　　　　　（b）相频特性

图3.7.6　无失真系统的频率特性

由于系统的冲激响应$h(t)$是频域响应函数$H(j\omega)$的傅里叶逆变换,即

$$h(t) = K\delta(t - t_d) \tag{3.7.10}$$

由式(3.7.10)可知,无失真传输系统的冲激响应也是冲激函数,只是较输入时的冲激函数强度扩大了K倍,时间延时了t_d。

失真是指输出波形相对输入波形的样子已经发生畸变,改变了原有波形的形状。后续介绍的滤波是失真的典型实例。通常失真又分为两大类:一类是线性失真,另一类为非线性失真。线性失真是幅度、相位变化,不产生新的频率成分,而非线性失真是指信号产生了新的频率成分。

3.7.3　理想低通滤波器的特性

滤波器是指一个系统对于不同频率成分的正弦信号,有的分量可以通过,有的予以抑制,从定义不难看出该系统具有滤波作用。理想滤波器是指让允许通过的频率成分顺利通过,而不允许的则完全抑制。因此,具有图3.7.7所示频率特性的滤波器就称为理想低通滤波器。

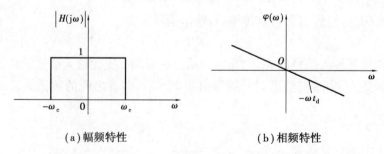

（a）幅频特性　　　　　　　　　　（b）相频特性

图3.7.7　理想滤波器的频率特性

图3.7.7(a)、(b)分别表示系统的幅频特性、相频特性。该滤波器对低于ω_c的频率成分无失真地传输,而高于ω_c的频率成分完全抑制,则称ω_c为截止角频率,使信号通过的频率范围称为通带,阻止信号通过的频率范围称为阻带。

通过图3.7.7可将理想滤波器的频率响应函数$H(j\omega)$写为

$$H(\mathrm{j}\omega) = \begin{cases} \mathrm{e}^{-\mathrm{j}\omega t_\mathrm{d}} & |\omega| < \omega_\mathrm{c} \\ 0 & |\omega| > \omega_\mathrm{c} \end{cases} \tag{3.7.11}$$

(1)理想低通滤波器的冲激响应

由于冲激响应 $h(t)$ 是频域响应函数 $H(\mathrm{j}\omega)$ 的傅里叶逆变换,因而可得理想滤波器的冲激响应为

$$\begin{aligned} h(t) &= \frac{1}{2\pi}\int_{-\infty}^{\infty} H(\mathrm{j}\omega)\mathrm{e}^{\mathrm{j}\omega t}\mathrm{d}\omega \\ &= \frac{1}{2\pi}\int_{-\omega_\mathrm{c}}^{\omega_\mathrm{c}} \mathrm{e}^{-\mathrm{j}\omega t_\mathrm{d}}\mathrm{e}^{\mathrm{j}\omega t}\mathrm{d}\omega \\ &= \frac{1}{2\pi}\int_{-\omega_\mathrm{c}}^{\omega_\mathrm{c}} \mathrm{e}^{\mathrm{j}\omega(t-t_\mathrm{d})}\mathrm{d}\omega \\ &= \frac{1}{2\pi}\frac{1}{\mathrm{j}(t-t_0)}\mathrm{e}^{-\mathrm{j}\omega(t-t_\mathrm{d})}\Big|_{-\omega_\mathrm{c}}^{\omega_\mathrm{c}} \\ &= \frac{\omega_\mathrm{c}}{\pi}Sa[\omega_\mathrm{c}(t-t_\mathrm{d})] \end{aligned} \tag{3.7.12}$$

理想滤波器的冲激响应如图 3.7.8 所示。

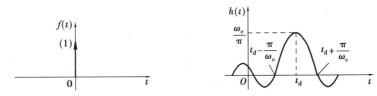

图 3.7.8　理想低通滤波器的输入与单位冲激响应

由图 3.7.8 可知,理想低通滤波器的冲激响应与激励信号波形的对照,波形的峰值比输入延迟了 t_d,同时可看出冲激响应 $h(t)$ 在 $t=0$ 之前就出现了,这在物理上是不满足因果关系的,由于输入信号 $\delta(t)$ 是在 $t=0$ 时刻才加入的,因而理想滤波器实际上是无法实现的。

(2)理想低通滤波器的阶跃响应

从时域卷积分析方法可以推导出理想滤波器的阶跃响应。

$$\begin{aligned} g(t) &= \varepsilon(t)*h(t) \\ &= \int_{-\infty}^{t} h(\tau)\mathrm{d}\tau \\ &= \int_{-\infty}^{t} \frac{\omega_\mathrm{c}}{\pi}\frac{\sin[\omega_\mathrm{c}(\tau-t_\mathrm{d})]}{\omega_\mathrm{c}(\tau-t_\mathrm{d})}\mathrm{d}\tau \end{aligned} \tag{3.7.13}$$

可得(推导过程略)

$$\begin{aligned} g(t) &= \frac{1}{2} + \frac{1}{\pi}\int_{0}^{\omega_\mathrm{c}(t-t_\mathrm{d})} \frac{\sin x}{x}\mathrm{d}x \\ &= \frac{1}{2} + \frac{1}{\pi}Si[\omega_\mathrm{c}(t-t_\mathrm{d})] \end{aligned} \tag{3.7.14}$$

其中,$Si(y) = \int_{0}^{y}\frac{\sin x}{x}\mathrm{d}x$ 称为正弦积分,即为 $\frac{\sin x}{x}$ 在区间 $(0,y)$ 的定积分。

理想低通滤波器的阶跃响应如图 3.7.9 所示,图中 t_r 为上升时间,其定义为

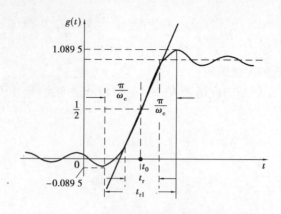

图 3.7.9　理想低通滤波器的阶跃响应

$$t_r = \frac{2\pi}{\omega_c} \tag{3.7.15}$$

式(3.7.15)表明：

①理想滤波器的截止角频率越大(通带越宽)，上升时间越小，波形越陡；反之亦然。很显然上升时间与通带宽度成反比。

②阶跃信号通过滤波器后，在其间断点的前后出现了振荡，这种振荡称为吉布斯纹波，纹波的振荡频率为滤波器的截止频率 ω_c。在振荡的上升沿和下降沿有一个峰值，上升沿之前的负向峰值(预冲)和上升沿之后的正向峰值(过冲)的幅度均为稳定值的 8.95%。

由对 $Si(y)$ 的正弦积分，响应的最大峰值点在 $y = \pi$ 处，且 $Si(y)\big|_{y=\pi} = 1.851\,4$，从而得

$$g(t)\big|_{max} = \frac{1}{2} + \frac{1.851\,4}{\pi} \approx 1.089\,5 \tag{3.7.16}$$

由式(3.7.16)可知，波形中的最大幅值与理想滤波器的通带宽度没有任何关系，这说明通带宽度只影响上升时间却无法改变响应的最大幅值。

吉布斯现象是由于理想低通滤波器的通带在 $\omega = \pm\omega_c$ 处突然被截断，从而在时域中引起一直延伸到 $t \to \pm\infty$ 的起伏振荡所产生的，只要系统截止频率不是无穷大，总是出现这种现象。这就说明，在频域中滤波器的通带与阻带之间应留有一定的过渡带。这样，一方面可减弱时域中的起伏振荡现象；另一方面它也使得滤波器能够物理实现。

(3)物理可实现系统的条件

LTI 系统是否为物理可实现，时域与频域都有判断准则。就时域特性而言，一个物理上可实现的系统，其冲激响应在 $t < 0$ 时必须为 0，即

$$h(t) = 0 \qquad t < 0 \tag{3.7.17}$$

也就是说响应不应在激励作用之前出现。

就频域特性而言，若系统的幅频特性 $|H(j\omega)|$ 满足平方可积，即

$$\int_{-\infty}^{\infty} |H(j\omega)|^2 d\omega < \infty \tag{3.7.18}$$

且满足

$$\int_{-\infty}^{\infty} \frac{|\ln|H(j\omega)||}{1 + \omega^2} d\omega < \infty \tag{3.7.19}$$

上述两个条件称为佩利(Paley)-维纳(Wiener)准则。从该准则归纳得到结论为：对于物

理可实现系统,其幅频特性可在某些孤立频率点上为 0,但不能在某个有限频带内为 0。这是因为在 $|H(j\omega)|=0$ 的频带内, $\ln|H(j\omega)|\to\infty$,不满足该准则的幅频特性,其相应的系统都是非因果的,响应将会在激励作用之前出现。

另外,对于线性时不变系统,根据佩利-维纳准则,不允许出现指数速率或比指数速率更快的衰减频响。这是因为如果 $|H(j\omega)|$ 为指数阶函数或比指数阶函数衰减得更快,则式 (3.7.18)将为无限大,这种幅频特性的滤波器也是物理不可实现的。

3.8　采样定理

采样定理描述了在一定条件下,一个连续时间信号完全可用该信号在等时间间隔上的瞬时值(或称样本值)表示。这些样本值包含了该连续时间信号的全部信息,利用这些样本值可恢复原信号。可以说,采样定理在连续时间信号与离散时间信号(或数字信号)之间架起了一座桥梁。由于数字信号的处理更为灵活、方便,在诸如数字信号处理、数字通信等领域应用广泛,其过程是先将连续时间信号转换为相应的数字信号,并进行加工处理,然后再将处理后的数字信号转换为连续时间信号。采样定理为连续时间信号与离散时间信号的相互转换提供了理论依据。

3.8.1　时域采样定理

信号的采样是由采样器来进行的,采样器的作用如同一个开关,如图 3.8.1(a)所示。开关每隔时间 T_s 接通输入信号和地各一次。显然,采样器的输出信号 $f_s(t)$ 只包含开关接通时间内输入信号 $f(t)$ 的一些小段,如图 3.8.1(e)所示,这些小段是原信号的采样。如果每次开关开、闭的时间间隔 T_s 都相同,则称为均匀采样。如果每次采样的时间间隔不同,则称为非均匀采样。在实际工作中多采用均匀采样。

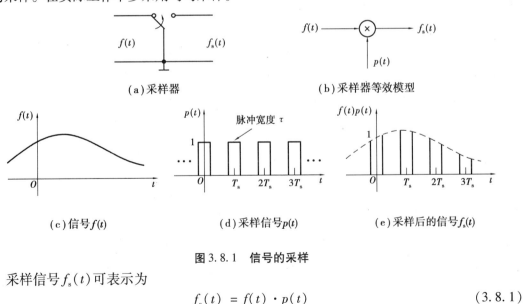

图 3.8.1　信号的采样

采样信号 $f_s(t)$ 可表示为

$$f_s(t) = f(t) \cdot p(t) \tag{3.8.1}$$

其中,$p(t)$ 是周期为 T_s 的周期函数,T_s 称为采样周期,$f_s = \dfrac{1}{T_s}$ 称为采样频率,$\omega_s = 2\pi f_s$ 称为采样角频率。

经过采样,连续信号 $f(t)$ 变为离散信号 $f_s(t)$。下面讨论采样信号 $f_s(t)$ 的频谱函数 $F_s(j\omega)$ 以及它与原信号频谱 $F(j\omega)$ 的关系。先求周期开关函数 $p(t)$ 的频谱,其傅里叶级数为

$$p(t) = \sum_{k=-\infty}^{\infty} P_k e^{jk\omega_s t} \tag{3.8.2}$$

对式(3.8.2)取傅里叶变换,得到周期开关函数 $p(t)$ 的频谱为

$$P(j\omega) = F[p(t)] = F\left[\sum_{k=-\infty}^{\infty} P_k e^{jk\omega_s t}\right]$$

$$= \sum_{k=-\infty}^{\infty} P_k F[e^{jk\omega_s t}] = 2\pi \sum_{k=-\infty}^{\infty} P_k \delta(\omega - k\omega_s) \tag{3.8.3}$$

由式(3.8.3)$p(t)$ 的频谱可求采样信号 $f_s(t)$ 的频谱。因为 $f_s(t)$ 是 $f(t)$ 与 $p(t)$ 的相乘,由频域卷积定理可知,此时频谱应为两者的卷积,有

$$f_s(t) \leftrightarrow F_s(j\omega) = \frac{1}{2\pi} F(j\omega) * P(j\omega) \tag{3.8.4}$$

将式(3.8.3)代入式(3.8.4),得到

$$F_s(j\omega) = \frac{1}{2\pi} F(j\omega) * 2\pi \sum_{k=-\infty}^{\infty} P_k \delta(\omega - k\omega_s) = \sum_{k=-\infty}^{\infty} P_k F[j(\omega - k\omega_s)] \tag{3.8.5}$$

式(3.8.5)表明,时域采样信号频谱 $F_s(j\omega)$ 是原信号频谱 $F(j\omega)$ 以采样角频率 ω_s 为间隔的周期重复。其中,P_k 为加权系数。

当开关函数 $p(t)$ 是周期冲激序列时称理想采样。周期矩形采样脉冲宽度 $\tau \to 0$ 的极限情况下可认为是周期冲激采样,采样后信号频谱是原频谱的周期重复且幅度一样,故也称理想采样。实际的采样信号都有一定的脉冲宽度,不过当 τ 相对采样周期 T 足够小时,可近似认为是理想采样。

当开关函数 $p(t)$ 是周期冲激序列时,则

$$p(t) = \delta_T(t) = \sum_{k=-\infty}^{\infty} \delta(t - kT_s) \tag{3.8.6}$$

$$P_k = \frac{1}{T_s} \int_{-\frac{T}{2}}^{\frac{T}{2}} \delta(t) e^{-jk\omega_s t} dt = \frac{1}{T_s} \tag{3.8.7}$$

$$P(j\omega) = \frac{2\pi}{T_s} \sum_{k=-\infty}^{\infty} \delta(\omega - k\omega_s) \tag{3.8.8}$$

将式(3.8.7)代入式(3.8.5),可得

$$F_s(j\omega) = \sum_{k=-\infty}^{\infty} P_k F[j(\omega - k\omega_s)] = \frac{1}{T_s} \sum_{k=-\infty}^{\infty} F[j(\omega - k\omega_s)]$$

$$= \frac{1}{T_s}\{\cdots + F[j(\omega + \omega_s)] + F(j\omega) + F[j(\omega - \omega_s)] + \cdots\} \tag{3.8.9}$$

式(3.8.9)表示,理想采样的频谱 $F_s(j\omega)$ 是原信号频谱 $F(j\omega)$ 的加权周期重复。其中,周期为 ω_s,加权系数是常数 $\dfrac{1}{T_s}$,理想采样信号与频谱如图 3.8.2 所示。

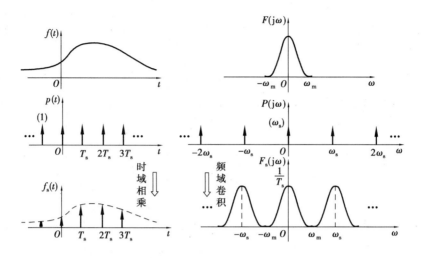

图 3.8.2　理想采样信号及其频谱

时域采样定理：一个信号 $f(t)$ 的频谱受限在区间 $(-\omega_m, \omega_m)$，则信号 $f(t)$ 可用等间隔 T_s 的采样值确定。采样频率间隔 T_s 必须小于或等于 $\dfrac{1}{2f_m}$（其中 $\omega_m = 2\pi f_m$），或者说，采样频率必须大于或等于 $2f_m$。

由时域采样定理可知，为了能从采样信号 $f_s(t)$ 中恢复原信号 $f(t)$，需要满足以下两个条件：

①$f(t)$ 是带限信号，即 $f(t)$ 的频谱函数 $F(j\omega)$ 在 $|\omega| > \omega_m$ 处均为零。

②采样频率不能过低，必须满足 $f_s \geqslant 2f_m$（或 $\omega_s \geqslant 2\omega_m$），或者说，取样时间间隔 T_s 不能过大，必须满足 $T_s \leqslant \dfrac{1}{2f_m}$，否则将会发生混叠。

通常，将最低允许的采样频率 $f_s = 2f_m$ 称为"奈奎斯特（Nequist）频率"，将最大允许的采样间隔 $T_s = \dfrac{1}{2f_m}$ 称为"奈奎斯特间隔"。

信号用不同采样频率进行采样后信号的频谱如图 3.8.3 所示。假定信号 $f(t)$ 的频谱 $F(j\omega)$ 限制在区间 $(-\omega_m, \omega_m)$，若以间隔 $T_s\left(\text{或重复频率 } \omega_s = \dfrac{2\pi}{T_s}\right)$ 对 $f(t)$ 进行采样，采样后信号 $f_s(t)$ 的频谱 $F_s(j\omega)$ 是 $F(j\omega)$ 以 ω_s 为周期重复。若采样过程满足冲激采样过程，则 $F(j\omega)$ 频谱在重复过程中是不产生失真的。在此情况下，只有满足 $\omega_s \geqslant 2\omega_m$ 条件，$F_s(j\omega)$ 才不会产生频谱的混叠。这样采样信号 $f_s(t)$ 保留了原连续信号 $f(t)$ 的全部信息，完全可用 $f_s(t)$ 唯一地表示 $f(t)$，或者说，完全可由 $f_s(t)$ 恢复出 $f(t)$。

对于采样定理可从物理概念上作如下解释：由于一个频带受限的信号波形绝不可能在很短的时间内产生独立的、实质的变化，它的最高变化速度受最高频率分量 ω_m 的限制。因此，为了保留这一频率分量的全部信息，一个周期的间隔内至少采样两次，即必须满足 $\omega_s \geqslant 2\omega_m$ 或 $f_s \geqslant 2f_m$。

由图 3.8.3 可知，在满足采样定理的条件下，为了从频谱 $F_s(j\omega)$ 中无失真地选出 $F(j\omega)$，可用下列的矩形函数 $H(j\omega)$ 与 $F_s(j\omega)$ 相乘，即

$$F(j\omega) = F_s(j\omega) H(j\omega) \tag{3.8.10}$$

其中

$$H(j\omega) = \begin{cases} T_s & |\omega| < \omega_m \\ 0 & |\omega| > \omega_m \end{cases} \qquad (3.8.11)$$

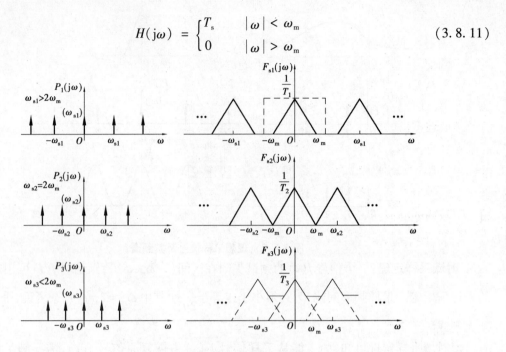

图 3.8.3　采样频率不同时的频谱

实现 $F_s(j\omega)$ 与 $H(j\omega)$ 相乘的方法就是将采样信号 $f_s(t)$ 输入"理想低通滤波器",滤波器的传输函数为 $H(j\omega)$,如图 3.8.4 所示。这样在滤波器的输出端可得到频谱为 $F(j\omega)$ 的连续信号 $f(t)$。这相当于从无混叠情况下的 $F_s(j\omega)$ 频谱中只取出 $|\omega| < \omega_m$ 的成分,当然,这就恢复了 $F(j\omega)$,也即恢复了 $f(t)$。

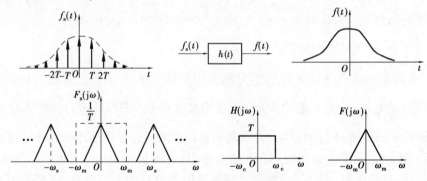

图 3.8.4　由理想低通恢复原信号

以上从频域解释了由采样信号的频谱恢复连续信号频谱的原理,也可从时域直接说明由 $f_s(t)$ 经理想低通滤波器恢复原信号 $f(t)$ 的原理。

应当指出的是,在实际工程中要做到完全无失真地恢复原信号 $f(t)$ 是不可能的,其主要原因如下:

①时间有限的信号的频谱不可能分布在有限的频率范围内,故真正的带限信号是不存在的,但是绝大多数实用信号的频谱幅度总是随着 ω 的增加而衰减的,即信号大部分能量总是集中在有限频带内,可根据需要忽略某一频率 ω_m 以上的成分,将其看成是带限信号。因此,

只要采样频率足够大,两相邻频谱的间隔将增大,频谱间的混叠就可忽略不计。实际应用中,解决方法是将信号首先通过一低通滤波器,滤除大于 ω_m 的频率成分,形成带限信号,这个滤波器就是防混叠低通滤波器。

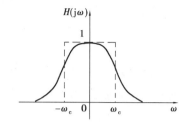

②要从 $f_s(t)$ 恢复出原信号 $f(t)$,必须采用理想低通滤波器,而理想低通滤波器是不可能实现的。实际中的低通滤波器的幅频特性如图 3.8.5 所示的实线,这种滤波器在进入截止频率后不够陡直,存在一定的过渡。

图 3.8.5　实际低通滤波器的频率响应

这样滤波器除了输出所需信号的频谱分量外,还夹杂着采样信号频谱中相邻部分的频率分量。在这种情况下,恢复的信号与原信号就有差别。解决的办法是提高采样频率 ω_s,或者选用阶数较高的滤波器,使得输出频谱只包含所需要的频谱。

总之,在实际应用中,只要采样频率足够高,滤波器的特性又具有一定的陡度,将原信号有效地分离出来还是有可能的。

3.8.2　频域采样定理

根据时域与频域的对称性,可由时域采样定理直接推论出频域采样定理。频域采样定理:若信号 $f(t)$ 是时间受限信号,它集中在 $(-t_m, t_m)$ 的时间范围内,若在频域中以不大于 $\dfrac{1}{2t_m}$ 的频率间隔对 $f(t)$ 的频谱 $F(j\omega)$ 进行频域冲激采样,则采样后的频谱 $F_s(j\omega)$ 可唯一地表示原信号的频谱 $F(j\omega)$。

用频域冲激函数

$$\delta_{\omega_s}(\omega) = \sum_{k=-\infty}^{\infty} \delta(\omega - k\omega_s) \qquad (3.8.12)$$

对信号 $F(j\omega)$ 进行采样,则采样后信号频谱 $F_s(j\omega)$ 为

$$\begin{aligned}
F_s(j\omega) &= F(j\omega) \cdot \delta_{\omega_s}(\omega) \\
&= F(j\omega) \cdot \sum_{k=-\infty}^{\infty} \delta(\omega - k\omega_s) \\
&= \sum_{k=-\infty}^{\infty} F(jk\omega_s)\delta(\omega - k\omega_s) \qquad (3.8.13)
\end{aligned}$$

由

$$F\left[\sum_{k=-\infty}^{\infty} \delta(t - kT_s)\right] = \omega_s \sum_{k=-\infty}^{\infty} \delta(\omega - k\omega_s) \qquad (3.8.14)$$

得

$$F^{-1}\left[\delta_{\omega_s}(\omega)\right] = \frac{1}{\omega_s} \sum_{k=-\infty}^{\infty} \delta(t - kT_s) \qquad (3.8.15)$$

其中,$T_s = \dfrac{2\pi}{\omega_s}$。由时域卷积定理,采样后频谱 $F_s(j\omega)$ 对应的时域信号为

$$f_s(t) = f(t) * \frac{1}{\omega_s} \sum_{k=-\infty}^{\infty} \delta(t - kT_s)$$

$$= \frac{1}{\omega_s} \sum_{k=-\infty}^{\infty} f(t - kT_s) \qquad (3.8.16)$$

式(3.8.16)表明,若时间有限信号 $f(t)$ 的频谱 $F(j\omega)$ 在频域中被间隔为 ω_s 的冲激序列采样,则被采样后频谱 $F_s(j\omega)$ 所对应的时域信号 $f_s(t)$ 以 T_s 为周期等幅地重复。频域采样过程及其时域中波形的变化如图 3.8.6 所示。

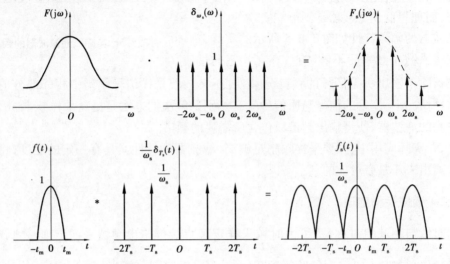

图 3.8.6 频域采样

不难理解,频域采样因为在频域中对 $F(j\omega)$ 进行采样,等效于 $f(t)$ 在时域中重复形成周期信号 $f_1(t)$。只要采样间隔不大于 $\frac{1}{2t_m}$,则在时域中波形不会产生混叠,用矩形脉冲作选通信号从周期信号 $f_1(t)$ 中选出单个脉冲就可无失真地恢复出原信号 $f(t)$。

通过频率采样,实现了频域中的连续频谱的离散化,这对于应用数字技术分析和处理频域信号有着重要的意义。本书对频域采样不进行详细讨论,有兴趣的读者可自行参看相关文献。

<h1 style="text-align:center">习题 3</h1>

3.1 求如题图 3.1 所示周期信号的傅里叶级数。

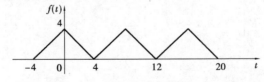

题图 3.1

3.2 求如题图 3.2 所示周期信号的三角函数形式的傅里叶级数表示式。

3.3 求如题图 3.3 所示信号的傅里叶变换。

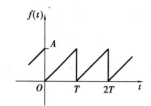

题图 3.2

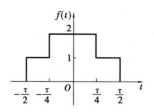

题图 3.3

3.4　求如题图 3.4 所示信号的傅里叶变换。

3.5　如题图 3.5 所示的周期信号,求其傅里叶系数中 F_0。

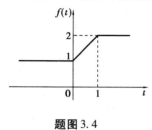

题图 3.4

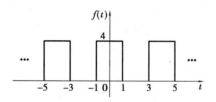

题图 3.5

3.6　周期信号 $i(t) = 1 - \sin(\pi t) + \cos(\pi t) + \dfrac{1}{\sqrt{2}}\cos\left(2\pi t + \dfrac{\pi}{6}\right)$,试求信号的有效值 I 及平均功率 P。

3.7　已知 $f(t)$ 的傅里叶变换为 $F(j\omega)$,试求 $tf(2t)$ 的傅里叶变换。

3.8　已知周期电流信号 $i(t) = 1 + 2\sin\left(t + \dfrac{\pi}{2}\right) + \cos\left(2t - \dfrac{\pi}{4}\right)$,求其有效值 I 和平均功率 P,并画出其频谱图。

3.9　求出下列信号的傅里叶变换。

$(1) f(t) = e^{-2t}\cos(\omega_0 t)\varepsilon(t)$ 　　　　　　　　$(2) f(t) = te^{-t}\sin t\varepsilon(t)$

3.10　设 $f(t)$ 的频谱函数为 $F(j\omega)$,求 $f(1 - t)$ 的傅里叶变换。

3.11　已知 $f(t)$ 的傅里叶变换为 $F(j\omega)$,求 $(t - 2)f(t)$ 的傅里叶变换。

3.12　已知 $f(t)$ 的傅里叶变换为 $F(j\omega)$,求 $(1 - t)f(1 - t)$ 的傅里叶变换。

3.13　已知信号 $f(t)$ 的傅里叶变换为 $F(j\omega)$,求 $t\dfrac{d}{dt}f(1 - t)$ 的傅里叶变换。

3.14　已知 $f(t)$ 的傅里叶变换为 $F(j\omega)$,设 $y(t) = f\left(\dfrac{t}{2} + 3\right)\cos(4t)$,试求 $y(t)$ 的傅里叶变换。

3.15　求下列信号 $f(t)$ 的傅里叶变换:

$(1) f(t) = e^{-(3+j4)t} \cdot \varepsilon(t)$ 　　　　　　　　$(2) f(t) = \varepsilon(t) - \varepsilon(t - 2)$

3.16　已知函数 $f(t)$ 的傅里叶变换为 $F(j\omega)$,求下列信号的傅里叶变换:

$(1) y(t) = \dfrac{1}{2}f(t + 1) + \dfrac{1}{2}f(t - 1)$ 　　　　$(2) y(t) = f\left(-\dfrac{1}{2}t + 1\right) + \dfrac{1}{2}f\left(\dfrac{1}{2}t - 1\right)$

$(3) y(t) = \dfrac{\sin 3t}{t} * f(t)$ 　　　　　　　　　$(4) y(t) = \dfrac{d}{dt}\left[f\left(-\dfrac{1}{4}t - 1\right)\right]$

$(5) y(t) = e^{-2|t|}$ $\qquad$ $(6) y(t) = 1 + 2 \cos t + 3 \cos 3t$

$(7) y(t) = A \cos(\omega_0 t) * \varepsilon(t)$ $\qquad$ $(8) y(t) = A \sin(\omega_0 t) \varepsilon(t)$

3.17 已知信号 $f(t) = \begin{cases} 1 + \cos t & |t| \leq \pi \\ 0 & |t| > \pi \end{cases}$,试求该信号的傅里叶变换。

3.18 已知 $F(j\omega) = \dfrac{1}{j(\omega + 2) + 4} + \dfrac{1}{j(\omega - 2) + 4}$,试求其傅里叶逆变换。

3.19 已知某 LTI 系统的微分方程为

$$y''(t) + 6y'(t) + 8y(t) = 2f(t)$$

用频域法:

(1)求其冲激响应 $h(t)$;

(2)若 $f(t) = te^{-2t}\varepsilon(t)$,求该系统的响应 $y(t)$。

3.20 有一因果线性时不变系统,其频率响应 $H(j\omega) = \dfrac{1}{j\omega + 2}$,对于某一输入 $f(t)$ 所得输出信号的傅里叶变换为 $Y(j\omega) = \dfrac{1}{(j\omega + 2)(j\omega + 3)}$,试求该输入信号 $f(t)$。

3.21 描述某 LTI 系统的微分方程为

$$y''(t) + 5y'(t) + 6y(t) = f'(t) + 4f(t)$$

试求该系统的频率响应函数 $H(j\omega)$。

3.22 设系统的频率特性为

$$H(j\omega) = \frac{2}{j\omega + 2}$$

试求系统的冲激响应和阶跃响应。

3.23 RC 高通滤波器如题图 3.6 所示,试分析其频响特性。并粗略画出其幅频特性曲线和相频特性曲线。

3.24 如题图 3.7 所示的两个带限信号 $x_1(t)$ 和 $x_2(t)$ 的乘积被一周期冲激序列 $p(t)$ 采样,其中,$x_1(t)$ 带限于 ω_1,$x_2(t)$ 带限于 ω_2。请确定通过理想低通滤波器可从 $\omega_p(t)$ 恢复 $\omega(t)$ 的最大采样间隔 $T_{\max}$。

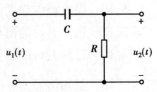

题图 3.6

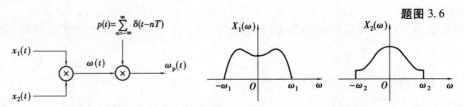

题图 3.7

3.25 如题图 3.8(a)所示的系统,带通滤波器的频率响应如题图 3.8(b)所示,其相位特性 $\varphi(\omega) = 0$,若输入信号为 $f(t) = \dfrac{\sin(2t)}{2\pi t}$,$s(t) = \cos(1\ 000t)$,试求其输出信号 $y(t)$。

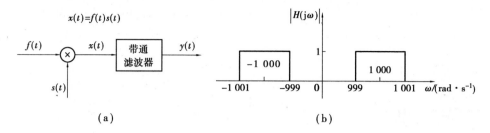

题图 3.8

3.26 用 $f_s = 5$ kHz 的周期单位冲激函数序列对有限频带信号 $f(t) = 3 + 2\cos(2\pi f_1 t)$，$f_1 = 1$ kHz，进行取样。

（1）画出 $f(t)$ 以及取样信号 $f_s(t)$ 在频率区间（-10 kHz，10 kHz）的频谱图；

（2）若由 $f_s(t)$ 恢复 $f(t)$，理想低通滤波器的截止频率 f_c 应如何确定？

3.27 设信号 $f(t)$ 为包含 $0 \sim \omega_m$ 分量的频带有限信号，试确定 $f(3t)$ 的奈奎斯特采样频率。

第 4 章

连续系统的复频域分析

傅里叶变换在分析研究连续信号和连续系统中有非常重要的作用,但其也有一定的局限性,如工程实际中的很多信号不满足绝对可积条件,不能直接进行傅里叶变换。为此,法国数学家拉普拉斯(Laplace)提出了一种新的积分变换即拉普拉斯变换,这种变换比起傅里叶变换应用条件更宽松、应用范围更广。类似于傅里叶变换是将时间信号 $f(t)$ 分解为无穷多项虚指数信号 $e^{j\omega t}$ 之和,拉普拉斯变换引入复频率 $s = \sigma + j\omega$,以复指数函数 e^{st} 为基本信号,认为将任意信号 $f(t)$ 都可分解为无穷多项复指数信号 e^{st} 之和。拉普拉斯变换可看作是傅里叶变换的推广,其与傅里叶变换的许多重要特性也非常相似。拉普拉斯变换用于系统分析的独立变量是复频率 s,故通常将系统的拉普拉斯分析称为复频域分析或 s 域分析。

4.1 拉普拉斯变换

4.1.1 从傅里叶变换到双边拉普拉斯变换

用频域法分析问题时,当信号 $f(t)$ 满足绝对可积条件时,信号 $f(t)$ 的傅里叶变换为

$$F(j\omega) = \int_{-\infty}^{\infty} f(t) e^{-j\omega t} dt \qquad (4.1.1)$$

但是有些函数虽然存在傅里叶变换,但却很难用式(4.1.1)求得,而另外一些函数则不存在傅里叶变换。这主要是由于信号 $f(t)$ 当 $t \to \infty$ 时,信号 $f(t)$ 的幅度不衰减,甚至增长,不满足绝对可积条件。对于这类信号,可用衰减因子 $e^{-\sigma t}$(σ 为实常数且选取合适的值)乘以信号 $f(t)$,使得乘积信号 $f(t) e^{-\sigma t}$ 在 $t \to \pm\infty$ 时信号幅度呈现收敛,从而满足绝对可积条件。由于 $e^{-\sigma t}$ 因子起着使 $f(t)$ 收敛的作用,故也称为收敛因子。根据式(4.1.1)可得乘积函数 $f(t) e^{-\sigma t}$ 的傅里叶变换,并令其为 $F_b(\sigma + j\omega)$,则有

$$F_b(\sigma + j\omega) = F[f(t) e^{-\sigma t}]$$

$$= \int_{-\infty}^{\infty} f(t) e^{-\sigma t} e^{-j\omega t} dt$$

$$= \int_{-\infty}^{\infty} f(t) e^{-(\sigma + j\omega)t} dt \qquad (4.1.2)$$

将复变量 $s = \sigma + j\omega$ 代入式(4.1.2)，可得

$$F_{\mathrm{b}}(s) \xlongequal{\mathrm{def}} \int_{-\infty}^{\infty} f(t)\,\mathrm{e}^{-st}\,\mathrm{d}t \tag{4.1.3}$$

相应的傅里叶逆变换为

$$f(t)\,\mathrm{e}^{-\sigma t} = \frac{1}{2\pi} \int_{-\infty}^{\infty} F_{\mathrm{b}}(s)\,\mathrm{e}^{j\omega t}\,\mathrm{d}\omega \tag{4.1.4}$$

式(4.1.4)两端同乘以 $\mathrm{e}^{\sigma t}$，可得

$$
\begin{aligned}
f(t) &= \frac{1}{2\pi} \int_{-\infty}^{\infty} F_{\mathrm{b}}(s)\,\mathrm{e}^{(\sigma + j\omega)t}\,\mathrm{d}\omega \\
&= \frac{1}{2\pi} \int_{-\infty}^{\infty} F_{\mathrm{b}}(s)\,\mathrm{e}^{st}\,\mathrm{d}\omega
\end{aligned}
\tag{4.1.5}
$$

因为复变量 $s = \sigma + j\omega$，其中 σ 为常数，则 $\mathrm{d}\omega = \dfrac{\mathrm{d}s}{j}$，式(4.1.5)可改写为

$$f(t) = \frac{1}{2\pi j} \int_{\sigma - j\infty}^{\sigma + j\infty} F_{\mathrm{b}}(s)\,\mathrm{e}^{st}\,\mathrm{d}s \tag{4.1.6}$$

式(4.1.3)和式(4.1.6)称为双边拉普拉斯变换对。$F_{\mathrm{b}}(s)$ 称为 $f(t)$ 的双边拉普拉斯变换（或象函数），$f(t)$ 称为 $F_{\mathrm{b}}(s)$ 的双边拉普拉斯逆变换（或原函数）。$f(t)$ 与 $F_{\mathrm{b}}(s)$ 的对应关系可简记为 $f(t) \leftrightarrow F_{\mathrm{b}}(s)$，或

$$
\begin{cases}
F_{\mathrm{b}}(s) = L[f(t)] \\
f(t) = L^{-1}[F_{\mathrm{b}}(s)]
\end{cases}
\tag{4.1.7}
$$

4.1.2　拉普拉斯变换的收敛域

只有选择适当的 σ 值才能使得式(4.1.3)积分收敛，信号 $f(t)$ 的双边拉普拉斯变换存在。使得信号 $f(t)$ 的拉普拉斯变换存在的 σ 取值范围称为 $F_{\mathrm{b}}(s)$ 的收敛域（region of converge，简记为 ROC）。

下面举例说明 $F_{\mathrm{b}}(s)$ 收敛域的问题：

例 4.1　因果信号 $f_1(t) = \mathrm{e}^{\alpha t}\varepsilon(t)\,(\alpha > 0)$，求其双边拉普拉斯变换。

解　将 $f_1(t)$ 代入式(4.1.3)，有

$$
\begin{aligned}
F_{1\mathrm{b}}(s) &= \int_{-\infty}^{\infty} \mathrm{e}^{\alpha t}\varepsilon(t)\,\mathrm{e}^{-st}\,\mathrm{d}t \\
&= \int_{0}^{\infty} \mathrm{e}^{\alpha t}\,\mathrm{e}^{-st}\,\mathrm{d}t \\
&= \frac{\mathrm{e}^{-(s-\alpha)t}}{-(s-\alpha)}\Bigg|_{0}^{\infty} \\
&= \frac{1}{s-\alpha}\Big[1 - \lim_{t \to \infty} \mathrm{e}^{-(\sigma - \alpha)t}\,\mathrm{e}^{-j\omega t}\Big] \\
&= \begin{cases}
\dfrac{1}{s-\alpha} & Re[s] = \sigma > \alpha \\[2mm]
\text{不定} & \sigma = \alpha \\[1mm]
\text{无界} & \sigma < \alpha
\end{cases}
\end{aligned}
$$

对于因果信号，仅当 $Re[s] = \sigma > \alpha$ 时，其双边拉普拉斯变换存在，其收敛域如图 4.1.1(a)

所示。

例 4.2 反因果信号 $f_2(t) = e^{\beta t}\varepsilon(-t)(\beta > 0)$，求其双边拉普拉斯变换。

解 将 $f_2(t)$ 代入式(4.1.3)，有

$$F_{2b}(s) = \int_{-\infty}^{\infty} e^{\beta t}\varepsilon(-t)e^{-st}dt$$

$$= \int_{-\infty}^{0} e^{\beta t}e^{-st}dt$$

$$= \left.\frac{e^{-(s-\beta)t}}{-(s-\beta)}\right|_{-\infty}^{0}$$

$$= \frac{1}{-(s-\beta)}\left[1 - \lim_{t\to-\infty} e^{-(\sigma-\beta)t}e^{-j\omega t}\right]$$

$$= \begin{cases} 无界 & Re[s] = \sigma > \beta \\ 不定 & \sigma = \beta \\ \dfrac{1}{-(s-\beta)} & \sigma < \beta \end{cases}$$

对于反因果信号，仅当 $Re[s] = \sigma < \beta$ 时，其双边拉普拉斯变换存在，其收敛域如图 4.1.1(b) 所示。

例 4.3 求双边信号 $f_3(t)$ 的双边拉普拉斯变换，其表达式为

$$f_3(t) = f_1(t) + f_2(t) = \begin{cases} e^{\beta t} & t < 0 \\ e^{\alpha t} & t > 0 \end{cases}$$

解 $f_3(t)$ 的双边拉普拉斯变换为 $F_{3b}(s) = F_{1b}(s) + F_{2b}(s)$，则当 $\beta > \alpha$ 时，其收敛域为 $\alpha < Re[s] < \beta$ 的一个带状区域，如图 4.1.1(c) 所示。当 $\beta \leqslant \alpha$ 时，$F_{1b}(s)$ 和 $F_{2b}(s)$ 没有共同的收敛域，因而 $F_{3b}(s)$ 不存在。

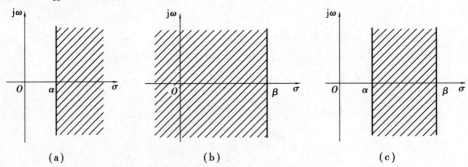

图 4.1.1 双边拉普拉斯变换的收敛域

4.1.3 单边拉普拉斯变换

在解决实际问题中，人们使用物理手段或者实验方法获得的信号都是有起始时间的，即 $t < 0$ 时，$f(t) = 0$。考虑到信号 $f(t)$ 在 $t = 0$ 时刻可能包含有冲激函数及其导数项等奇异函数，将单边拉普拉斯变换积分的下限取为 0_-，$F_b(s)$ 记为 $F(s)$，则式(4.1.3)改写为

$$F(s) = \int_{0_-}^{\infty} f(t)e^{-st}dt \tag{4.1.8}$$

式(4.1.8)即为单边拉普拉斯变换的定义式。其中，$F(s)$称为$f(t)$的单边拉普拉斯变换（或象函数），$f(t)$称为$F(s)$的单边拉普拉斯逆变换（或原函数）。

单边拉普拉斯变换的逆变换为

$$f(t) = \frac{1}{2\pi j}\int_{\sigma-j\infty}^{\sigma+j\infty} F(s) e^{st} ds \qquad t \geqslant 0 \qquad (4.1.9)$$

因为$f(t)$为因果信号，其收敛域一定是$Re[s] = \sigma > \alpha$。通常$f(t)$与$F(s)$的对应关系可简记为$f(t) \leftrightarrow F(s)$，或

$$\begin{cases} F(s) = L[f(t)] \\ f(t) = L^{-1}[F(s)] \end{cases} \qquad (4.1.10)$$

如果式(4.1.8)中的积分存在，则信号$f(t)$的单边拉普拉斯变换存在。否则，信号$f(t)$的单边拉普拉斯变换不存在。为保证积分式收敛，复变量s在s复平面上的取值区域称为象函数的收敛域。

本书中主要讨论单边拉普拉斯变换，对其进行说明如下：

①实际工程使用的信号都有开始时刻，由此定义了单边拉普拉斯变换，但在理论研究中，可能遇到的不仅是因果信号，可能会有反因果信号、双边信号等。对求单边拉普拉斯变换来说，积分区间都是从0_-到∞，因此信号在$t < 0$的部分对单边拉普拉斯变换是无贡献的。图4.1.2(a)、(c)所示信号的单边拉普拉斯变换$F_1(s) = F_3(s)$；图4.1.2(b)所示信号的单边拉普拉斯变换为0；而图4.1.2(d)所示信号，它的非零区间是从$t = -1$到$t = 2$，但其单边拉普拉斯变换的积分限只能从0_-到2。

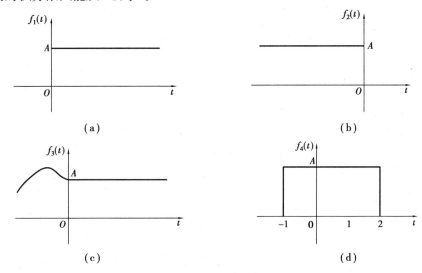

图4.1.2 几种不同信号

②若信号在$t = 0$处不包含冲激函数及其导数项，在求单边拉普拉斯变换时，下限设为0_-或0_+是一样的。

例4.4 求指数衰减信号$f(t) = e^{-\alpha t}\varepsilon(t)$（$\alpha$为正实常数）的单边拉普拉斯变换，并讨论收敛域。

解 $$F(s) = L[e^{-\alpha t}\varepsilon(t)]$$

$$= \int_{0_-}^{\infty} e^{-\alpha t} e^{-st} dt$$

$$= \int_{0_-}^{\infty} e^{-(s+\alpha)t} dt$$

$$= \frac{1}{-(s+\alpha)} e^{-(s+\alpha)t} \Big|_{0_-}^{\infty}$$

$$= \frac{1}{s+\alpha} \left[1 - \lim_{t \to \infty} e^{-(s+\alpha)t} \right]$$

由于

$$\lim_{t \to \infty} e^{-(s+\alpha)t} = \lim_{t \to \infty} e^{-(\sigma+\alpha)t} \cdot e^{-j\omega t}$$

当 $\sigma > \sigma_0 = -\alpha$ 时，$\lim\limits_{t \to \infty} e^{-(s+\alpha)t} = 0$，则此时 $F(s) = \int_{0_-}^{\infty} f(t) e^{-st} dt$ 积分收敛，即

$$F(s) = \frac{1}{s+\alpha} \qquad Re[s] = \sigma > -\alpha$$

其收敛域如图 4.1.3(a)所示。若 $\sigma < \sigma_0 = -\alpha$，显然 $e^{-(\sigma+\alpha)t}$ 将随 t 的增大而增大，$f(t)$ 的象函数不存在。

类似的有指数增长信号 $f(t) = e^{\alpha t} \varepsilon(t)$（$\alpha$ 为正实常数），当 $\sigma > \sigma_0 = \alpha$ 时，其单边拉普拉斯变换存在，即

$$F(s) = \frac{1}{s-\alpha} \qquad Re[s] = \sigma > \alpha$$

其收敛域如图 4.1.3(b)所示。

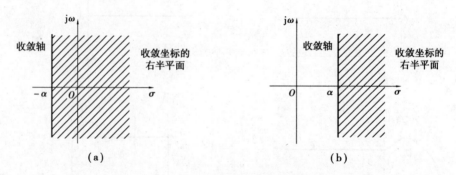

图 4.1.3　单边拉普拉斯变换的收敛域

在以 σ 为横坐标，$j\omega$ 为纵坐标的 s 平面上，通过横坐标的垂直线将 s 平面分成两个区域，如图 4.1.3 所示。对于单边拉普拉斯变换而言，其收敛域比较简单，特别是工程上常用的因果信号的单边拉普拉斯变换总是存在的，其收敛域总在 $\sigma > \sigma_0$ 的区域与 $F(s)$ 一一对应，故在研究单边拉普拉斯变换（以后简称拉普拉斯变换）时，不再一一表明收敛域。

4.1.4　常用函数的拉普拉斯变换对

(1) 单位冲激函数 $\delta(t)$

单位冲激函数 $\delta(t)$

$$L[\delta(t)] = \int_{0_-}^{\infty} \delta(t) e^{-st} dt = 1 \tag{4.1.11}$$

即

$$\delta(t) \leftrightarrow 1 \tag{4.1.12}$$

（2）单位阶跃信号 $\varepsilon(t)$

单位阶跃信号 $\varepsilon(t)$

$$L[\varepsilon(t)] = \int_0^{\infty} \varepsilon(t) e^{-st} dt = \int_0^{\infty} e^{-st} dt = \frac{1}{s} \tag{4.1.13}$$

即

$$\varepsilon(t) \leftrightarrow \frac{1}{s} \tag{4.1.14}$$

（3）指数函数信号 $e^{-\alpha t}$

指数函数信号 $e^{-\alpha t}$

$$L[e^{-\alpha t}] = \int_0^{\infty} e^{-\alpha t} e^{-st} dt = \frac{1}{s + \alpha} \tag{4.1.15}$$

即

$$e^{-\alpha t} \leftrightarrow \frac{1}{s + \alpha} \tag{4.1.16}$$

（4）正弦信号

由

$$\sin(\omega_0 t) = \frac{1}{2j} e^{j\omega_0 t} - \frac{1}{2j} e^{-j\omega_0 t} \tag{4.1.17}$$

可得

$$\begin{aligned}
L[\sin(\omega_0 t)] &= \int_{0_-}^{\infty} \sin(\omega_0 t) e^{-st} dt \\
&= \int_{0_-}^{\infty} \left(\frac{1}{2j} e^{j\omega_0 t} - \frac{1}{2j} e^{-j\omega_0 t} \right) e^{-st} dt \\
&= \frac{1}{2j} \left(\frac{1}{s - j\omega_0} - \frac{1}{s + j\omega_0} \right) \\
&= \frac{\omega_0}{s^2 + \omega_0^2}
\end{aligned} \tag{4.1.18}$$

即

$$\sin(\omega_0 t) \leftrightarrow \frac{\omega_0}{s^2 + \omega_0^2} \tag{4.1.19}$$

（5）余弦信号

由

$$\cos(\omega_0 t) = \frac{1}{2} e^{j\omega_0 t} + \frac{1}{2} e^{-j\omega_0 t}$$

可得

$$L[\cos(\omega_0 t)] = \int_{0_-}^{\infty} \cos(\omega_0 t) e^{-st} dt$$

$$= \int_{0_-}^{\infty} \left(\frac{1}{2} e^{j\omega_0 t} + \frac{1}{2} e^{-j\omega_0 t} \right) e^{-st} dt$$

$$= \frac{1}{2} \left(\frac{1}{s - j\omega_0} + \frac{1}{s + j\omega_0} \right)$$

$$= \frac{s}{s^2 + \omega_0^2} \tag{4.1.20}$$

即

$$\cos(\omega_0 t) \leftrightarrow \frac{s}{s^2 + \omega_0^2} \tag{4.1.21}$$

(6) 斜坡函数 $t\varepsilon(t)$

斜坡函数 $t\varepsilon(t)$

$$L[t\varepsilon(t)] = \int_0^{\infty} t e^{-st} dt$$

$$= -\frac{t e^{-st}}{s} \bigg|_0^{\infty} + \int_0^{\infty} \frac{e^{-st}}{s} dt$$

$$= \frac{1}{s^2} \tag{4.1.22}$$

即

$$t\varepsilon(t) \leftrightarrow \frac{1}{s^2} \tag{4.1.23}$$

常用信号的拉普拉斯变换见附录 5。

4.2 拉普拉斯变换的性质

同傅里叶变换类似,拉普拉斯变换也有很多重要的性质,熟练掌握它们对于复频域分析方法是十分重要的。

4.2.1 线性性质

若

$$f_1(t) \leftrightarrow F_1(s), f_2(t) \leftrightarrow F_2(s)$$

则

$$af_1(t) + bf_2(t) \leftrightarrow aF_1(s) + bF_2(s) \tag{4.2.1}$$

其中,a,b 为常数。

证明

$$L[af_1(t) + bf_2(t)] = \int_{0_-}^{\infty} [af_1(t) + bf_2(t)] e^{-st} dt$$

$$= a\int_{0_-}^{\infty} f_1(t) e^{-st} dt + b\int_{0_-}^{\infty} f_2(t) e^{-st} dt$$

$$= aF_1(s) + bF_2(s)$$

例4.5　已知信号$f(t) = (1 + e^{-\alpha t})\varepsilon(t)$,求其象函数$F(s)$。

解　$f(t) = (1 + e^{-\alpha t})\varepsilon(t) = \varepsilon(t) + e^{-\alpha t}\varepsilon(t)$

因为

$$\varepsilon(t) \leftrightarrow \frac{1}{s}$$

$$e^{-\alpha t}\varepsilon(t) \leftrightarrow \frac{1}{s + \alpha}$$

根据拉普拉斯变换的线性性质,可得

$$F(s) = \frac{1}{s} + \frac{1}{s + \alpha}$$

$$= \frac{2s + \alpha}{s(s + \alpha)}$$

4.2.2　时移性质

若

$$f(t) \leftrightarrow F(s)$$

则

$$f(t - t_0)\varepsilon(t - t_0) \leftrightarrow F(s)e^{-st_0} \tag{4.2.2}$$

式(4.2.2)中规定$t_0 > 0$,即限定波形沿时间轴右移(若$t_0 < 0$,信号的波形有可能左移越过原点)。该性质表明,因果信号$f(t)$右移t_0的拉普拉斯变换等于原信号的拉普拉斯变换$F(s)$乘以延时因子e^{-st_0}。

证明　$\begin{aligned} L[f(t - t_0)\varepsilon(t - t_0)] &= \int_{0^-}^{\infty} f(t - t_0)\varepsilon(t - t_0)e^{-st}\mathrm{d}t \\ &= \int_{t_0}^{\infty} f(t - t_0)e^{-st}\mathrm{d}t \end{aligned} \tag{4.2.3}$

令$x = t - t_0$,则$t = x + t_0$,于是式(4.2.3)写为

$$\begin{aligned} L[f(t - t_0)\varepsilon(t - t_0)] &= \int_{0^-}^{\infty} f(x)e^{-s(x + t_0)}\mathrm{d}x \\ &= e^{-st_0}\int_{0}^{\infty} f(x)e^{-sx}\mathrm{d}x \\ &= e^{-st_0}F(s) \end{aligned} \tag{4.2.4}$$

例4.6　设$t_0 > 0$,求$\delta(t - t_0)$,$\varepsilon(t - t_0)$和$(t - t_0)\varepsilon(t - t_0)$的拉普拉斯变换。

解　由常用拉普拉斯变换表可知

$$\delta(t) \leftrightarrow 1$$

$$\varepsilon(t) \leftrightarrow \frac{1}{s}$$

$$t\varepsilon(t) \leftrightarrow \frac{1}{s^2}$$

根据延时性质,可得

$$\delta(t - t_0) \leftrightarrow e^{-st_0}$$

$$\varepsilon(t - t_0) \leftrightarrow \frac{1}{s}e^{-st_0}$$

$$(t - t_0)\varepsilon(t - t_0) \leftrightarrow \frac{1}{s^2}e^{-st_0}$$

例4.7 求如图4.2.1所示信号的拉普拉斯变换。

解 信号可表示为

$$f(t) = t[\varepsilon(t) - \varepsilon(t-1)]$$
$$= t\varepsilon(t) - (t-1)\varepsilon(t-1) - \varepsilon(t-1)$$

则有

$$F(s) = L[f(t)]$$
$$= L[t\varepsilon(t) - (t-1)\varepsilon(t-1) - \varepsilon(t-1)]$$
$$= \frac{1}{s^2} - e^{-s}\frac{1}{s^2} - \frac{1}{s}e^{-s}$$
$$= \frac{1}{s^2}[1 - (s+1)e^{-s}]$$

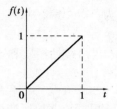

图4.2.1 例4.7用图

注意：$f(t)\varepsilon(t-t_0) \neq f(t-t_0)\varepsilon(t-t_0)$。

例4.8 求如图4.2.2(a)所示信号的拉普拉斯变换。

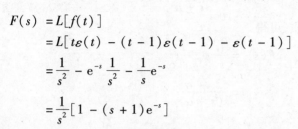

图4.2.2 例4.8用图

解 将单个正弦半波信号$f(t)$分解成图4.2.2(b)所示的单边正弦信号$f_a(t)$和图4.2.2(c)所示的$f_a(t)$延时$\frac{T}{2}$的单边正弦信号$f_b(t)$之和，即

$$f(t) = f_a(t) + f_b(t) = E\sin\left(\frac{2\pi}{T}t\right)\varepsilon(t) + E\sin\left[\frac{2\pi}{T}\left(t - \frac{T}{2}\right)\right]\varepsilon\left(t - \frac{T}{2}\right)$$

应用拉普拉斯变换的线性和时移特性，有

$$F(s) = L[f(t)] = L[f_a(t)] + L[f_b(t)]$$
$$= L\left[E\sin\left(\frac{2\pi}{T}t\right)\varepsilon(t)\right] + L\left\{E\sin\left[\frac{2\pi}{T}\left(t - \frac{T}{2}\right)\right]\varepsilon\left(t - \frac{T}{2}\right)\right\}$$
$$= \frac{E\left(\frac{2\pi}{T}\right)}{s^2 + \left(\frac{2\pi}{T}\right)^2} + \frac{E\left(\frac{2\pi}{T}\right)}{s^2 + \left(\frac{2\pi}{T}\right)^2}e^{-\frac{sT}{2}}$$
$$= \frac{E\left(\frac{2\pi}{T}\right)}{s^2 + \left(\frac{2\pi}{T}\right)^2}\left(1 + e^{-\frac{sT}{2}}\right)$$

例4.9 求如图4.2.3所示信号的象函数。

解 $f(t)$的波形的函数表达式为

$$f(t) = \sum_{k=0}^{\infty} \delta(t - kT)$$

因为 $\delta(t) \leftrightarrow 1$，由时移性质得

$$\delta(t - kT) \leftrightarrow 1 \cdot e^{-ksT}$$

再由线性性质和等比级数求和公式，得

$$F(s) = \sum_{k=0}^{\infty} e^{-ksT} = \frac{1}{1 - e^{-sT}}$$

图 4.2.3　例 4.9 用图

4.2.3　复频移特性

若

$$f(t) \leftrightarrow F(s)$$

则

$$f(t) e^{\pm s_0 t} \leftrightarrow F(s \mp s_0) \qquad (4.2.5)$$

其中，s_0 为复常数。该性质表明，时间函数 $f(t)$ 乘以 $e^{\pm s_0 t}$，则其象函数 $F(s)$ 在 s 域内移动 $\mp s_0$。

证明
$$\begin{aligned}
L[f(t) e^{\pm s_0 t}] &= \int_{0-}^{\infty} [f(t) e^{\pm s_0 t}] e^{-st} dt \\
&= \int_{0-}^{\infty} f(t) e^{-(s \mp s_0)t} dt \\
&= F(s \mp s_0)
\end{aligned}$$

例 4.10　求衰减的正弦函数 $e^{-\alpha t} \sin(\omega_0 t) \varepsilon(t)$ 的象函数。

解　设 $f(t) = e^{-\alpha t} \sin(\omega_0 t) \varepsilon(t)$，又因为有

$$\sin(\omega_0 t) \varepsilon(t) \leftrightarrow \frac{\omega_0}{s^2 + \omega_0^2}$$

利用复频移特性，可得

$$e^{-\alpha t} \sin(\omega_0 t) \varepsilon(t) \leftrightarrow \frac{\omega_0}{(s + \alpha)^2 + \omega_0^2}$$

4.2.4　尺度变换性质

若

$$f(t) \leftrightarrow F(s)$$

则

$$f(at) \leftrightarrow \frac{1}{a} F\left(\frac{s}{a}\right) \qquad (4.2.6)$$

其中，a 为正实常数。

证明　$f(at)$ 的拉普拉斯变换为

$$L[f(at)] = \int_{0-}^{\infty} f(at) e^{-st} dt \qquad (4.2.7)$$

令 $x = at$，则 $t = \dfrac{x}{a}$，于是得

119

$$L[f(at)] = \int_{0_-}^{\infty} f(x)e^{-s\frac{x}{a}}\frac{\mathrm{d}x}{a}$$

$$= \frac{1}{a}\int_{0_-}^{\infty} f(x)e^{-\frac{s}{a}x}\mathrm{d}x$$

$$= \frac{1}{a}F\left(\frac{s}{a}\right) \tag{4.2.8}$$

例 4.11 如图 4.2.4(a)所示信号 $f_1(t)$ 的拉普拉斯变换为 $F_1(s)$,求图 4.2.4(b)中信号 $f_2(t)$ 的拉普拉斯变换。

解 由图 4.2.4 可知

$$f_2(t) = 2f_1\left(\frac{1}{2}t\right)$$

由线性和尺度变换性质,得

$$F_2(s) = \frac{2}{\frac{1}{2}}F_1\left(\frac{1}{\frac{1}{2}}s\right)$$

$$= 4F_1(2s)$$

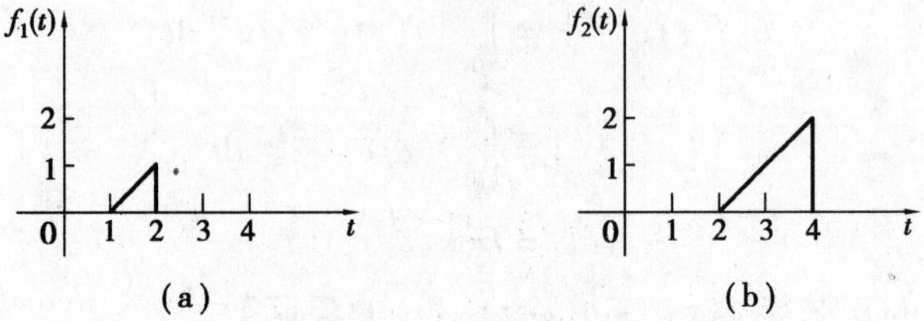

图 4.2.4 例 4.11 用图

例 4.12 已知因果信号 $f(t)$ 的象函数为 $F(s) = \dfrac{s}{s^2+1}$,求 $e^{-t}f(3t-2)$ 的象函数。

解 因为 $f(3t-2) = f\left[3\left(t-\dfrac{2}{3}\right)\right]$,且 $f(t) \leftrightarrow \dfrac{s}{s^2+1}$,由尺度变换性质得

$$f(3t) \leftrightarrow \frac{1}{3}\frac{\frac{s}{3}}{\left(\frac{s}{3}\right)^2+1} = \frac{s}{s^2+9}$$

由时移性质得

$$f(3t-2) = f\left[3\left(t-\frac{2}{3}\right)\right] \leftrightarrow \frac{s}{s^2+9}e^{-\frac{2}{3}s}$$

再由复频移特性,可得

$$e^{-t}f(3t-2) \leftrightarrow \frac{s+1}{(s+1)^2+9}e^{-\frac{2}{3}(s+1)}$$

4.2.5 时域微分性质

若

$$f(t) \leftrightarrow F(s)$$

则

$$\frac{\mathrm{d}f(t)}{\mathrm{d}t} \leftrightarrow sF(s) - f(0_-) \tag{4.2.9}$$

证明 根据拉普拉斯变换的定义

$$L\left[\frac{\mathrm{d}f(t)}{\mathrm{d}t}\right] = \int_{0_-}^{\infty} \frac{\mathrm{d}f(t)}{\mathrm{d}t} \mathrm{e}^{-st} \mathrm{d}t$$

$$= \int_{0_-}^{\infty} \mathrm{e}^{-st} \mathrm{d}f(t) \tag{4.2.10}$$

对式(4.2.10)进行分部积分,得

$$L\left[\frac{\mathrm{d}f(t)}{\mathrm{d}t}\right] = \mathrm{e}^{-st}f(t)\Big|_{0_-}^{\infty} + s\int_{0_-}^{\infty} f(t)\mathrm{e}^{-st}\mathrm{d}t$$

$$= \lim_{t \to \infty} \mathrm{e}^{-st}f(t) - f(0_-) + sF(s) \tag{4.2.11}$$

因为在收敛域内,$\lim\limits_{t \to \infty} \mathrm{e}^{-st}f(t) = 0$,所以有

$$L\left[\frac{\mathrm{d}f(t)}{\mathrm{d}t}\right] = sF(s) - f(0_-) \tag{4.2.12}$$

反复利用式(4.2.12)可推广至 k 阶微分,即

$$\frac{\mathrm{d}^2 f(t)}{\mathrm{d}t^2} \leftrightarrow s^2 F(s) - sf(0_-) - f'(0_-) \tag{4.2.13}$$

$$\frac{\mathrm{d}^k f(t)}{\mathrm{d}t^k} \leftrightarrow s^k F(s) - \sum_{r=0}^{k-1} s^{k-r-1} f^{(r)}(0_-) \tag{4.2.14}$$

式(4.2.9)、式(4.2.13)、式(4.2.14)中 $f(0_-)$ 是函数 $f(t)$ 在 $t = 0_-$ 时的值,如果 $f(t)$ 是因果信号,则 $f(0_-) = f'(0_-) = \cdots = f^{(k-1)}(0_-) = 0$,即

$$\frac{\mathrm{d}f(t)}{\mathrm{d}t} \leftrightarrow sF(s) \tag{4.2.15}$$

$$\frac{\mathrm{d}^2 f(t)}{\mathrm{d}t^2} \leftrightarrow s^2 F(s) \tag{4.2.16}$$

$$\frac{\mathrm{d}^k f(t)}{\mathrm{d}t^k} \leftrightarrow s^k F(s) \tag{4.2.17}$$

例 4.13 已知信号 $f(t) = \dfrac{\mathrm{d}}{\mathrm{d}t}\big[\sin(\omega_0 t)\varepsilon(t)\big]$,求其象函数 $F(s)$。

解 查常用信号拉普拉斯变换表,得

$$\sin(\omega_0 t)\varepsilon(t) \leftrightarrow \frac{\omega_0}{s^2 + \omega_0^2}$$

应用时域微分特性,可得

$$\frac{\mathrm{d}}{\mathrm{d}t}\big[\sin(\omega_0 t)\varepsilon(t)\big] \leftrightarrow s\frac{\omega_0}{s^2 + \omega_0^2}$$

即

$$F(s) = \frac{\omega_0 s}{s^2 + \omega_0^2}$$

例 4.14 已知 $f_1(t) = e^{-at}\varepsilon(t)$，$f_2(t) = \begin{cases} e^{-at} & t > 0 \\ -1 & t < 0 \end{cases}$，$\alpha > 0$，波形分别如图 4.2.5(a)、(b) 所示，求 $f_1'(t)$ 和 $f_2'(t)$ 的拉普拉斯变换。

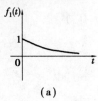
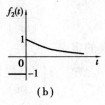

(a)　　　　　　　　(b)

图 4.2.5　例 4.14 用图

解　用两种方法进行求解。

若 $F_1(s)$，$F_2(s)$ 分别为信号 $f_1(t)$，$f_2(t)$ 的拉普拉斯变换，则

$$F_1(s) = F_2(s) = \frac{1}{s + \alpha}$$

①由基本定义式求解

$$\frac{\mathrm{d}f_1(t)}{\mathrm{d}t} = \delta(t) - \alpha e^{-\alpha t}\varepsilon(t)$$

$$L\left[\frac{\mathrm{d}f_1(t)}{\mathrm{d}t}\right] = 1 - \frac{\alpha}{s + \alpha}$$

$$= \frac{s}{s + \alpha}$$

$$= sF_1(s)$$

$$\frac{\mathrm{d}f_2(t)}{\mathrm{d}t} = 2\delta(t) - \alpha e^{-\alpha t}\varepsilon(t)$$

$$L\left[\frac{\mathrm{d}f_2(t)}{\mathrm{d}t}\right] = 2 - \frac{\alpha}{s + \alpha}$$

$$= \frac{2s + \alpha}{s + \alpha}$$

$$= \frac{s}{s + \alpha} + 1$$

$$= sF_2(s) - f_2(0_-)$$

②由时域微分性质求解

$$\frac{\mathrm{d}f_1(t)}{\mathrm{d}t} \leftrightarrow sF_1(s) - f_1(0_-)$$

$$\frac{\mathrm{d}f_2(t)}{\mathrm{d}t} \leftrightarrow sF_2(s) - f_2(0_-)$$

因为 $f_1(0_-) = 0$，$f_2(0_-) = -1$，所以有

$$L\left[\frac{\mathrm{d}f_1(t)}{\mathrm{d}t}\right] = F_1(s) - f_1(0_-)$$

$$= sF_1(s)$$

$$L\left[\frac{\mathrm{d}f_2(t)}{\mathrm{d}t}\right] = sF_2(s) - f_2(0_-)$$

$$= sF_2(s) + 1$$

两种方法结果相同,但在第 2 种方法中考虑了 $f_1(0_-) = 0$,$f_2(0_-) = -1$ 的条件。

4.2.6　时域积分性质

若

$$f(t) \leftrightarrow F(s)$$

则

$$\int_{0_-}^{t} f(\tau)\mathrm{d}\tau \leftrightarrow \frac{1}{s}F(s) \tag{4.2.18}$$

证明
$$L\left[\int_{0_-}^{t} f(\tau)\mathrm{d}\tau\right] = \int_{0_-}^{\infty}\left[\int_{0_-}^{t} f(\tau)\mathrm{d}\tau\right]\mathrm{e}^{-st}\mathrm{d}t$$

$$= \int_{0_-}^{\infty}\left[\int_{0_-}^{t} f(\tau)\mathrm{d}\tau\right]\frac{-\mathrm{d}\mathrm{e}^{-st}}{s} \tag{4.2.19}$$

对式(4.2.19)应用分部积分法,可得

$$L\left[\int_{0_-}^{t} f(\tau)\mathrm{d}\tau\right] = \frac{-\mathrm{e}^{-st}}{s}\int_{0_-}^{t} f(\tau)\mathrm{d}\tau\bigg|_{0_-}^{\infty} + \frac{1}{s}\int_{0_-}^{\infty} f(t)\mathrm{e}^{-st}\mathrm{d}t \tag{4.2.20}$$

当 $t \to \infty$ 或 $t = 0_-$ 时,式(4.2.20)右边第 1 项为零,所以有

$$\int_{0_-}^{t} f(\tau)\mathrm{d}\tau \leftrightarrow \frac{1}{s}F(s) \tag{4.2.21}$$

反复利用式(4.2.21)可推广至 k 重积分,即

$$\left(\int_{0_-}^{t}\right)^{(k)} f(\tau)\mathrm{d}\tau \leftrightarrow \frac{1}{s^k} \cdot F(s) \tag{4.2.22}$$

式(4.2.22)中 $\left(\int_{0_-}^{t}\right)^{(k)}$ 表示对函数 $f(t)$ 从 0_- 到 t 的 k 重积分。

通常在时域内先对复杂信号进行求导,直至出现常用函数形式,查表可得常用函数的拉普拉斯变换对;然后利用时域积分性质,求得复杂时域信号的拉普拉斯变换。

例 4.15　已知信号 $f(t) = t^2\varepsilon(t)$,求其象函数 $F(s)$。

解　因为 $\int_0^t \varepsilon(\tau)\mathrm{d}\tau = t\varepsilon(t)$,且 $\varepsilon(t) \leftrightarrow \frac{1}{s}$,根据时域积分性质,有

$$t\varepsilon(t) \leftrightarrow \frac{1}{s^2}$$

又由 $\int_0^t \tau\varepsilon(\tau)\mathrm{d}\tau = \frac{1}{2}t^2\varepsilon(t)$,根据时域积分性质和线性性质,有

$$t^2\varepsilon(t) \leftrightarrow \frac{2}{s^3}$$

即

$$F(s) = \frac{2}{s^3}$$

以此类推，可得

$$t^k \varepsilon(t) \leftrightarrow \frac{k!}{s^{k+1}}$$

例 4.16 已知信号 $f(t)$ 的波形如图 4.2.6(a) 所示，求 $f(t)$ 的拉普拉斯变换 $F(s)$。

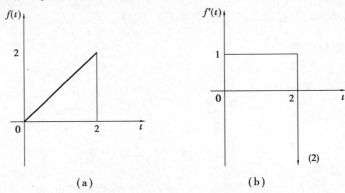

(a)   (b)

图 4.2.6 例 4.16 用图

解 对 $f(t)$ 求导，$f'(t)$ 的波形如图 4.2.6(b) 所示，则

$$f'(t) = \varepsilon(t) - \varepsilon(t-2) - 2\delta(t-2)$$

由线性和时移性质，可得

$$f'(t) \leftrightarrow F_1(s) = \frac{1}{s} - \frac{1}{s}e^{-2s} - 2e^{-2s} = \frac{1}{s}(1 - e^{-2s}) - 2e^{-2s}$$

由积分性质，可得

$$F(s) = L\left[\int_{0_-}^{t} f'(\tau)d\tau\right] = \frac{1}{s}F_1(s) = \frac{1}{s^2}(1 - e^{-2s}) - \frac{2}{s}e^{-2s}$$

4.2.7 卷积定理

类似于傅里叶变换中的卷积定理，在拉普拉斯变换中也有时域和 s 域卷积定理。其中，时域卷积定理在系统分析中尤为重要。

（1）时域卷积定理

若

$$f_1(t) \leftrightarrow F_1(s), f_2(t) \leftrightarrow F_2(s)$$

则

$$f_1(t) * f_2(t) \leftrightarrow F_1(s) \cdot F_2(s) \tag{4.2.23}$$

该性质表明，两时域信号的卷积对应的拉普拉斯变换是两信号拉普拉斯变换的乘积。

证明 因为

$$
\begin{aligned}
f_1(t) * f_2(t) &= f_1(t)\varepsilon(t) * f_2(t)\varepsilon(t) \\
&= \int_{-\infty}^{\infty} f_1(\tau)\varepsilon(\tau)f_2(t-\tau)\varepsilon(t-\tau)d\tau \\
&= \int_{0_-}^{\infty} f_1(\tau)\varepsilon(\tau)f_2(t-\tau)\varepsilon(t-\tau)d\tau \tag{4.2.24}
\end{aligned}
$$

对式(4.2.24)进行拉普拉斯变换，并交换积分顺序，可得

$$L[f_1(t) * f_2(t)] = \int_{0-}^{\infty} \left[\int_{0-}^{\infty} f_1(\tau) \varepsilon(\tau) f_2(t - \tau) \varepsilon(t - \tau) \mathrm{d}\tau \right] \mathrm{e}^{-st} \mathrm{d}t$$

$$= \int_{0-}^{\infty} f_1(\tau) \left[\int_{0-}^{\infty} f_2(t - \tau) \varepsilon(t - \tau) \mathrm{e}^{-st} \mathrm{d}t \right] \mathrm{d}\tau \qquad (4.2.25)$$

由时移性质,式(4.2.25)括号中的积分为

$$\int_{0-}^{\infty} f_2(t - \tau) \varepsilon(t - \tau) \mathrm{e}^{-st} \mathrm{d}t = \mathrm{e}^{-s\tau} F_2(s) \qquad (4.2.26)$$

于是有

$$L[f_1(t) * f_2(t)] = \int_{0-}^{\infty} f_1(\tau) \mathrm{e}^{-s\tau} F_2(s) \mathrm{d}\tau = F_1(s) \cdot F_2(s) \qquad (4.2.27)$$

(2)复频域卷积定理

若

$$f_1(t) \leftrightarrow F_1(s), f_2(t) \leftrightarrow F_2(s)$$

则

$$f_1(t) \cdot f_2(t) \leftrightarrow \frac{1}{2\pi \mathrm{j}} F_1(s) * F_2(s) \qquad (4.2.28)$$

复频域卷积定理类似于时域卷积定理的证明,有兴趣的读者可以自行推导。复频域卷积定理积分的计算比较复杂,其应用较少。

例 4.17　已知某 LTI 系统的冲激响应 $h(t) = \mathrm{e}^{-2t} \varepsilon(t)$,求输入 $f(t) = \varepsilon(t)$ 时的零状态响应 $y_f(t)$ 的象函数 $Y_f(s)$。

解　LTI 系统的零状态响应为

$$y_f(t) = f(t) * h(t)$$

应用拉普拉斯变换的时域卷积定理,可得

$$Y_f(s) = F(s)H(s)$$

由

$$f(t) \leftrightarrow F(s) = \frac{1}{s}$$

$$h(t) \leftrightarrow H(s) = \frac{1}{s + 2}$$

可得

$$Y_f(s) = F(s)H(s) = \frac{1}{s(s + 2)}$$

例 4.18　如图 4.2.7(a)所示为因果周期信号 $f(t)$,已知图 4.2.7(b)中 $f_1(t)$ 的象函数为 $F_1(s)$,求因果周期信号 $f(t)$ 的象函数 $F(s)$。

解　将 $f(t)$ 看作为图 4.2.7(b)所示的 $f_1(t)$ 与图 4.2.7(c)所示的 $f_2(t)$ 的卷积。

利用例 4.9 求得的结果,若令 $T = 1$,可得

$$F_2(s) = \frac{1}{1 - \mathrm{e}^{-s}}$$

根据卷积定理,可得

$$F(s) = F_1(s) \cdot F_2(s)$$

$$= F_1(s) \frac{1}{1 - \mathrm{e}^{-s}}$$

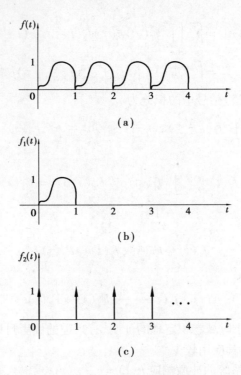

图 4.2.7　例 4.18 用图

4.2.8　复频域微分

若

$$f(t) \leftrightarrow F(s)$$

则

$$(-t)f(t) \longleftrightarrow \frac{\mathrm{d}F(s)}{\mathrm{d}s} \qquad (4.2.29)$$

证明

$$\begin{aligned}
\frac{\mathrm{d}F(s)}{\mathrm{d}s} &= \frac{\mathrm{d}}{\mathrm{d}s}\int_{0_-}^{\infty} f(t)\,\mathrm{e}^{-st}\mathrm{d}t \\
&= \int_{0_-}^{\infty} f(t)\left[\frac{\mathrm{d}}{\mathrm{d}s}\mathrm{e}^{-st}\right]\mathrm{d}t \\
&= \int_{0_-}^{\infty} \left[-tf(t)\right]\mathrm{e}^{-st}\mathrm{d}t \\
&= L\left[-tf(t)\right] \qquad (4.2.30)
\end{aligned}$$

反复运用上述结果, 可得

$$(-t)^k f(t) \longleftrightarrow \frac{\mathrm{d}^k F(s)}{\mathrm{d}s^k} \qquad (4.2.31)$$

例 4.19　求函数 $t^2 \mathrm{e}^{-\alpha t}\varepsilon(t)$ 的象函数。

解　因为 $\mathrm{e}^{-\alpha t}\varepsilon(t) \leftrightarrow \dfrac{1}{s+\alpha}$, 则利用复频域微分性质, 得

$$t^2 \mathrm{e}^{-\alpha t}\varepsilon(t) \leftrightarrow \frac{\mathrm{d}^2}{\mathrm{d}s^2}\left[\frac{1}{s+\alpha}\right] = \frac{2}{(s+\alpha)^3}$$

4.2.9　复频域积分

若

$$f(t) \leftrightarrow F(s)$$

则

$$\frac{f(t)}{t} \leftrightarrow \int_s^\infty F(\eta) \mathrm{d}\eta \qquad (4.2.32)$$

证明

$$\int_s^\infty F(\eta) \mathrm{d}\eta = \int_s^\infty \left[\int_{0_-}^\infty f(t) \mathrm{e}^{-\eta t} \mathrm{d}t \right] \mathrm{d}\eta$$

$$= \int_{0_-}^\infty f(t) \left[\int_s^\infty \mathrm{e}^{-\eta t} \mathrm{d}\eta \right] \mathrm{d}t$$

$$= \int_{0_-}^\infty \frac{f(t)}{t} \left[-\mathrm{e}^{-\eta t} \right]_s^\infty \mathrm{d}t$$

$$= \int_{0_-}^\infty \frac{f(t)}{t} \mathrm{e}^{-st} \mathrm{d}t$$

$$= L\left[\frac{f(t)}{t} \right] \qquad (4.2.33)$$

例 4.20　求函数 $\dfrac{1 - \mathrm{e}^{-2t}}{t} \varepsilon(t)$ 的象函数。

解　由于 $(1 - \mathrm{e}^{-2t})\varepsilon(t) \leftrightarrow \dfrac{1}{s} - \dfrac{1}{s+2}$,利用 s 域积分性质,得

$$\frac{1 - \mathrm{e}^{-2t}}{t}\varepsilon(t) \leftrightarrow \int_s^\infty \left(\frac{1}{\eta} - \frac{1}{\eta+2} \right) \mathrm{d}\eta = \ln \frac{\eta}{\eta+2} \bigg|_s^\infty = \ln \frac{s+2}{s}$$

例 4.21　求函数 $\dfrac{\sin t}{t}\varepsilon(t)$ 的象函数。

解　由于 $\sin t \varepsilon(t) \leftrightarrow \dfrac{1}{s^2+1}$,由 s 域积分性质,得

$$\frac{\sin t}{t}\varepsilon(t) \leftrightarrow \int_s^\infty \frac{1}{\eta^2+1} \mathrm{d}\eta = \arctan \eta \bigg|_s^\infty = \frac{\pi}{2} - \arctan s = \arctan \frac{1}{s}$$

4.2.10　初值定理和终值定理

初值和终值定理常用于由 $F(s)$ 直接求 $f(0_+)$ 和 $f(\infty)$ 的值,而不必求出原函数 $f(t)$。

(1)初值定理

设函数 $f(t)$ 不包含 $\delta(t)$ 及其各阶导数,且

$$f(t) \leftrightarrow F(s)$$

则

$$f(0_+) = \lim_{s \to \infty} sF(s) \qquad (4.2.34)$$

证明　由于 $f(t) \leftrightarrow F(s)$,由时域微分性质可知

$$L[f'(t)] = sF(s) - f(0_-) \qquad (4.2.35)$$

又由于

$$L[f'(t)] = \int_{0_-}^{\infty} f'(t)e^{-st}dt$$

$$= \int_{0_-}^{0_+} f'(t)e^{-st}dt + \int_{0_+}^{\infty} f'(t)e^{-st}dt \qquad (4.2.36)$$

考虑到在$(0_-, 0_+)$区间内，$e^{-st} = 1$，则$\int_{0_-}^{0_+} f'(t)e^{-st}dt = f(0_+) - f(0_-)$，将其代入式(4.2.36)，得

$$L[f'(t)] = \int_{0_-}^{\infty} f'(t)e^{-st}dt$$

$$= f(0_+) - f(0_-) + \int_{0_+}^{\infty} f'(t)e^{-st}dt \qquad (4.2.37)$$

显然，式(4.2.35)和式(4.2.37)应相等，于是有

$$sF(s) - f(0_-) = f(0_+) - f(0_-) + \int_{0_+}^{\infty} f'(t)e^{-st}dt$$

即

$$sF(s) = f(0_+) + \int_{0_+}^{\infty} f'(t)e^{-st}dt \qquad (4.2.38)$$

对式(4.2.38)取$s \to \infty$，则

$$\lim_{s \to \infty} sF(s) = f(0_+) + \lim_{s \to \infty} \int_{0_+}^{\infty} f'(t)e^{-st}dt$$

$$= f(0_+) + \int_{0_+}^{\infty} f'(t) \lim_{s \to \infty} e^{-st}dt$$

$$= f(0_+) \qquad (4.2.39)$$

类似可证明

$$f'(0_+) = \lim_{s \to \infty} s[sF(s) - f(0_+)] \qquad (4.2.40)$$

$$f''(0_+) = \lim_{s \to \infty} s[s^2F(s) - sf(0_+) - f'(0_+)] \qquad (4.2.41)$$

(2)终值定理

当$t \to \infty$时，若函数$f(t)$的极限存在，且

$$f(t) \leftrightarrow F(s)$$

则

$$f(\infty) = \lim_{s \to 0} sF(s) \qquad (4.2.42)$$

证明 对式(4.2.38)取$s \to 0$的极限，即

$$\lim_{s \to 0} sF(s) = f(0_+) + \lim_{s \to 0} \int_{0_+}^{\infty} f'(t)e^{-st}dt$$

$$= f(0_+) + \int_{0_+}^{\infty} f'(t) \lim_{s \to 0} e^{-st}dt$$

$$= f(0_+) + \int_{0_+}^{\infty} f'(t)dt$$

$$= f(0_+) + f(t) \Big|_{0_+}^{\infty}$$

$$=f(0_+) + f(\infty) - f(0_+)$$
$$=f(\infty) \tag{4.2.43}$$

值得注意的是,由于终值定理要取 $s \to 0$ 的极限,因此要求 $s = 0$ 须在 $sF(s)$ 的收敛域内,若不满足此条件则不能应用终值定理。

例 4.22　若函数 $f(t)$ 的象函数为 $F(s) = \dfrac{1}{s+1}$,求原函数 $f(t)$ 的初值和终值。

解　由于 $sF(s) = \dfrac{s}{s+1}$,应用初值定理,有

$$f(0_+) = \lim_{s \to \infty} sF(s)$$
$$= \lim_{s \to \infty} \frac{s}{s+1}$$
$$= 1$$

应用终值定理,有

$$f(\infty) = \lim_{s \to 0}\left[sF(s) \right]$$
$$= \lim_{s \to 0} \frac{s}{s+1}$$
$$= 0$$

例 4.23　若函数 $f(t)$ 的象函数为 $F(s) = \dfrac{2s}{s^2 + 2s + 2}$,求原函数 $f(t)$ 的初值和终值。

解　应用初值定理,可得

$$f(0_+) = \lim_{s \to \infty} sF(s)$$
$$= \lim_{s \to \infty} \frac{2s^2}{s^2 + 2s + 2}$$
$$= 2$$

应用终值定理,可得

$$f(\infty) = \lim_{s \to 0} sF(s)$$
$$= \lim_{s \to 0} \frac{2s^2}{s^2 + 2s + 2}$$
$$= 0$$

现将拉普拉斯变换的主要性质及定理列于表 4.2.1 中,以便查阅和应用。

表 4.2.1　单边拉普拉斯变换的性质及定理

序　号	名　称	时　域	复频域
1	线性性质	$af_1(t) + bf_2(t)$	$aF_1(s) + bF_2(s)$
2	时移性质	$f(t - t_0)\varepsilon(t - t_0)$	$F(s)\mathrm{e}^{-st_0}$
3	复频移	$f(t)\mathrm{e}^{\pm s_0 t}$	$F(s \mp s_0)$
4	尺度变换	$f(at) \qquad a > 0$	$\dfrac{1}{a}F\left(\dfrac{s}{a}\right)$

续表

序 号	名 称	时 域	复频域
5	时域微分	$\dfrac{\mathrm{d}f(t)}{\mathrm{d}t}$	$sF(s) - f(0_-)$
6	时域积分	$\displaystyle\int_{0_-}^{t} f(\tau)\mathrm{d}\tau$	$\dfrac{1}{s}F(s)$
7	时域卷积	$f_1(t) * f_2(t)$	$F_1(s) \cdot F_2(s)$
8	复频域卷积	$f_1(t) \cdot f_2(t)$	$\dfrac{1}{2\pi\mathrm{j}}F_1(s) * F_2(s)$
9	复频域微分	$(-t)f(t)$	$\dfrac{\mathrm{d}F(s)}{\mathrm{d}s}$
10	复频域积分	$\dfrac{f(t)}{t}$	$\displaystyle\int_s^{\infty} F(\eta)\mathrm{d}\eta$
11	初值定理	\multicolumn{2}{c}{$f(0_+) = \lim\limits_{s\to\infty} sF(s)$ 函数 $f(t)$ 不包含 $\delta(t)$ 及其各阶导数}
12	终值定理	\multicolumn{2}{c}{$f(\infty) = \lim\limits_{s\to 0} sF(s)$ $s = 0$ 须在 $sF(s)$ 的收敛域内}

4.3　拉普拉斯逆变换

将单边拉普拉斯逆变换的定义式重写为

$$f(t) = \frac{1}{2\pi\mathrm{j}}\int_{\sigma-\mathrm{j}\infty}^{\sigma+\mathrm{j}\infty} F(s)\,\mathrm{e}^{st}\mathrm{d}s \tag{4.3.1}$$

式(4.3.1)是复变函数的积分,计算过程较为复杂。已知求拉普拉斯逆变换最简单的办法就是利用拉普拉斯变换表。但是,它只适用于具有特殊形式的一些简单变换式。下面介绍一种对象函数进行逆变换的一般方法。

对于线性系统,响应的象函数 $F(s)$ 大多都是有理函数。对于有理函数,可应用部分分式展开法,将其变为多个简单分式之和,然后利用常用函数的拉普拉斯变换对其进行变换。此法简便易行,本书重点讨论这种方法。象函数的有理分式可分为真分式和假分式。假分式可变换成一个多项式和一个真分式之和。设象函数的有理真分式为

$$F(s) = \frac{B(s)}{A(s)} = \frac{b_M s^M + b_{M-1} s^{M-1} + \cdots + b_1 s + b_0}{a_N s^N + a_{N-1} s^{N-1} + \cdots + a_1 s + a_0} \tag{4.3.2}$$

其中,多项式系数均为实数。

若 $N \leqslant M$ 的情况,可利用长除法得到一个 s 的多项式和一个有理分式,即

$$F(s) = \frac{B(s)}{A(s)} = C_0 + C_1 s + \cdots + C_{M-N} s^{M-N} + \frac{Q(s)}{A(s)} \tag{4.3.3}$$

令 $C(s) = C_0 + C_1 s + \cdots + C_{M-N} s^{M-N}$，它是 s 的有理多项式，其拉普拉斯逆变换为冲激函数及其各阶导数，它们可直接求得，即为

$$L^{-1}[C(s)] = C_0\delta(t) + C_1\delta'(t) + \cdots + C_{M-N}\delta^{(M-N)}(t) \tag{4.3.4}$$

有

$$f(t) = L^{-1}[C(s)] + L^{-1}\left[\frac{Q(s)}{A(s)}\right] \tag{4.3.5}$$

其中，$L^{-1}\left[\dfrac{Q(s)}{A(s)}\right]$ 可由部分分式展开法求得。

若 $N > M$，则 $F(s)$ 为有理真分式。将式(4.3.2)中 $B(s) = 0$ 的 M 个根称为 $F(s)$ 的零点，$A(s) = 0$ 的 N 个根称为 $F(s)$ 的极点。利用部分分式展开法将 $F(s)$ 分解成 N 个部分分式，其每一项都可归为常用信号的象函数表达，从而得到相应的原函数 $f(t)$。

下面根据 $F(s)$ 极点的不同类型，将 $F(s)$ 展开成下述 3 种情况。

(1) A(s) = 0 具有 N 个单实根

假设 N 个单实根为 $p_1, p_2, \cdots, p_N$，则 $F(s)$ 可展开成下列部分分式之和，即

$$F(s) = \frac{B(s)}{A(s)} = \frac{k_1}{s - p_1} + \cdots + \frac{k_i}{s - p_i} + \cdots + \frac{k_N}{s - p_N} = \sum_{i=1}^{N} \frac{k_i}{s - p_i} \tag{4.3.6}$$

其中，$k_1, k_2, \cdots, k_N$ 为待定系数，可按下述方法确定。

将式(4.3.6)两边乘以 $s - p_1$，即

$$(s - p_1)F(s) = k_1 + \cdots + (s - p_1)\frac{k_i}{s - p_i} + \cdots + (s - p_1)\frac{k_N}{s - p_N} \tag{4.3.7}$$

当 $s \to p_1$ 时，式(4.3.7)等号右端除 k_1 外均趋近于零，可得

$$k_1 = (s - p_1)F(s)\big|_{s = p_1} \tag{4.3.8}$$

同理可求得 $k_2, \cdots, k_N$，可用下列通式表示为

$$k_i = (s - p_i)F(s)\big|_{s = p_i} \tag{4.3.9}$$

由 $k_i e^{p_i t} \leftrightarrow \dfrac{k_i}{(s - p_i)}$ 可得原函数

$$f(t) = \sum_{i=1}^{N} k_i e^{p_i t} \cdot \varepsilon(t) \tag{4.3.10}$$

例 4.24 已知象函数 $F(s) = \dfrac{s + 6}{s(s + 1)(s + 2)}$，求其原函数 $f(t)$。

解 $A(s) = 0$ 的 3 个实根：$s = 0, s = -1, s = -2$。

$F(s)$ 可展开为

$$F(s) = \frac{k_1}{s} + \frac{k_2}{s + 1} + \frac{k_3}{s + 2}$$

由此可得各系数分别为

$$k_1 = sF(s)\big|_{s=0} = \frac{s + 6}{(s + 1)(s + 2)}\bigg|_{s=0} = 3$$

$$k_2 = (s + 1)F(s)\big|_{s=-1} = \frac{s + 6}{s(s + 2)}\bigg|_{s=-1} = -5$$

$$k_3 = (s + 2)F(s)\big|_{s=-2} = \frac{s + 6}{s(s + 1)}\bigg|_{s=-2} = 2$$

从而可求得 $F(s)$ 为

$$F(s) = \frac{3}{s} + \frac{-5}{s+1} + \frac{2}{s+2}$$

对上式进行拉普拉斯逆变换,得

$$f(t) = (3 - 5e^{-t} + 2e^{-2t})\varepsilon(t)$$

例 4.25 已知象函数 $F(s) = \dfrac{2s^2 + 10s + 14}{s^2 + 5s + 6}$,求其原函数 $f(t)$。

解 先将象函数变换成一个多项式和一个真分式之和,即

$$F(s) = 2 + \frac{2}{s^2 + 5s + 6} = 2 + F_1(s)$$

$F_1(s)$ 可展开为

$$F_1(s) = \frac{2}{s^2 + 5s + 6} = \frac{2}{(s+2)(s+3)} = \frac{k_1}{s+2} + \frac{k_2}{s+3}$$

求上式中系数得

$$k_1 = (s+2)F_1(s)\Big|_{s=-2} = \frac{2}{(s+3)}\Big|_{s=-2} = 2$$

$$k_2 = (s+3)F_1(s)\Big|_{s=-3} = \frac{2}{(s+2)}\Big|_{s=-3} = -2$$

从而可求得 $F(s)$ 为

$$F(s) = 2 + F_1(s) = 2 + \frac{2}{s+2} - \frac{2}{s+3}$$

对上式进行拉普拉斯逆变换,得原函数为

$$f(t) = [2\delta(t) + 2e^{-2t} - 2e^{-3t}]\varepsilon(t)$$

(2) A(s) =0 具有共轭复根

因为 $A(s)$ 是 s 的实系数多项式,如果 $A(s) =0$ 出现复根,则必然是共轭的。若 $F(s)$ 包含共轭复根时 $(p_{1,2} = -\alpha \pm j\beta)$,将 $F(s)$ 的展式式分为两个部分,即

$$\begin{aligned}
F(s) &= \frac{B(s)}{[(s+\alpha)^2 + \beta^2]A_2(s)} \\
&= \frac{B(s)}{(s+\alpha - j\beta)(s+\alpha + j\beta)A_2(s)} \\
&= \frac{B_1(s)}{A_1(s)} + \frac{B_2(s)}{A_2(s)} \\
&= \frac{k_1}{s+\alpha - j\beta} + \frac{k_2}{s+\alpha + j\beta} + \frac{B_2(s)}{A_2(s)} \\
&= F_1(s) + F_2(s)
\end{aligned} \tag{4.3.11}$$

其中

$$F_1(s) = \frac{k_1}{s+\alpha - j\beta} + \frac{k_2}{s+\alpha + j\beta}, F_2(s) = \frac{B_2(s)}{A_2(s)}$$

求系数 k_1, k_2

$$k_1 = [(s+\alpha - j\beta)F(s)]\Big|_{s=-\alpha+j\beta} = |k_1|\, e^{j\theta} \tag{4.3.12}$$

由于 k_1, k_2 为共轭复数, 故

$$k_2 = k_1^* = |k_1| e^{-j\theta} \tag{4.3.13}$$

$$F_1(s) = \frac{k_1}{s + \alpha - j\beta} + \frac{k_2}{s + \alpha + j\beta} = \frac{|k_1| e^{j\theta}}{s + \alpha - j\beta} + \frac{|k_1| e^{-j\theta}}{s + \alpha + j\beta} \tag{4.3.14}$$

对上式进行拉普拉斯逆变换, 得

$$f_1(t) = 2|k_1| e^{-\alpha t} \cos(\beta t + \theta) \varepsilon(t) \tag{4.3.15}$$

这样只需求得一个系数 k_1, 就可按式(4.3.15)写出相应的结果 $f_1(t)$。

例 4.26　已知象函数 $F(s) = \dfrac{s+2}{s^2 + 2s + 2}$, 求其原函数 $f(t)$。

解　$A(s) = 0$ 的共轭复根分别为 $p_1 = -1 + j$, $p_2 = -1 - j$, 则有

$$F(s) = \frac{s+2}{[s - (-1 + j)][s - (-1 - j)]} = \frac{k_1}{s - (-1 + j)} + \frac{k_2}{s - (-1 - j)}$$

求上式中的系数得

$$k_1 = [s - (-1 + j)]F(s) \Big|_{s = -1+j} = \frac{s+2}{s - (-1 - j)} \Big|_{s = -1+j} = \frac{1-j}{2} = \frac{\sqrt{2}}{2} e^{-j45°}$$

$$k_2 = [s - (-1 - j)]F(s) \Big|_{s = -1-j} = \frac{s+2}{s - (-1 + j)} \Big|_{s = -1-j} = \frac{1+j}{2} = \frac{\sqrt{2}}{2} e^{j45°}$$

$$F(s) = \frac{\frac{\sqrt{2}}{2} e^{-j45°}}{[s - (-1 + j)]} + \frac{\frac{\sqrt{2}}{2} e^{j45°}}{[s - (-1 - j)]}$$

对上式进行拉普拉斯逆变换, 得

$$f(t) = \left[\frac{\sqrt{2}}{2} e^{-j45°} e^{(-1+j)t} + \frac{\sqrt{2}}{2} e^{j45°} e^{(-1-j)t} \right] \varepsilon(t)$$

$$= \frac{\sqrt{2}}{2} e^{-t} \left[e^{j(t-45°)} + e^{-j(t-45°)} \right] \varepsilon(t)$$

$$= \sqrt{2} e^{-t} \cos(t - 45°) \varepsilon(t)$$

可得

$$f(t) = k_1 e^{p_1 t} + k_1^* e^{p_2 t} = \sqrt{2} e^{-t} \cos(t - 45°) \varepsilon(t)$$

此例验证了 $F(s)$ 共轭复根的系数 k_1, k_2 也互为共轭复数。

(3) $A(s) = 0$ 有重根

假设 $A(s) = 0$ 含有一个 r 重根 p_1, 即 $F(s)$ 展开可得

$$F(s) = \frac{B(s)}{A(s)}$$

$$= \frac{B_1(s)}{A_1(s)} + \frac{B_2(s)}{A_2(s)}$$

$$= F_1(s) + F_2(s)$$

$$= \frac{k_{11}}{(s - p_1)^r} + \frac{k_{12}}{(s - p_1)^{r-1}} + \cdots + \frac{k_{1r}}{s - p_1} + \frac{B_2(s)}{A_2(s)} \tag{4.3.16}$$

其中

$$F_1(s) = \frac{k_{11}}{(s-p_1)^r} + \frac{k_{12}}{(s-p_1)^{r-1}} + \cdots + \frac{k_{1r}}{s-p_1}, F_2(s) = \frac{B_2(s)}{A_2(s)}$$

为了确定多项式 $F_1(s)$ 的系数,将多项式 $F_1(s)$ 两端同乘以 $(s-p_1)^r$,得

$$(s-p_1)^r F_1(s) = (s-p_1)^r \frac{k_{11}}{(s-p_1)^r} + (s-p_1)^r \frac{k_{12}}{(s-p_1)^{r-1}} + \cdots + (s-p_1)^r \frac{k_{1r}}{s-p_1}$$

$$(4.3.17)$$

由式(4.3.17)可得多项式系数为

$$k_{11} = (s-p_1)^r F(s) \mid_{s=p_1} \tag{4.3.18}$$

将式(4.3.17)两端对 s 求导,得

$$\frac{d}{ds}[(s-p_1)^r F(s)] = k_{12} + \cdots + (r-1)(s-p_1)^{r-2} k_{1r} \tag{4.3.19}$$

由式(4.3.19)可得

$$k_{12} = \frac{d[(s-p_1)^r F(s)]}{ds}\bigg|_{s=p_1} \tag{4.3.20}$$

以此类推,可得通式为

$$k_{1i} = \frac{1}{(i-1)!} \cdot \frac{d^{i-1}[(s-p_1)^r F(s)]}{ds^{i-1}}\bigg|_{s=p_1} \tag{4.3.21}$$

得到多项式 $F_1(s)$ 的系数以后,再对多项式 $F_2(s)$ 进行部分分式展开,可根据式(4.3.16)求得各展开分式的拉普拉斯逆变换,从而求得原函数。

例 4.27 已知象函数 $F(s) = \dfrac{3s+9}{(s+2)^2}$,求其原函数 $f(t)$。

解 由

$$F(s) = \frac{3s+9}{(s+2)^2} = \frac{k_{11}}{(s+2)^2} + \frac{k_{12}}{(s+2)}$$

可得

$$k_{11} = (s+2)^2 \frac{3s+9}{(s+2)^2}\bigg|_{s=-2} = 3$$

$$k_{12} = \frac{1}{(2-1)!} \frac{d[(s+2)^2 F(s)]}{ds}\bigg|_{s=-2} = 3$$

即

$$F(s) = \frac{3}{(s+2)^2} + \frac{3}{(s+2)}$$

从而求得原函数为

$$f(t) = (3t+3)e^{-2t}\varepsilon(t)$$

4.4 连续系统的复频域分析

在第 2 章的讨论中,已知用时域法求解 LTI 系统的线性微分方程时,要分别求出系统的零输入响应和零状态响应,相加后得到系统的全响应。而本章学习的拉普拉斯变换是分析线

性系统的有力工具,它将时域微分方程转换为 s 域的代数方程进行分析,微分方程的初始状态可以包含到象函数中,可直接求得微分方程的完全响应,也可分别求得零输入响应和零状态响应。

4.4.1　拉普拉斯变换求解微分方程

描述 N 阶连续时间系统的微分方程为

$$\sum_{i=0}^{N} a_i y^{(i)}(t) = \sum_{j=0}^{M} b_j f^{(j)}(t) \tag{4.4.1}$$

其中, a_i, b_j 为常数,且 $a_N = 1$ 。设激励 $f(t)$ 在 $t=0$ 时接入系统,即 $t<0$ 时, $f(t)=0$,或者认为 $f(t)$ 是因果信号,响应为 $y(t)$,系统的初始状态为 $y(0_-)$, $y'(0_-)$, $\cdots$, $y^{(N-1)}(0_-)$,对式 (4.4.1)两边取拉普拉斯变换,根据时域微分性质,有

$$\sum_{i=1}^{N} a_i \left[s^i Y(s) - \sum_{p=0}^{i-1} s^{i-1-p} y^{(p)}(0_-) \right] = \sum_{j=1}^{M} b_j s^j F(s) \tag{4.4.2}$$

式(4.4.2)整理后得

$$Y(s) = \frac{\underbrace{\sum_{i=1}^{N} a_i \left[\sum_{p=0}^{i-1} s^{i-1-p} y^{(p)}(0_-) \right]}{\sum_{i=1}^{N} a_i s^i}}_{s\text{域零输入响应}} + \underbrace{\frac{\sum_{j=0}^{M} b_j s^j}{\sum_{i=1}^{N} a_i s^i} \cdot F(s)}_{s\text{域零状态响应}} \tag{4.4.3}$$

式(4.4.3)中等号右端的第1项仅与系统的初始状态有关,而与系统的激励信号无关。因此,它是系统零输入响应 $y_s(t)$ 的拉普拉斯变换表示式,即

$$L[y_s(t)] = Y_s(s)$$

$$= \frac{\sum_{i=1}^{N} a_i \left[\sum_{p=0}^{i-1} s^{i-1-p} y^{(p)}(0_-) \right]}{\sum_{i=1}^{N} a_i s^i} \tag{4.4.4}$$

式(4.4.3)中等号右端的第2项仅与系统激励信号有关,而与系统的初始状态无关。因此,它是系统零状态响应 $y_f(t)$ 的拉普拉斯变换表示式,即

$$L[y_f(t)] = Y_f(s)$$

$$= \frac{\sum_{j=0}^{M} b_j s^j}{\sum_{i=1}^{N} a_i s^i} \cdot F(s) \tag{4.4.5}$$

则

$$Y(s) = Y_s(s) + Y_f(s) \tag{4.4.6}$$

分别对式(4.4.3)、式(4.4.4)及式(4.4.5)进行拉普拉斯逆变换,可求得系统的全响应 $y(t)$ 、零输入响应 $y_s(t)$ 及零状态响应 $y_f(t)$ 。

例 4.28　已知电路如图 4.4.1 所示, $e(t) = \begin{cases} -E & t<0 \\ E & t>0 \end{cases}$,求 $v_C(t)$, $v_R(t)$ 。

解　首先求出初始状态 $v_C(0_-) = -E$ 。

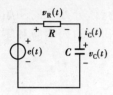

图 4.4.1 例 4.28 用图

列出微分方程

$$RC\frac{\mathrm{d}v_C(t)}{\mathrm{d}t} + v_C(t) = E \qquad t > 0$$

等式两边取拉普拉斯变换,得

$$RC[sV_C(s) - v_C(0_-)] + V_C(s) = \frac{E}{s}$$

由此可得

$$V_C(s) = \frac{\dfrac{E}{s} + RCv_C(0_-)}{1 + RCs}$$

$$= \frac{E\left(\dfrac{1}{RC} - s\right)}{s\left(s + \dfrac{1}{RC}\right)}$$

$$= E\left(\frac{1}{s} - \frac{2}{s + \dfrac{1}{RC}}\right)$$

由拉普拉斯逆变换可得

$$v_C(t) = \left(E - 2Ee^{-\frac{t}{RC}}\right)\varepsilon(t)$$

由于

$$v_R(t) = e(t) - v_C(t)$$

可得

$$v_R(t) = E - \left(E - 2Ee^{-\frac{t}{RC}}\right) = 2Ee^{-\frac{t}{RC}}\varepsilon(t)$$

例 4.29 描述某 LTI 系统的微分方程为

$$y''(t) + 5y'(t) + 6y(t) = 2f'(t) + 6f(t)$$

已知初始状态 $y(0_-) = 1$,$y'(0_-) = -1$,激励 $f(t) = \varepsilon(t)$,求系统的零输入响应、零状态响应和全响应。

解 对微分方程取拉普拉斯变换,有

$$s^2Y(s) - sy(0_-) - y'(0_-) + 5[sY(s) - y(0_-)] + 6Y(s) = 2sF(s) + 6F(s)$$

上式整理可得

$$Y(s) = Y_s(s) + Y_f(s)$$

$$= \frac{sy(0_-) + y'(0_-) + 5y(0_-)}{s^2 + 5s + 6} + \frac{2(s+3)}{s^2 + 5s + 6}F(s) \tag{4.4.7}$$

代入初始状态和 $F(s) = \dfrac{1}{s}$,得

$$Y_s(s) = \frac{sy(0_-) + y'(0_-) + 5y(0_-)}{s^2 + 5s + 6}$$

$$= \frac{s+4}{(s+2)(s+3)}$$

136

$$= \frac{2}{s+2} + \frac{-1}{s+3} \tag{4.4.8}$$

$$
\begin{aligned}
Y_f(s) &= \frac{2(s+3)}{s^2+5s+6} \cdot F(s) \\
&= \frac{2(s+3)}{s^2+5s+6} \cdot \frac{1}{s} \\
&= \frac{2(s+3)}{s(s+2)(s+3)} \\
&= \frac{2}{s(s+2)} \\
&= \frac{1}{s} + \frac{-1}{s+2}
\end{aligned} \tag{4.4.9}
$$

对式(4.4.8)、式(4.4.9)取拉普拉斯逆变换,得到零输入响应和零状态响应为

$$\begin{cases} y_s(t) = (2e^{-2t} - e^{-3t})\varepsilon(t) \\ y_f(t) = (1 - e^{-2t})\varepsilon(t) \end{cases}$$

系统全响应为

$$
\begin{aligned}
y(t) &= y_s(t) + y_f(t) \\
&= (1 + e^{-2t} - e^{-3t})\varepsilon(t)
\end{aligned}
$$

若本题只求全响应,可将初始状态和 $F(s)$ 代入式(4.4.7),整理得

$$Y(s) = \frac{s^2+6s+6}{s(s+2)(s+3)} = \frac{1}{s} + \frac{1}{s+2} + \frac{-1}{s+3}$$

对上式取拉普拉斯逆变换,得

$$y(t) = (1 + e^{-2t} - e^{-3t})\varepsilon(t)$$

由此可知,两种方法求得的结果相同。

4.4.2 拉普拉斯变换法分析电路

拉普拉斯变换将时域微分方程转换为 s 域的代数方程进行分析,便于运算。但是,对于一个含有较多动态元件的电路,列方程本身就是一个很复杂的过程。本节重点讨论利用 s 域模型直接对电路进行分析。

(1)电路元件的 s 域模型

1)电阻

图 4.4.2 所示的电阻 R 上的电压、电流关系为

$$u_R(t) = Ri_R(t) \tag{4.4.10}$$

对式(4.4.10)两端取拉普拉斯变换,可得复频域(s 域)中电阻元件上电压、电流关系为

$$U_R(s) = RI_R(s) \tag{4.4.11}$$

其中,$U_R(s)$ 是 $u_R(t)$ 的拉普拉斯变换,$I_R(s)$ 是 $i_R(t)$ 的拉普拉斯变换。由此可得电阻元件的 s 域模型,如图 4.4.3 所示。

2)电容

图 4.4.4 所示的电容 C 上的电压、电流关系为

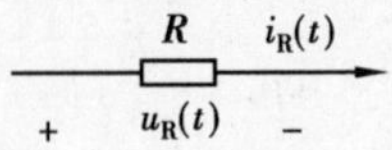

图 4.4.2　电阻的时域模型 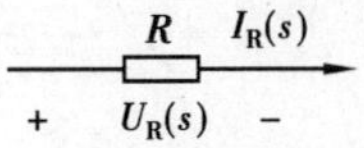　　　　　　　　　图 4.4.3　电阻的 s 域模型

$$i_C(t) = C \frac{\mathrm{d}u_C(t)}{\mathrm{d}t} \qquad (4.4.12)$$

对式(4.4.12)两端取拉普拉斯变换,可得 s 域中电容元件上电压、电流关系为

$$I_C(s) = sCU_C(s) - Cu_C(0_-) \qquad (4.4.13)$$

其中,$U_C(s)$ 是 $u_C(t)$ 的拉普拉斯变换,$I_C(s)$ 是 $i_C(t)$ 的拉普拉斯变换。式(4.4.13)也可改写为

$$U_C(s) = \frac{1}{sC}I_C(s) + \frac{1}{s}u_C(0_-) \qquad (4.4.14)$$

由上两式可得,电容元件如图 4.4.5 所示的电容的串联 s 域模型和如图 4.4.6 所示的电容的并联 s 域模型。其中,$\frac{1}{sC}$ 和 sC 分别成为电容的 s 域阻抗和导纳,$Cu_C(0_-)$ 和 $\frac{u_C(0_-)}{s}$ 则分别看作 s 域中的电流源和电压源。

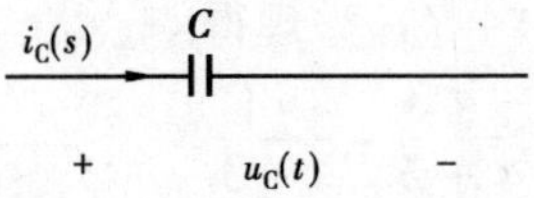

图 4.4.4　电容的时域模型 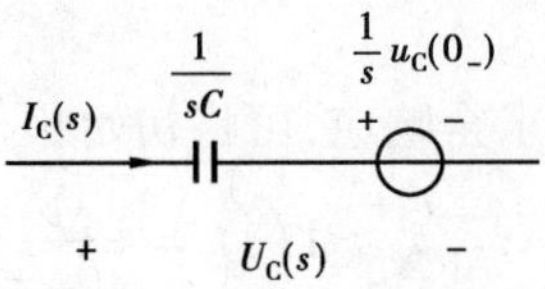　　　　　　　　　图 4.4.5　电容的 s 域串联模型

3)电感

图 4.4.7 所示的电感 L 上的电压、电流关系为

$$u_L(t) = L \frac{\mathrm{d}i_L(t)}{\mathrm{d}t} \qquad (4.4.15)$$

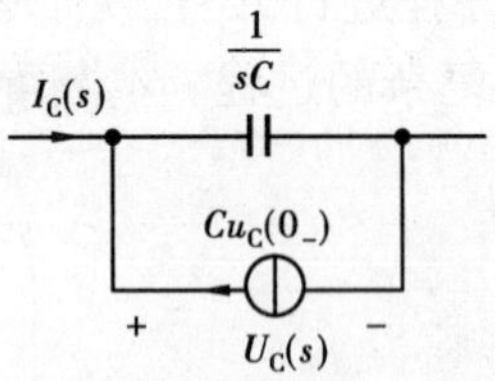

图 4.4.6　电容的 s 域并联模型 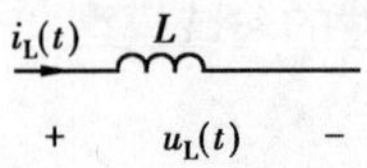　　　　　　图 4.4.7　电感的时域模型

对式(4.4.15)两端取拉普拉斯变换,可得 s 域中电感元件上电压、电流关系为

$$U_L(s) = sLI_L(s) - Li_L(0_-) \qquad (4.4.16)$$

其中,$U_L(s)$ 是 $u_L(t)$ 的拉普拉斯变换,$I_L(s)$ 是 $i_L(t)$ 的拉普拉斯变换。式(4.4.16)也可改写为

$$I_L(s) = \frac{1}{sL}U_L(s) + \frac{1}{s}i_L(0_-) \qquad (4.4.17)$$

由上两式可得,电感元件如图 4.4.8 所示的电感的 s 域串联模型,以及如图 4.4.9 所示的

电感的 s 域并联模型。其中，sL 和 $\dfrac{1}{sL}$ 分别成为电容的 s 域阻抗和导纳，$Li_L(0_-)$ 和 $\dfrac{i_L(0_-)}{s}$ 则分别看作 s 域中的电压源和电流源。

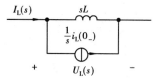

图 4.4.8　电感的 s 域串联模型　　　**图 4.4.9　电感的 s 域并联模型**

（2）s 域中的基尔霍夫定律

时域中基尔霍夫定律表达式为

$$\begin{cases} \sum i(t) = 0 \\ \sum u(t) = 0 \end{cases} \tag{4.4.18}$$

对式（4.4.18）分别取拉普拉斯变换，可得基尔霍夫定律的 s 域形式为

$$\begin{cases} \sum I(s) = 0 \\ \sum U(s) = 0 \end{cases} \tag{4.4.19}$$

式（4.4.19）表明，对于电路中任意节点，流入（或流出）该节点的电流代数和为零；对于电路中任意回路，绕该回路一周，电压代数和为零。

利用拉普拉斯变换法分析电路步骤如下：

①首先将电路中元件用其 s 域模型替换，将激励源用其象函数表示，得到整个电路的 s 域模型。

②应用所学的各种电路的分析方法对 s 域模型列 s 域方程、求解。

③得到待求响应的象函数以后，通过拉普拉斯逆变换得到响应的时域解。

上述即为拉普拉斯变换法分析线性电路的基本思路。

例 4.30　如图 4.4.10 所示电路初始状态为零状态，$t = 0$ 开关闭合，已知 $E = 1$ V，$L = 1$ H，$R = 3$ Ω，$C = 0.5$ F，试求 $i(t)$。

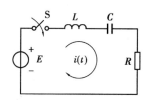　　　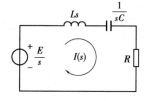

图 4.4.10　时域电路　　　　**图 4.4.11　s 域电路（$t > 0$）**

解　由初始状态为零状态可知

$$i_L(0_-) = 0 \text{ A}, \quad v_C(0_-) = 0 \text{ V}$$

变换得到 $t > 0$ 时的 s 域模型，如图 4.4.11 所示，列 s 域方程得

$$LsI(s) + RI(s) + \frac{1}{sC}I(s) = \frac{E}{s}$$

上式化简得

$$I(s) = \frac{E}{s\left(Ls + R + \frac{1}{sC}\right)} = \frac{E}{L}\frac{1}{\left(s^2 + \frac{R}{L}s + \frac{1}{LC}\right)}$$

将各参数代入上式,得

$$I(s) = \frac{1}{s^2 + 3s + 2} = \frac{1}{(s+1)(s+2)} = \frac{1}{s+1} + \frac{-1}{s+2}$$

对上式取拉普拉斯逆变换,得

$$i(t) = (e^{-t} - e^{-2t})\varepsilon(t)$$

4.5 系统函数与系统特性

4.5.1 系统函数 $H(s)$

连续系统在零状态条件下,零状态响应的象函数 $Y_f(s)$ 与激励的象函数 $F(s)$ 之比称为系统函数,用 $H(s)$ 表示,即

$$H(s) = \frac{Y_f(s)}{F(s)} \tag{4.5.1}$$

或写为

$$Y_f(s) = H(s) \cdot F(s) \tag{4.5.2}$$

根据式(4.4.5)得

$$H(s) = \frac{Y_f(s)}{F(s)} = \frac{\sum\limits_{j=0}^{M} b_j s^j}{\sum\limits_{i=1}^{N} a_i s^i} = \frac{B(s)}{A(s)} \tag{4.5.3}$$

其中,$A(s) = \sum\limits_{i=1}^{N} a_i s^i$, $B(s) = \sum\limits_{j=0}^{M} b_j s^j$, $A(s) = 0$ 称为连续系统的特征方程,其根称为特征根。

对式(4.5.2)进行拉普拉斯逆变换,可求得零状态响应,即

$$y_f(t) = L^{-1}[Y_f(s)] = L^{-1}[H(s) \cdot F(s)] \tag{4.5.4}$$

根据单位冲激响应 $h(t)$ 的定义,当 $f(t) = \delta(t)$ 时,系统的零状态响应为 $h(t)$。由于 $L[\delta(t)] = 1$,故由式(4.5.4)得

$$\begin{cases} h(t) = L^{-1}[H(s)] \\ H(s) = L[h(t)] \end{cases} \tag{4.5.5}$$

即系统的单位冲激响应 $h(t)$ 与系统函数 $H(s)$ 是一对拉普拉斯变换对。式(4.5.5)同时也提供了一种计算 $h(t)$ 的方法。根据卷积定理,由式(4.5.2)得

$$y_f(t) = h(t) * f(t) \tag{4.5.6}$$

求 $y_f(t)$ 的过程如图4.5.1所示,称为 s 域分析。

综合系统函数 $H(s)$ 的求解方法如下:

①由系统的单位冲激响应求解,即

$$H(s) = L[h(t)] \tag{4.5.7}$$

图4.5.1　s域分析法

②由 $H(s)$ 定义,即

$$H(s) \overset{\text{def}}{=} \frac{L[y_{\text{f}}(t)]}{L[f(t)]} = \frac{Y_{\text{f}}(s)}{F(s)} \tag{4.5.8}$$

③由系统的微分方程写出 $H(s)$。

由式(4.5.3)可知,系统函数 $H(s)$ 与系统的激励和初始状态无关,仅取决于系统本身的特性。这即是说,系统函数 $H(s)$ 是只取决于系统本身"内因"而与输入、输出等"外因"无关的函数。因此,$H(s)$ 可以客观地表征系统本身的诸如时域特性、频域特性、因果性及稳定性等。在讨论和分析电路(或称网络)问题时,系统函数又常称为网络函数。网络函数有明确的电路含义,但在系统理论中,常常不予区分,统称系统函数。

例4.31　如图4.5.2(a)所示的电路,若以 $i_{\text{s}}(t)$ 为输入,以 $u_1(t)$ 为输出,试求系统函数(网络函数)。

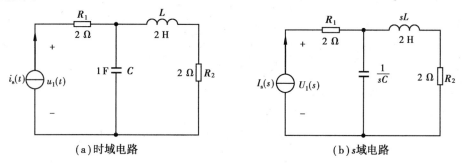

图4.5.2　例4.31 用图

解　设为零状态,画出 s 域电路模型如图4.5.2(b)所示。根据基尔霍夫电压定律,可得

$$U_1(s) = R_1 I_{\text{s}}(s) + \frac{(Ls + R_2)\dfrac{1}{Cs}}{Ls + R_2 + \dfrac{1}{Cs}} I_{\text{s}}(s)$$

$$H(s) = \frac{U_1(s)}{I_{\text{s}}(s)}$$

$$= R_1 + \frac{(Ls + R_2)\dfrac{1}{Cs}}{Ls + R_2 + \dfrac{1}{Cs}}$$

$$= 2 + \frac{(2s + 2)\dfrac{1}{s}}{2s + 2 + \dfrac{1}{s}}$$

$$= 2 + \frac{s + 1}{s^2 + s + \frac{1}{2}}$$

例 4.32 已知描述某系统的数学模型为

$$y''(t) + 3y'(t) + 2y(t) = 2f'(t) + 3f(t)$$

试求该系统的系统函数 $H(s)$。

解 在零状态下对常微分方程两边取拉普拉斯变换,得

$$s^2 Y_f(s) + 3s Y_f(s) + 2Y_f(s) = 2sF(s) + 3F(s)$$

则该系统的系统函数为

$$H(s) = \frac{Y_f(s)}{F(s)} = \frac{2s + 3}{s^2 + 3s + 2}$$

例 4.33 描述某 LTI 系统的输入输出方程为

$$y'''(t) + 6y''(t) + 11y'(t) + 6y(t) = 2f''(t) + 6y'(t) + 6y(t)$$

求该系统的冲激响应 $h(t)$。

解 冲激响应 $h(t)$ 为零状态响应,即 $y''(0_-) = y'(0_-) = y(0_-) = 0$,对方程两边取拉普拉斯变换,得

$$s^3 Y_f(s) + 6s^2 Y_f(s) + 11s Y_f(s) + 6Y_f(s) = 2s^2 F(s) + 6sF(s) + 6F(s)$$

解上式,可得

$$Y_f(s) = \frac{2s^2 + 6s + 6}{s^3 + 6s^2 + 11s + 6} F(s)$$

则该系统的系统函数为

$$H(s) = \frac{Y_f(s)}{F(s)} = \frac{2s^2 + 6s + 6}{s^3 + 6s^2 + 11s + 6}$$

$$= \frac{2s^2 + 6s + 6}{(s + 1)(s + 2)(s + 3)}$$

$$= \frac{1}{s + 1} - \frac{2}{s + 2} + \frac{3}{s + 3}$$

对上式进行拉普拉斯逆变换,得系统的冲激响应为

$$h(t) = L^{-1}[H(s)] = (e^{-t} - 2e^{-2t} + 3e^{-3t})\varepsilon(t)$$

4.5.2 系统函数的零、极点

由式(4.5.3)可知,一个 N 阶连续系统的系统函数为

$$H(s) = \frac{Y_f(s)}{F(s)} = \frac{\sum_{j=0}^{M} b_j s^j}{\sum_{i=1}^{N} a_i s^i} = \frac{B(s)}{A(s)} = \frac{b_M s^M + b_{M-1} s^{M-1} + \cdots + b_1 s + b_0}{a_N s^N + a_{N-1} s^{N-1} + \cdots + a_1 s + a_0} \quad (4.5.9)$$

其中,$A(s) = 0$ 的 N 个根 $p_1, p_2, \ldots, p_n$ 称为系统函数 $H(s)$ 的极点;$B(s) = 0$ 的 M 个根 $\xi_i, \xi_2, \cdots,$ ξ_M 称为 $H(s)$ 的零点。这样式(4.5.9)可改写为

$$H(s) = \frac{B(s)}{A(s)} = H_0 \frac{(s - \xi_1)(s - \xi_2)\cdots(s - \xi_M)}{(s - p_1)(s - p_2)\cdots(s - p_N)} = H_0 \frac{\prod_{j=1}^{M}(s - \xi_j)}{\prod_{i=1}^{N}(s - p_i)} \quad (4.5.10)$$

其中，$H_0 = \dfrac{b_M}{a_N}$ 为比例常数。极点 p_i 和零点 ξ_j 的数值有 3 种情况：实数、虚数和复数。通常 $H(s)$ 中的系数 a_i 和 b_j 都是实数，因此，零、极点中若有虚数或复数时必共扼成对出现。

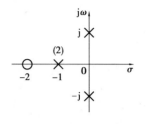

图 4.5.3　系统的零、极点分布

将系统函数 $H(s)$ 的零、极点标在 s 平面上，并用"○"表示零点，用"×"表示极点，这个图称系统函数的零、极点的分布图。因此，零、极点位置是指 $H(s)$ 的零、极点在 s 平面上的位置。如系统函数为 $H(s) = \dfrac{2(s+2)}{(s+1)^2(s^2+1)}$，其零、极点分布如图4.5.3所示。

（1）H(s)的零、极点与时域特性

系统的冲激响应 $h(t)$ 表征着系统的时域特性，$H(s)$ 的零、极点位置与系统时域特性密切相关。由 $H(s)$ 部分分式展开后求拉普拉斯逆变换得到 $h(t)$ 可知，$H(s)$ 的每个极点将决定一项对应的时间函数。因此，冲激响应 $h(t)$ 的函数形式取决于 $H(s)$ 的极点，而幅度和相角由极点和零点共同决定。也就是说，$h(t)$ 完全取决于 $H(s)$ 零、极点在 s 平面上的分布情况。下面简要讨论 $H(s)$ 的极点与 $h(t)$ 的关系。按 $H(s)$ 的极点在 s 平面上的位置可分为极点在左半开平面、虚轴上和右半开平面 3 种情况。下面先讨论一阶极点情况。

1）一阶极点

如果 $H(s)$ 的极点 $p_1, p_2, \cdots, p_N$ 都是一阶极点，则式（4.5.10）可展开成部分分式，即

$$H(s) = \sum_{i=1}^{N} \frac{k_i}{s - p_i} \tag{4.5.11}$$

其中，k_i 是部分分式的系数，与 $H(s)$ 的零点分布有关。p_i 可以是实数，也可以是复数。$H(s)$ 的每一个极点将决定一项对应的时间函数，当 p_i 为一些不同的值时，$h(t)$ 会有不同的函数特性，具体如下：

①$H(s)$ 的极点位于 s 平面的坐标原点。此时 $p_i = 0$，则 $H_i(s) = \dfrac{k_i}{s}$，其对应的冲激响应为 $h(t) = k_i \varepsilon(t)$，这是一个阶跃函数。

②$H(s)$ 的极点位于 s 平面的实轴上。此时 $p_i = \alpha$（α 为实数），则 $H_i(s) = \dfrac{k_i}{s - \alpha}$，其对应的冲激响应为 $h(t) = k_i \mathrm{e}^{\alpha t} \varepsilon(t)$。当 $\alpha > 0$ 时，极点位于 s 平面的正实轴上，冲激响应为随时间增长的指数函数；当 $\alpha < 0$ 时，极点位于 s 平面的负实轴上，冲激响应为随时间衰减的指数函数。

③$H(s)$ 的极点位于 s 平面的虚轴上（不包括原点）。此时，极点一定是一对共轭虚极点，即 $p_{1,2} = \pm \mathrm{j} \omega_0$（$\omega_0$ 为实数）。其对应的冲激响应为 $h(t) = \sin(\omega_0 t) \varepsilon(t)$，这是一个等幅振荡的正弦函数，振荡角频率为 ω_0。

④$H(s)$ 的极点位于除实轴和虚轴之外的区域。此时，极点是共轭复数（不包括纯虚数），$p_{1,2} = \alpha \pm \mathrm{j} \omega_0$，其对应的冲激响应为 $h(t) = \mathrm{e}^{\alpha t} \sin(\omega_0 t) \varepsilon(t)$。当 $\alpha > 0$ 时，极点位于 s 平面的右半平面上，冲激响应为增幅振荡的正弦函数；当 $\alpha < 0$ 时，极点位于 s 平面的左半平面上，冲激响应为减幅振荡的正弦函数。

图 4.5.4 所示绘出了 $H(s)$ 的一阶极点在 s 平面分布与时域响应之间的对应关系。

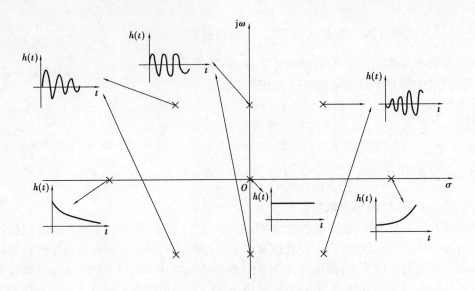

图 4.5.4　连续系统 $H(s)$ 的一阶极点分布与 $h(t)$ 的关系

2）二阶极点

如果 $H(s)$ 在实轴上有二阶实极点 $p_i = \alpha$，则 $H(s)$ 可写为

$$H_i(s) = \frac{s + b}{(s - \alpha)^2} \tag{4.5.12}$$

它在 $\xi = -b$ 处有一零点，对应的冲激响应为

$$h_i(t) = [(b + \alpha)t + 1]e^{\alpha t}\varepsilon(t) \tag{4.5.13}$$

讨论 α 的取值情况：若 $\alpha < 0$，极点在左半开平面的负实轴上。在 t 较小时，$h_i(t)$ 随 t 的增长而增长，但当 t 较大时，$h_i(t)$ 仍是衰减的。当 $t \to \infty$ 时，$h_i(t) \to 0$。若 $\alpha = 0$ 或 $\alpha > 0$，极点在坐标原点或右半开平面的正实轴上，这时 $h_i(t)$ 的幅度都将随 t 的增加而增长，当 $t \to \infty$ 时，$h_i(t) \to \infty$。

若 $H_i(s)$ 有二阶共轭极点 $p_{1,2} = \alpha \pm j\beta$，则 $H_i(s)$ 的分母为 $[(s - \alpha)^2 + \beta^2]^2$，其拉普拉斯逆变换为

$$h_i(t) = c_1 t e^{\alpha t}\cos(\beta t + \theta) + c_2 t e^{\alpha t}\cos(\beta t + \varphi) \tag{4.5.14}$$

其中，$c_1, c_2, \theta, \varphi$ 是与零、极点位置有关的常数。

讨论 α 的取值情况：若 $\alpha < 0$，极点在左半开平面；当 t 较大时，式（4.5.14）中两项都是衰减的；当 $t \to \infty$ 时，$h_i(t) \to 0$。若 $\alpha = 0$ 或 $\alpha > 0$，极点在虚轴或右半开平面；当 t 增加时，$h_i(t)$ 的幅度将随之增加；当 $t \to \infty$ 时，$h_i(t) \to \infty$。

如果 $H_i(s)$ 含有更高阶极点，那么其相应的冲击响应 $h_i(t)$ 随时间 t 的变化规律与二阶极点相似，这里就不再讨论了。

由以上讨论可归纳出以下结论：线性时不变连续系统的冲激响应 $h(t)$ 的各分量 $h_i(t)$ 的函数形式取决于相对应极点的位置，而其幅度和相角则由极点和零点的位置共同决定。对于因果系统综合归纳如下：

①$H(s)$ 在左半开平面上的极点所对应的时域响应函数都是衰减的，当 $t \to \infty$ 时，$h(t) \to 0$。因此，极点全部在左半开平面的系统是稳定的系统。

②$H(s)$ 在虚轴上的一阶极点所对应的时域响应函数的幅度不随时间变化，这时系统为临

界稳定。

③$H(s)$在虚轴上的二阶及高阶极点或在右半开平面上的极点,其所对应的时域响应函数都随时间的增长而增大,当 $t \to \infty$ 时,$h(t) \to \infty$,有这样极点的系统都是不稳定的。

对系统稳定性的详细讨论详见 4.5.3 小节。

例 4.34　设系统函数 $H(s) = \dfrac{s+3}{(s+3)^2+2^2}$,求零、极点,画出零、极点图,并求冲激响应 $h(t)$。

解　该系统函数可表示为

$$H(s) = \frac{s+3}{(s+3-2j)(s+3+2j)}$$

零点 $\xi = -3$,极点 $p_1 = -3+2j, p_2 = -3-2j$。

零、极点图如图 4.5.5 所示。

$$H(s) = \frac{s+3}{(s+3-2j)(s+3+2j)}$$

$$= \frac{k_1}{s+3-2j} + \frac{k_2}{s+3+2j}$$

$$k_1 = (s+3-2j)H(s)\Big|_{s=-3+2j} = \frac{s+3}{s+3+2j}\Big|_{s=-3+2j} = \frac{1}{2}$$

$$k_2 = k_1^* = \frac{1}{2}$$

系统的冲激响应为

$$h(t) = e^{-3t}\cos(2t)\varepsilon(t)$$

例 4.35　已知 $H(s)$ 的零、极点分布图如图 4.5.6 所示,并且 $h(0_+)=2$,求 $H(s)$ 的表达式。

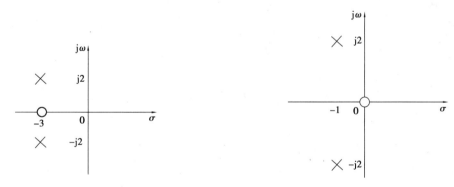

图 4.5.5　例 4.34 系统零、极点分布图　　　　图 4.5.6　例 4.35 图

解　极点 $p_1 = -1+j2, p_2 = -1-j2$,零点 $\xi = 0$,故系统函数为

$$H(s) = \frac{ks}{(s+1-j2)(s+1+j2)}$$

$$= \frac{ks}{s^2+2s+5}$$

根据初值定理,有

$$h(0_+) = \lim_{s \to \infty} sH(s)$$

$$= \lim_{s \to \infty} \frac{ks^2}{s^2 + 2s + 5}$$

$$= k$$

$$= 2$$

系统函数为

$$H(s) = \frac{2s}{s^2 + 2s + 5}$$

由此可知,由系统函数 $H(s)$ 可得到零、极点图,也可由零、极点图得到系统函数 $H(s)$。

(2) 系统函数的零、极点与频域特性的关系

系统的频域特性与 $H(s)$ 的零、极点也有密切关系。分析表明,只要 $H(s)$ 的极点均在 s 平面的左半开平面,那么它在虚轴上 $(s = j\omega)$ 也收敛,则系统的频率响应函数为

$$H(j\omega) = H(s) \big|_{s = j\omega}$$

$$= H_0 \frac{\prod\limits_{j=1}^{M}(j\omega - \xi_i)}{\prod\limits_{i=1}^{N}(j\omega - p_i)} \tag{4.5.15}$$

在 s 平面上,任意复数(常数或变数)都可用有向线段表示,可称为矢量。

对于任意极点 p_i 和零点 ξ_j,令

$$\begin{cases} j\omega - p_i = A_i e^{j\theta_i} \\ j\omega - \xi_j = B_j e^{j\phi_j} \end{cases} \tag{4.5.16}$$

式(4.5.16)中 A_i,B_j 分别是差矢量 $j\omega - p_i$ 和 $j\omega - \xi_j$ 的模,θ_i,ϕ_j 是它们的辐角,如图4.5.7所示。于是根据式(4.5.15),系统函数可写为

$$H(j\omega) = H_0 \frac{B_1 B_2 \cdots B_M e^{j(\phi_1 + \phi_2 + \cdots + \phi_M)}}{A_1 A_2 \cdots A_N e^{j(\theta_1 + \theta_2 + \cdots + \theta_N)}} = |H(j\omega)| e^{j\phi(\omega)} \tag{4.5.17}$$

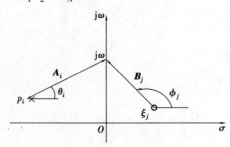

图 4.5.7 零、极点矢量

其幅频响应为

$$|H(j\omega)| = H_0 \frac{B_1 B_2 \cdots B_M}{A_1 A_2 \cdots A_N} \tag{4.5.18}$$

其相频响应为

$$\phi(\omega) = (\phi_1 + \phi_2 + \cdots \phi_M) - (\theta_1 + \theta_2 + \cdots + \theta_N) \tag{4.5.19}$$

将频率 ω 从0(或 $-\infty$)变化到 $+\infty$,根据各矢量模和辐角的变化,就可大致画出幅频响

应和相频响应曲线。

例 4.36　某线性系统的系统函数的零、极点如图 4.5.8 所示,已知 $H(0)=1$。

1)求该系统的冲激响应和阶跃响应;

2)若该系统的零状态响应为 $y_f(t)=\left(\dfrac{1}{2}e^{-t}-e^{-2t}+\dfrac{1}{2}e^{-3t}\right)\varepsilon(t)$,求其激励 $f(t)$;

3)大致画出系统的幅频特性曲线和相频特性曲线。

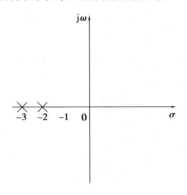

图 4.5.8　例 4.36 用图

解　1)根据图 4.5.8,得

$$H(s)=\frac{k}{(s+2)(s+3)}$$

因为 $H(0)=1$,故 $k=6$,则

$$H(s)=\frac{6}{(s+2)(s+3)}$$

$$=\frac{6}{s+2}-\frac{6}{s+3}$$

对上式取拉普拉斯逆变换,得

$$h(t)=6(e^{-2t}-e^{-3t})\varepsilon(t)$$

其阶跃响应为

$$g(t)=\int_0^t h(\tau)\mathrm{d}\tau=[1-3e^{-2t}+2e^{-3t}]\varepsilon(t)$$

2)由题意可知,系统的零状态响应为 $y_f(t)$,则其象函数为

$$Y_f(s)=\frac{1}{2}\frac{1}{s+1}-\frac{1}{s+2}+\frac{1}{2}\frac{1}{s+3}=\frac{1}{(s+1)(s+2)(s+3)}$$

由系统函数的定义,得

$$F(s)=\frac{Y_f(s)}{H(s)}=\frac{(s+2)(s+3)}{6(s+1)(s+2)(s+3)}=\frac{1}{6(s+1)}$$

对上式取拉普拉斯逆变换,得

$$f(t)=\frac{1}{6}e^{-t}\varepsilon(t)$$

3)因为极点均在左半开平面,故 $H(s)$ 在虚轴上收敛,该系统的频率响应函数为

$$
\begin{aligned}
H(\mathrm{j}\omega) &= H(s)\big|_{s=\mathrm{j}\omega} \\
&= \frac{6}{(\mathrm{j}\omega+2)(\mathrm{j}\omega+3)} \\
&= \frac{6}{A_1 \mathrm{e}^{\mathrm{j}\phi_1} A_2 \mathrm{e}^{\mathrm{j}\phi_2}} \\
&= |H(\mathrm{j}\omega)| \mathrm{e}^{\mathrm{j}\phi}
\end{aligned}
$$

其中,$\mathrm{j}\omega+2 = A_1 \mathrm{e}^{\mathrm{j}\phi_1}$,$\mathrm{j}\omega+3 = A_2 \mathrm{e}^{\mathrm{j}\phi_2}$,如图4.5.9所示。上式可改写为

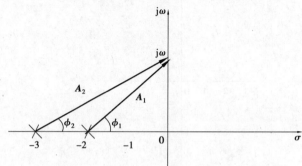

图 4.5.9　例 4.36 零、极点矢量

$$
\begin{aligned}
H(\mathrm{j}\omega) &= \frac{6}{A_1 \mathrm{e}^{\mathrm{j}\phi_1} A_2 \mathrm{e}^{\mathrm{j}\phi_2}} \\
&= \frac{6}{A_1 A_2} \mathrm{e}^{\mathrm{j}(-\phi_1-\phi_2)} \quad\quad (4.5.20) \\
&= |H(\mathrm{j}\omega)| \mathrm{e}^{\mathrm{j}\phi}
\end{aligned}
$$

其中,幅频特性和相频特性分别为

$$
\begin{cases}
|H(\mathrm{j}\omega)| = \dfrac{6}{A_1 A_2} \\
\phi(\omega) = -(\phi_1 + \phi_2)
\end{cases}
\quad\quad (4.5.21)
$$

根据式(4.5.21)可分别画出其幅频曲线(如图4.5.10所示)和相频曲线(如图4.5.11所示)。

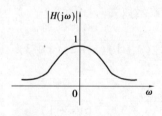

图 4.5.10　幅频曲线

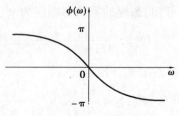

图 4.5.11　相频曲线

4.5.3　系统的因果性和稳定性

(1)因果性

设线性时不变系统的激励为$f(t)$,其零状态响应为$y_{\mathrm{f}}(t)$。若系统对所有满足$f(t)=0$

148

$(t<0)$ 的 $f(t)$ 都有

$$y_f(t) = 0 \qquad t < 0 \tag{4.5.22}$$

则称该系统为因果系统。显然，当 $f(t)=\delta(t)$ 时，由于 $t<0$，$f(t)=\delta(t)=0$，因果系统必有

$$h(t) = 0 \qquad t < 0 \tag{4.5.23}$$

式(4.5.23)为因果连续系统的充分和必要条件。若从系统函数 $H(s)$ 来看系统的因果性，凡是 $H(s)$ 收敛域为 $Re[s]>\sigma_0$ 以右的半平面的系统均为因果系统。实际上，所遇到的物理可实现的系统都属于因果系统。

(2) 稳定性

一个连续系统，如果激励 $f(t)$ 是有界的，其零状态响应 $y_f(t)$ 也是有界的，则称该系统为稳定的连续系统。即对所有的

$$|f(t)| \leqslant M_f \tag{4.5.24}$$

其零状态响应

$$|y_f(t)| \leqslant M_y \tag{4.5.25}$$

则称该系统是稳定的，式(4.5.24)、式(4.5.25)中的 M_f，M_y 为有界正实常数。可以证明，连续时间稳定系统的充分和必要条件为

$$\int_{-\infty}^{\infty} |h(t)| \, dt \leqslant M \tag{4.5.26}$$

式(4.5.26)中 M 为有界正实常数。也就是说，$h(t)$ 满足绝对可积，则称该系统是稳定的；$h(t)$ 不满足绝对可积，则称该系统是不稳定的。

若系统是因果的，式(4.5.26)可改写为

$$\int_{0}^{\infty} |h(t)| \, dt \leqslant M \tag{4.5.27}$$

应用式(4.5.26)或式(4.5.27)可以判定系统的稳定性，但计算过程是烦琐的。如果联系 $H(s)$ 的极点位置与冲激响应的关系，显然可知：

①若 $H(s)$ 的极点全部在 s 左半开平面，那么其冲激响应的各分量 $h(t)$ 都是随 t 的增长而衰减的，因此，满足式(4.5.27)，该因果系统是稳定的。

②若 $H(s)$ 中有一个极点位于 s 右半开平面，这时 $h(t)$ 中必然有与之对应的分量是随 t 增长的，即它不满足式(4.5.27)，这样的系统为不稳定系统。

③若 $H(s)$ 没有位于 s 右半开平面的极点，但有位于虚轴上的一阶极点，这时 $h(t)$ 中就必有等幅正弦振荡型或阶跃函数型分量。从严格对照式(4.5.27)稳定的"充分必要"条件来看，它是不满足的，它属于不稳定系统。但在实际中，考虑到这种情况的 $h(t)$，当 $t\to\infty$ 时，$h(\infty)\neq\infty$ 而是等于有限的数值，所以习惯上又将这种情况的系统称为临界稳定系统。若虚轴上有 $H(s)$ 的高阶极点，则还是属于不稳定系统。

④因 $H(s)$ 的零点仅影响冲激响应 $h(t)$ 的幅度与相位，所以 $H(s)$ 的零点位置不影响系统的稳定性。

判别系统是否稳定的简便方法，就是求系统函数 $H(s)$ 的分母多项式 $A(s)$ 的根，看 $H(s)$ 的极点属于上述的哪一种情况。对于低阶系统，易于解得 $A(s)=0$ 根的情况，对于高阶系统，读者可参阅有关资料。

例 4.37　已知某线性时不变系统的系统函数为

$$H(s) = \frac{s+1}{s^2 + 2s + 5} \qquad Re[s] > -2$$

试判断该系统的稳定性。

解 由于 $H(s)$ 的收敛域 $Re[s] > -2$,可知该系统为因果系统。令

$$A(s) = s^2 + 2s + 5 = 0$$

求得极点为

$$p_{1,2} = \frac{-2 \pm \sqrt{2^2 - 4 \times 1 \times 5}}{2} = -1 \pm j2$$

两极点均在左半开平面,故该系统是稳定的。

例 4.38 已知某线性时不变系统的系统函数为

$$H(s) = \frac{s+8}{s^2 - s - 2}$$

试判断该系统是否稳定。

解 本题没有标注 $H(s)$ 的收敛域,但所遇到的都是因果系统,因此认可为因果系统。$H(s)$ 的分母

$$A(s) = s^2 - s - 2 = (s-2)(s+1) = 0$$

则

$$p_1 = 2, p_2 = -1$$

因为 p_1 极点位于右半开平面,所以该系统不稳定。

4.6 连续系统的表示

4.6.1 连续系统的框图表示

系统分析中常遇到用时域框图描述的系统,这时可根据系统框图中各基本运算部件的运算关系列出该系统的微分方程,然后求解。若根据系统的时域框图画出相应的 s 域框图,就可直接按 s 域框图列写有关象函数的代数方程,然后解出响应的象函数,取其逆变换求得系统的响应,使其运算简便。

连续系统的框图表示中常使用 3 种理想的运算器,即加法器、数乘器(或称标量乘法器)和积分器。时域的加法器、数乘器及积分器已经在 1.5.2 小节讨论过了,它们的图形如图 1.5.3 所示。现在介绍 s 域的加法器、数乘器及积分器。图 4.6.1 分别画出了加法器、数乘器及积分器的 s 域的表示符号及其运算关系。

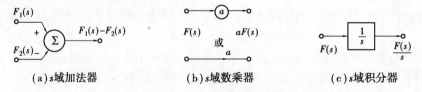

(a) s 域加法器   (b) s 域数乘器   (c) s 域积分器

图 4.6.1 加法器、数乘器及积分器的 s 域框图

需要说明的是,积分器和微分器理论上都可用来表示连续系统,但在实际运用中常采用积分器。这是因为微分器的频率响应函数 $H(j\omega) = j\omega$,并随 ω 增加而线性增大,不利于抑制外来高频干扰。积分器的频响特性对外来高频干扰有较好的抑制作用。因此,积分器抗干扰性能比微分器好,这正是积分器在连续系统表示中能得到广泛应用的原因所在。

例 4.39　描述某系统的微分方程为
$$y''(t) + a_1 y'(t) + a_0 y(t) = f(t)$$
画出该系统的时域框图和零状态下的 s 域框图。

解　将系统的微分方程移项,可得
$$y''(t) = -a_1 y'(t) - a_0 y(t) + f(t) \tag{4.6.1}$$

由于式(4.6.1)中最高导数项为二阶导数,故需两个积分器。最高导数项 $y''(t)$ 应为加法器输出,并作为第一个积分器的输入,以后每经过一个积分器,输出信号的导数就降低一阶,直到获得输出信号 $y(t)$ 为止。式(4.6.1)中的 a_0 和 a_1 画成数乘器,这样由式(4.6.1)画出该系统的时域框图如图 4.6.2(a)所示。若初始状态全为零,对式(4.6.1)两边取拉普拉斯变换后,用与画时域框图的类似方法,画出该系统的零状态情况的 s 域框图如图 4.6.2(b)所示。由图 4.6.2 可知,这两种框图的结构完全相同,只是时域框图中时间函数的变量代换以象函数的变量,积分器框中"$\int$"符号代换以 $\dfrac{1}{s}$。

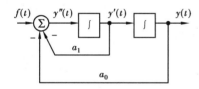 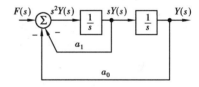

　　　　(a)系统的时域框图　　　　　　　　　(b)系统的 s 域框图

图 4.6.2　例 4.39 用图

例 4.40　如图 4.6.3(a)所示为某 LTI 系统的时域框图。试求:

1)系统函数和冲激响应 $h(t)$;

2)写出系统的微分方程;

3)若输入 $f(t) = e^{-3t}\varepsilon(t)$,求零状态响应 $y_f(t)$。

解　1)画出 s 域框图如图 4.6.3(b)所示。设图 4.6.3(b)左边加法器输入端的输出为 $X(s)$,各积分器的输出如图示,可知

$$X(s) = F(s) - 3s^{-1}X(s) - 2s^{-2}X(s)$$

由上式解得

$$X(s) = \frac{1}{1 + 3s^{-1} + 2s^{-2}}F(s) \tag{4.6.2}$$

输出端的加法器输出为

$$Y_f(s) = s^{-1}X(s) - s^{-2}X(s)$$
$$= (s^{-1} - s^{-2})X(s) \tag{4.6.3}$$

将式(4.6.2)代入式(4.6.3),得

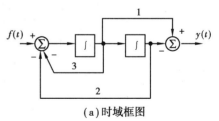

(a)时域框图

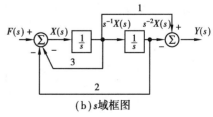

(b) s 域框图

图 4.6.3　例 4.40 用图

$$Y_f(s) = \frac{s^{-1} - s^{-2}}{1 + 3s^{-1} + 2s^{-2}} F(s)$$

因此,系统函数为

$$
\begin{aligned}
H(s) &= \frac{Y_f(s)}{F(s)} \\
&= \frac{s^{-1} - s^{-2}}{1 + 3s^{-1} + 2s^{-2}} \\
&= \frac{s - 1}{s^2 + 3s + 2} \\
&= \frac{-2}{s + 1} + \frac{3}{s + 2}
\end{aligned}
$$

冲激响应为

$$
\begin{aligned}
h(t) &= L^{-1}[H(s)] \\
&= (3e^{-2t} - 2e^{-t})\varepsilon(t)
\end{aligned}
$$

2)由于

$$
\begin{aligned}
H(s) &= \frac{Y_f(s)}{F(s)} \\
&= \frac{s - 1}{s^2 + 3s + 2}
\end{aligned}
$$

故

$$(s^2 + 3s + 2)Y_f(s) = sF(s) - F(s)$$

即

$$s^2 Y_f(s) + 3sY_f(s) + 2Y_f(s) = sF(s) - F(s)$$

系统的微分方程为

$$y''(t) + 3y'(t) + 2y(t) = f'(t) - f(t)$$

3)当 $f(t) = e^{-3t}\varepsilon(t)$ 时,则

$$
\begin{aligned}
F(s) &= L[f(t)] \\
&= \frac{1}{s + 3}
\end{aligned}
$$

又因为 $Y_f(s) = H(s)F(s)$,则有

$$
\begin{aligned}
Y_f(s) &= \frac{s - 1}{(s + 1)(s + 2)} \cdot \frac{1}{s + 3} \\
&= \frac{-1}{s + 1} + \frac{3}{s + 2} + \frac{-2}{s + 3}
\end{aligned}
$$

对上式求拉普拉斯逆变换,得系统的零状态响应为

$$y_f(t) = (-2e^{-3t} + 3e^{-2t} - e^{-t})\varepsilon(t)$$

4.6.2 连续系统的信号流图表示

前面已经知道,用方框图描述系统比用微分方程更为直观。对于零状态系统,其时域框图与 s 域框图具有相同的形式。系统描述除了框图以外还有表示更加简明的信号流图。信号流图是用有向的线段和点描述线性方程组变量间因果关系的一种图,用它来描述系统比方

框图更为简便。图 4.6.4(a)所示的框图表征了 $F(s)$ 与输出 $Y(s)$ 的关系,其输出为

$$Y(s) = H(s)F(s) \tag{4.6.4}$$

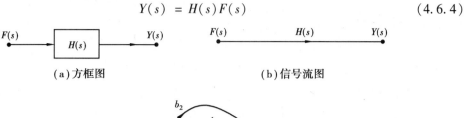

(a)方框图   (b)信号流图

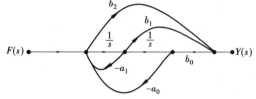

(c)二阶连续系统的信号流图

图 4.6.4 系统的信号流图的表示法

系统的信号流图,就是用一些点和线段来描述系统。如图 4.6.4(a)所示的方框图,可由图 4.6.4(b)所示的输入指向输出的有向线段表示。它的起点标记为 $F(s)$,终点标记为 $Y(s)$,这些点称为结点,结点是表示系统中变量或信号的点。线段表示信号传输的路径,称为支路,信号的传输方向用箭头表示。系统函数 $H(s)$ 标记在线段的一侧,称为该支路的增益,所以每条支路相当于标量乘法器。图 4.6.4(c)所示为二阶连续系统的信号流图。

一般而言,信号流图是一种赋权的有向图,它由连接在结点间的有向支路构成。它的一些术语定义如下:

(1)结点和支路

信号流图中的每个结点对应于一个变量或信号。连接两结点间的有向线段称为支路,每条支路的权值是该两结点间的系统函数。

(2)源点与汇点

仅有出支路的结点称为源点(输入点),如图 4.6.5 中的 x_1。仅有入支路的结点称为汇点(输出点),如图 4.6.5 中的 x_5。

(3)通路

从任一结点出发沿着箭头方向连续经过各相连的不同的支路和结点到达另一结点的路径,称为通路。通路包含开通路、闭通路或回路(或环路)、不接触回路、自回路(自环)等。

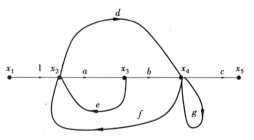

图 4.6.5 信号流图的示意图

(4)开通路

如果通路与任一结点相遇不多于一次称为开通路。图 4.6.5 所示的 $x_1 \xrightarrow{1} x_2 \xrightarrow{a} x_3 \xrightarrow{b} x_4 \rightarrow x_5$,$x_4 \xrightarrow{f} x_2 \xrightarrow{a} x_3$ 等都是开通路。

(5)回路

如果通路的起点就是通路的终点(与其余结点相遇不多于一次),则称为闭通路或回路

（或环路）。如图 4.6.5 所示的 $x_2 \xrightarrow{a} x_3 \xrightarrow{e} x_2, x_2 \xrightarrow{a} x_3 \xrightarrow{b} x_4 \xrightarrow{f} x_2$ 等都是回路。

(6)不接触回路

相互没有公共结点的回路称之为不接触回路。图 4.6.5 所示的 $x_2 \xrightarrow{a} x_3 \xrightarrow{e} x_2$ 与 $x_4 \xrightarrow{g} x_4$ 是不接触回路。

(7)自回路(自环)

只有一个结点和一条支路的回路称为自回路(自环)，图 4.6.5 所示的 $x_4 \xrightarrow{g} x_4$ 是自环。

从源点到汇点的开通路称为前向通路。通路(开通路或回路)中各支路增益的乘积称为通路增益(或回路增益)。

梅森(Mason)公式可根据信号流图很方便地求得输入输出间的系统函数。梅森公式为

$$H(s) = \frac{1}{\Delta} \sum_k P_k \Delta_k \tag{4.6.5}$$

其中，Δ 称为信号流图的特征行列式，k 表示由源点到汇点的第 k 条前向通路的标号；P_k 是由源点到汇点的第 k 条前向通路的增益；Δ_k 是第 k 条前向通路特征行列式的余因子，它是与第 k 条前向通路不相接触的子图的特征行列式。Δ 具体表示为

$$\Delta = 1 - \sum_a L_a + \sum_{b,c} L_b L_c - \sum_{d,e,f} L_d L_e L_f + \cdots \tag{4.6.6}$$

其中，$\sum_a L_a$ 是所有不同回路的增益之和；$\sum_{b,c} L_b L_c$ 是所有两两不接触回路的增益乘积之和；$\sum_{d,e,f} L_d L_e L_f$ 是所有 3 个都互不接触回路的增益乘积之和。

例 4.41　求如图 4.6.6 所示的信号流图的系统函数。

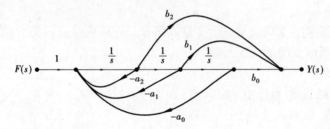

图 4.6.6　**例** 4.41 **图**

解　图 4.6.6 共有 3 个回路，先求出与特征行列式 Δ 有关的参数，各回路的增益为

$$\begin{cases} L_1 = -a_2 s^{-1} \\ L_2 = -a_1 s^{-2} \\ L_3 = -a_0 s^{-3} \end{cases}$$

图 4.6.6 中没有两两互不接触的回路，因此得

$$\Delta = 1 - \sum_a L_a$$
$$= 1 - (-a_2 s^{-1} - a_1 s^{-2} - a_0 s^{-3})$$
$$= 1 + a_2 s^{-1} + a_1 s^{-2} + a_0 s^{-3}$$

再求其他参数。图 4.6.6 中有 3 条前向通路，由于所有回路都与 3 条前向通路有接触，因此有

$$\begin{cases} P_1\Delta_1 = b_2 s^{-1} \\ P_2\Delta_2 = b_1 s^{-2} \\ P_3\Delta_3 = b_0 s^{-3} \end{cases}$$

由梅森公式得

$$H(s) = \frac{Y(s)}{F(s)}$$

$$= \frac{1}{\Delta} \sum_k P_k \Delta_k$$

$$= \frac{b_2 s^{-1} + b_1 s^{-2} + b_0 s^{-3}}{1 + a_2 s^{-1} + a_1 s^{-2} + a_0 s^{-1}}$$

$$= \frac{b_2 s^2 + b_1 s + b_0}{s^3 + a_2 s^2 + a_1 s + a_0}$$

习题 4

4.1　试求如题图4.1所示的三角脉冲函数$f(t)$的象函数。

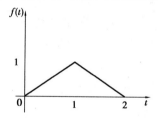

题图4.1

4.2　求下列函数的单边拉普拉斯变换：

(1)$2 - \mathrm{e}^{-t}$　　　　　　　　　　　　(2)$\delta(t) + \mathrm{e}^{-3t}$

(3)$\mathrm{e}^{-2t}\cos t$　　　　　　　　　　　　(4)$\mathrm{e}^{2t}\varepsilon(t)$

4.3　已知$f(t) = \sqrt{2}\mathrm{e}^{-t}\cos\left(t + \dfrac{\pi}{4}\right)\varepsilon(t)$，求$F(s)$。

4.4　试求$\mathrm{e}^{-\alpha t}\cos \omega_0 t$的拉普拉斯变换。

4.5　试求下列函数$f(t)$的象函数$F(s)$：

(1)$f(t) = t\mathrm{e}^{-(t-3)}\varepsilon(t-1)$　　　　　(2)$f(t) = \mathrm{e}^{-t}\varepsilon(t) + \mathrm{e}^{-4t}\varepsilon(t)$

(3)$f(t) = t\mathrm{e}^{-t}\varepsilon(t)$　　　　　　　　(4)$f(t) = \mathrm{e}^{-t}\varepsilon(t) + \delta(t)$

4.6　试求$F(s) = \dfrac{s+5}{s(s^2+2s+5)}$的原函数。

4.7　试求$F(s) = \dfrac{s^2}{(s+2)(s+1)^2}$的原函数。

4.8　求下列象函数的原函数：

(1)$F(s) = \dfrac{\mathrm{e}^{-s}}{s(2s+1)}$　　　　　　　　(2)$F(s) = \dfrac{s^2+2}{s^2+1}$

$(3)\ F(s) = \dfrac{8}{s^2(s^2+4)}$ $\qquad$ $(4)\ F(s) = \dfrac{1}{s^2+16}$

$(5)\ F(s) = \dfrac{s}{s^2+16}$ $\qquad$ $(6)\ F(s) = \dfrac{-1}{s^2+5s+6}$

$(7)\ F(s) = \dfrac{-s^2}{s^2+5s+6}$ $\qquad$ $(8)\ F(s) = \dfrac{e^{-2s-6}}{s+3}$

4.9 求下列象函数的单边拉普拉斯逆变换：

$(1)\ F(s) = \dfrac{s+1}{s^2+5s+6}$ $\qquad$ $(2)\ F(s) = \dfrac{2s^2+s+2}{s(s^2+1)}$

$(3)\ F(s) = \dfrac{1}{s^2+3s+2}$ $\qquad$ $(4)\ F(s) = \dfrac{4}{s(s+2)^2}$

$(5)\ F(s) = 1 - e^{-s}$ $\qquad$ $(6)\ F(s) = \dfrac{1-e^{-s}}{s+2}$

$(7)\ F(s) = \dfrac{1-e^{-2s}}{s(1-e^{-s})}$ $\qquad$ $(8)\ F(s) = \dfrac{s}{s+1}$

4.10 已知象函数 $F(s) = \dfrac{s+2}{s^2+5s+6}$，收敛域 $Re[s] > -2$，试求其拉普拉斯逆变换。

4.11 已知象函数 $F(s) = \dfrac{e^{-2s-6}}{s+3}$，试求其拉普拉斯逆变换。

4.12 连续时间因果 LTI 系统的微分方程和起始条件为

$$\begin{cases} y''(t) + 5y'(t) + 4y(t) = 2f'(t) + 5f(t) \\ y(0_-) = 2, y'(0_-) = 5 \end{cases}$$

当输入为 $f(t) = e^{-2t}\varepsilon(t)$ 时，试用拉普拉斯变换的方法求系统的零输入响应 $y_s(t)$、零状态响应 $y_f(t)$ 以及系统的全响应 $y(t)$。

4.13 描述某线性时不变系统的微分方程为

$$y''(t) + 5y'(t) + 6y(t) = 3f(t)$$

用拉普拉斯变换法求该系统的冲激响应和阶跃响应。

4.14 已知电路如题图 4.2 所示，$t = 0$ 以前开关位于"1"，电路已进入稳态，$t = 0$ 时刻转至"2"，用拉普拉斯变换法求电流 $i(t)$ 的全响应。

4.15 已知电路如题图 4.3 所示，用拉普拉斯变换法：

(1)求系统的冲激响应；

(2)求系统的起始状态 $i_L(0_-)$，$v_C(0_-)$，使系统的零输入响应等于冲激响应；

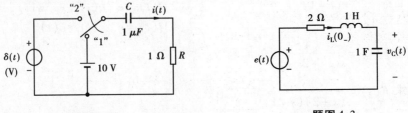

题图 4.2 $\qquad\qquad\qquad\qquad$ 题图 4.3

4.16 在如题图 4.4 所示的系统中，已知 $h_a(t) = \delta(t-1)$，$h_b(t) = \varepsilon(t) - \varepsilon(t-2)$，用拉普拉斯变换法求系统函数 $H(s)$ 和冲激响应 $h(t)$，并画出其波形。

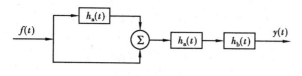

题图 4.4

4.17 已知某线性时不变系统输入为 $f(t)$、输出为 $y(t)$，系统的单位冲激响应 $h(t) = \frac{1}{2}e^{-t}\varepsilon(t)$。若输入信号 $f(t) = e^{-2t}\varepsilon(t)$，用拉普拉斯变换法求系统输出的零状态响应 $y_f(t)$。

4.18 已知某二阶线性时不变系统的微分方程及初始条件为

$$\begin{cases} y''(t) + 1.5y'(t) + 0.5y(t) = 5e^{-3t}\varepsilon(t) \\ y(0_-) = 1, \qquad y'(0_-) = 0 \end{cases}$$

用拉普拉斯变换法求解系统的零输入响应 $y_s(t)$、零状态响应 $y_f(t)$ 和全响应 $y(t)$。

4.19 已知某系统的系统函数为 $H(s) = \dfrac{4s+5}{s^2+5s+6}$。

(1)绘出系统的零、极点分布图；

(2)求该系统的单位冲激响应。

4.20 描述某 LTI 系统的微分方程为

$$y''(t) + 4y'(t) + 3y(t) = 2f'(t) + 4f(t)$$

用拉普拉斯变换法：

(1)求该系统的冲激响应 $h(t)$；

(2)判断系统是否稳定；

(3)若输入 $f(t) = 3e^{-4t}\varepsilon(t)$，求零状态响应 $y_f(t)$。

4.21 某系统函数 $H(s)$ 的零、极点分布如题图 4.5 所示，且 $H_0 = 5$，试写出 $H(s)$ 的表达式。

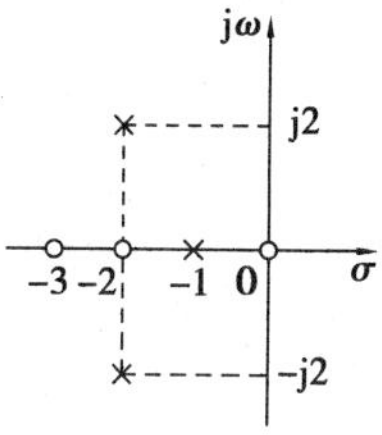

题图 4.5

4.22 试判定下列系统的稳定性：

$(1) H(s) = \dfrac{s+1}{s^2+8s+6}$　　　　　　$(2) H(s) = \dfrac{3s+1}{s^3+4s^2-3s+2}$

$(3) H(s) = \dfrac{2s+4}{(s+1)(s^2+4s+3)}$

4.23 已知系统的微分方程为

$$y''(t) + 5y'(t) + 6y(t) = f'(t)$$

求系统函数 $H(s)$，并判断系统是否稳定。

4.24 写出如题图 4.6 所示的 s 域框图所描述系统的系统函数 $H(s)$。

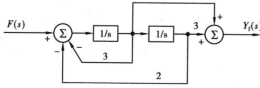

题图 4.6

157

4.25 如题图4.7所示为连续系统的模拟框图。

(1)求该系统的冲激响应 $h(t)$;

(2)写出描述该系统输入输出关系的微分方程;

(3)若输入 $f(t) = e^{-3t}\varepsilon(t)$,求零状态响应 $y_f(t)$;

(4)判断该系统是否稳定。

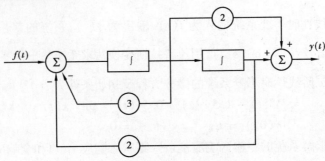

题图4.7

4.26 设系统函数为

$$H(s) = \frac{5(s+1)}{s(s+2)(s+5)}$$

试画出其 s 域模拟框图与信号流图。

4.27 已知某连续系统的系统函数为

$$H(s) = \frac{1}{s^3 + 3s^2 + 2s + 1}$$

试画出其 s 域模拟框图与信号流图。

4.28 两线性时不变系统分别满足下列描述

$$\begin{cases} h_1(t): y_1'(t) + 2y_1(t) = f_1'(t) + 3f_1(t) \\ h_2(t): y_2'(t) + 3y_2(t) = kf_2(t) \end{cases}$$

(1)求 $H_1(s)$,$H_2(s)$;

(2)两系统按如题图4.8所示的方式组合,求组合系统的系统函数 $H(s)$;

(3)k 取何值时,系统 $H(s)$ 稳定?

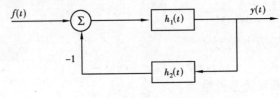

题图4.8

第 **5** 章
离散系统的时域分析

离散系统分析与连续系统分析有许多相似之处。一方面,连续系统中数学模型是微分方程,离散系统中数学模型是差分方程,差分方程和微分方程的求解方法在相当大的程度上是相互对应的;另一方面,在连续系统的时域分析中,冲激响应与卷积积分具有重要的地位和意义,在离散系统的时域分析中,单位序列响应与卷积和同样具有重要的地位和意义。

在系统分析方法中,连续系统有时域、频域和 s 域分析法,相应地,离散系统也有时域、频域和 z 域分析法。在系统响应的分解方面,两者都可以分解为零输入响应和零状态响应、自由响应和强迫响应等。可见,在对离散系统进行研究时,可以将它与连续系统相对比,这对于其系统分析方法的理解、掌握和运用是很有帮助的。但应该指出连续系统与离散系统还存在着一定的差别,学习时也应注意这些差别,做到真正深入理解其分析方法并加以掌握和应用。

5.1 离散信号

离散信号是在连续信号上采样得到的信号。与连续信号的自变量是连续的不同,离散信号是一个序列,即其自变量是"离散"的。这个序列的每一个值都可以被看作连续信号的一个采样。离散信号并不等同于数字信号,数字信号不仅在时间上是离散的,而且在幅值上也是离散的。因此离散信号的精度可以是无限的,而数字信号的精度是有限的。而有着无限精度,也即在值上连续的离散信号又称采样信号,所以离散信号包括了数字信号和采样信号,如图 5.1.1 所示。离散信号常用 $f(n)$ 来表示,其中 n 一般取整数。

5.1.1 离散信号的数学描述

离散信号可从模拟信号中采样得到,样值用 $f(n)$ 表示(表示在离散时间点 nT 上的样值),也可由离散信号或由系统内部产生,在处理过程中只要知道样值的先后顺序即可,所以可用序列来表示离散信号,其数学表达式可写成闭合形式,也可逐个列出 $f(n)$ 的值。通常将对应某序号 m 的序列值称为第 m 个样点的"样值"。

离散信号可用函数解析式表示,也可用集合的方式表示,还可用图形的方式表示。例如,

对于一个离散信号 $f(n)$，其函数解析式表示为

$$f(n) = \begin{cases} 3^n & n \geq 0 \\ 0 & n < 0 \end{cases} \tag{5.1.1}$$

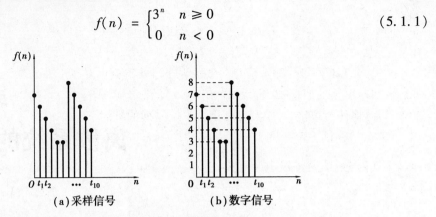

(a) 采样信号　　　　　　(b) 数字信号

图 5.1.1　离散时间信号

用集合的方式表示就是将离散信号按其序号 n 增长方式罗列出来的一组有序的序列，这样上述序列 $f(n)$ 可表示为

$$f(n) = \{\cdots 0,0,\underset{\uparrow}{1},3,9,27,\cdots\} \tag{5.1.2}$$

序列中箭头 ↑ 表示 $n=0$ 的时刻。离散信号用图形方式表示时如图 5.1.2 所示，图中线段的长短表示各序列值的大小。

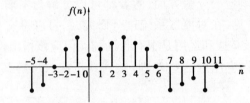

图 5.1.2　离散信号的图形描述

5.1.2　常见的离散信号

在连续系统分析中，$\delta(t)$，$\varepsilon(t)$，$e^{-\alpha t}\varepsilon(t)$ 等基本信号起着非常重要的作用。与此相对应，在离散系统分析中也存在着类似的基本信号。

(1) 单位序列

单位序列 $\delta(n)$ 是离散时间系统分析中最简单的序列，但却起着非常重要的作用。单位序列用 $\delta(n)$ 表示，其定义为

$$\delta(n) = \begin{cases} 1 & n = 0 \\ 0 & n \neq 0 \end{cases} \tag{5.1.3}$$

单位序列也称为单位样值序列，该序列在离散系统分析中的作用类似于连续系统分析中的冲激函数 $\delta(t)$，但它们又有本质的不同：$\delta(t)$ 是一个奇异信号，可理解为在 $t=0$ 点处脉宽趋于零而幅度为无限大的信号；而 $\delta(n)$ 是一个非奇异信号，在 $n=0$ 处取有限值 1，如图 5.1.3 (a) 所示。若将 $\delta(n)$ 在 n 轴上右移 i 位，如图 5.1.3 (b) 所示 (图中 $i>0$)，得

$$\delta(n-i) = \begin{cases} 1 & n = i \\ 0 & n \neq i \end{cases} \tag{5.1.4}$$

由于 $\delta(n-i)$ 仅在 $n=i$ 时其值为 1，而取其他 n 值时为零，故有

$$f(n)\delta(n-i) = f(i)\delta(n-i) \tag{5.1.5}$$

由式（5.1.5）可知，任意信号与 $\delta(n-i)$ 相乘得到的仍然是一个 $\delta(n-i)$ 序列，只不过序列的幅度不再为 1 而是被 $f(i)$ 加权，$\delta(n-i)$ 的这个性质称为"加权性"或"取样性"。应用上述性质，可将任意离散信号 $f(n)$ 表示为单位序列的延时加权和，即

$$f(n) = \cdots + f(-1)\delta(n+1) + f(0)\delta(n) + f(1)\delta(n-1) + \cdots$$
$$= \sum_{i=-\infty}^{\infty} f(i)\delta(n-i) \tag{5.1.6}$$

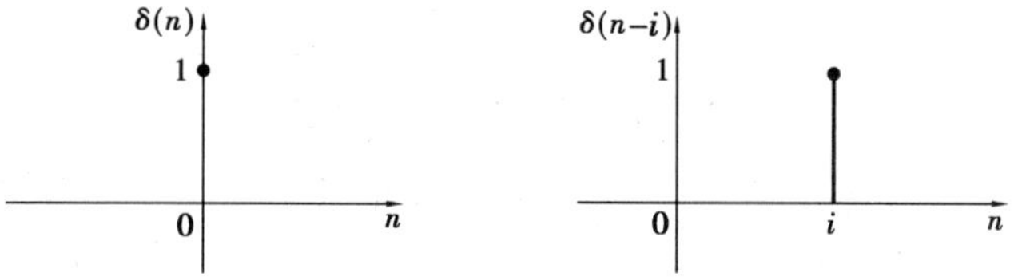

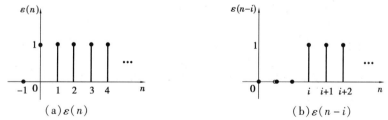

(a) $\delta(n)$　　　　　　　　　　(b) $\delta(n-i)$

图 5.1.3　单位序列及其位移

(2) 单位阶跃序列

单位阶跃序列用 $\varepsilon(n)$ 表示，其定义为

$$\varepsilon(n) = \begin{cases} 0 & n < 0 \\ 1 & n \geq 0 \end{cases} \tag{5.1.7}$$

单位阶跃序列类似于连续信号中的单位阶跃函数 $\varepsilon(t)$，但它们又有本质的不同：$\varepsilon(t)$ 在 $t=0$ 时刻发生跃变，其数值通常不予定义；而 $\varepsilon(n)$ 在 $n<0$ 的各点为零，在 $n \geq 0$ 的各点等于 1。其图形如图 5.1.4(a) 所示。

(a) $\varepsilon(n)$　　　　　　　　　　(b) $\varepsilon(n-i)$

图 5.1.4　单位阶段跃序列

若将 $\varepsilon(n)$ 在 n 轴上右移 i 位，得

$$\varepsilon(n-i) = \begin{cases} 0 & n < i \\ 1 & n \geq i \end{cases} \tag{5.1.8}$$

其图形如图 5.1.4(b) 所示（图中 $i>0$）。单位阶跃序列 $\varepsilon(n)$ 具有截断的特性，它可将一个双边序列 $f(n)$ 截断成为一个零起始的单边序列 $f(n)\varepsilon(n)$。

比较 $\delta(n)$ 和 $\varepsilon(n)$ 的定义式，可得关系为

$$\delta(n) = \varepsilon(n) - \varepsilon(n-1) \tag{5.1.9}$$

$$\varepsilon(n) = \sum_{i=0}^{\infty} \delta(n-i) = \sum_{i=-\infty}^{n} \delta(i) \tag{5.1.10}$$

(3) 单边指数序列

单边指数序列定义为

$$f(n) = a^n \varepsilon(n) \tag{5.1.11}$$

其中,当$|a|>1$时,序列按指数增长;当$|a|<1$时,序列按指数衰减。$a>0$时,序列都取正值;$a<0$时,序列值正、负相间摆动。图5.1.5(a)—(d)分别画出了$0<a<1$,$a>1$,$-1<a<0$和$a<-1$时的单边指数序列图形。

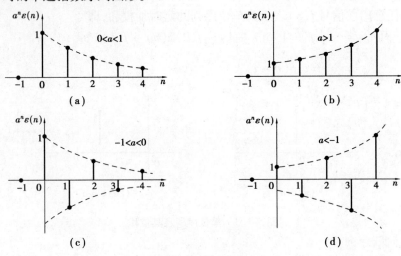

图5.1.5 单边指数序列

(4) 正弦序列

正弦序列定义为

$$f(n) = A\cos(n\Omega + \phi) \tag{5.1.12}$$

其中,Ω称为正弦序列的数字角频率,ϕ为初相,A为振幅。不难推出,若$\dfrac{2\pi}{\Omega}$为整数m,则序列的值每隔m个单位重复一次;若$\dfrac{2\pi}{\Omega}$不为整数,但仍为有理数时,则序列的变化仍呈周期性;若$\dfrac{2\pi}{\Omega}$为无理数时,正弦序列不再是周期序列。正弦序列的图形如图5.1.6所示。

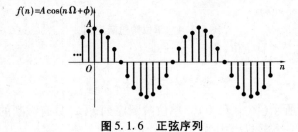

图5.1.6 正弦序列

5.1.3 离散信号的基本运算

离散信号的基本运算包括序列相加、序列相乘、序列反转、序列移位、序列抽取和插值。

(1) 序列的相加与相乘

序列 $f_1(n)$ 与 $f_2(n)$ 相加是指在同一时刻 n, 两序列在该点值的和所构成的新的"和"序列, 即

$$f(n) = f_1(n) + f_2(n) \tag{5.1.13}$$

序列 $f_1(n)$ 与 $f_2(n)$ 相乘是指在同一时刻 n, 两序列在该点值的积所构成的新的"积"序列, 即

$$f(n) = f_1(n) \cdot f_2(n) \tag{5.1.14}$$

例 5.1　已知序列

$$f_1(n) = \begin{cases} 2^n & n < 0 \\ n+1 & n \geq 0 \end{cases}, \quad f_2(n) = \begin{cases} 0 & n < -2 \\ 2^{-n} & n \geq -2 \end{cases}$$

求 $f_1(n) + f_2(n)$, $f_1(n) \cdot f_2(n)$。

解　$f_1(n)$ 与 $f_2(n)$ 之和为

$$f_1(n) + f_2(n) = \begin{cases} 2^n & n < -2 \\ 2^n + 2^{-n} & n = -2, -1 \\ n + 1 + 2^{-n} & n \geq 0 \end{cases}$$

$f_1(n)$ 与 $f_2(n)$ 之积为

$$f_1(n) \cdot f_2(n) = \begin{cases} 2^n \times 0 & n < -2 \\ 2^n \times 2^{-n} & n = -2, -1 \\ (n+1) \times 2^{-n} & n \geq 0 \end{cases}$$

$$= \begin{cases} 0 & n < -2 \\ 1 & n = -2, -1 \\ (n+1)2^{-n} & n \geq 0 \end{cases}$$

(2) 序列的反转和平移

1) 序列反转

将序列 $f(n)$ 中的已知量 n 换为 $-n$, 即 $f(-n)$, 其几何含义是将序列 $f(n)$ 以纵坐标为轴反转(或称反折), 如图 5.1.7 所示。

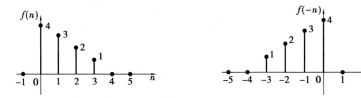

图 5.1.7　序列的反转

2) 序列平移

平移也称为移位。有序列 $f(n)$, 若有正整数 k, 则序列 $f(n-k)$ 为原序列 $f(n)$ 右移(滞后)k 个单位; $f(n+k)$ 为原序列左移(超前)k 个单位, 如图 5.1.8 所示。

如果将平移与反转相结合, 就可得到序列 $f(-n-k)$ 和 $f(-n+k)$。需要注意, 为画出这类序列的图形, 最好是先平移[将 $f(n)$ 平移为 $f(n\pm k)$], 然后再反转[将 $f(n\pm k)$ 反转后为 $f(-n\pm k)$]。如果是先反转后平移, 由于这时已知量为 $(-n)$, 故平移方向与前述相反。图

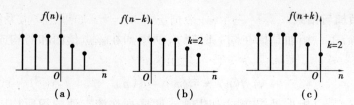

图 5.1.8　序列的平移

5.1.9 画出了序列反转并平移的图形。

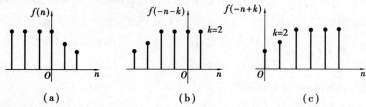

图 5.1.9　序列的反转并平移

(3)序列的抽取和插值

1)序列的抽取

序列的抽取是将原序列 $f(n)$ 的自变量 n 乘以整数 k，构成一个新序列，即

$$f_1(n) = f(kn) \qquad (5.1.15)$$

$f_1(n)$ 由原序列 $f(n)$ 每隔 $k-1$ 个点抽取一个值得到。

2)序列的插值

序列的插值是将原序列 $f(n)$ 的自变量 n 除以整数 k，构成一个新序列，即

$$f_2(n) = f\left(\frac{n}{k}\right) \qquad (5.1.16)$$

$f_2(n)$ 由原序列 $f(n)$ 每两个点之间插入 $k-1$ 个零值得到，如图 5.1.10 所示。

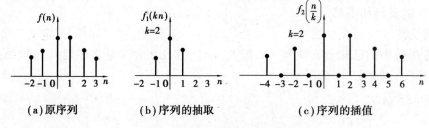

(a)原序列　　　　(b)序列的抽取　　　　(c)序列的插值

图 5.1.10　序列的抽取与插值

5.2　离散系统的时域分析

离散系统的时域分析与连续系统的时域分析具有相似之处，离散系统的时域分析可借鉴连续系统的时域分析方法。离散系统定义:当系统的输入(激励)信号和输出(响应)信号都是离散信号时，该系统称为离散系统，如图 5.2.1 所示。

图 5.2.1　离散系统

在离散系统中，输入(激励)用 $f(n)$ 表示，输出(响应)

用 $y(n)$ 表示,初始状态用 $\{x(n_0)\}$ 表示,一般情况下 $n_0 = 0$。如果在离散系统中初始状态为 $\{x(n_0)\}$,且 $y(n) = T[f(n)]$,即此离散系统的输入为 $f(n)$,输出为 $y(n)$,若有:

①$ay(n) = T[af(n)]$,即输入为 $af(n)$,输出为 $ay(n)$。

②$y(n_1) + y(n_2) = T[f(n_1) + f(n_2)]$,即输入为 $f(n_1) + f(n_2)$,输出为 $y(n_1) + y(n_2)$。

③$y(n-k) = T[f(n-k)]$,即输入为 $f(n-k)$,输出为 $y(n-k)$。

如果此离散系统满足上述①和②,则称此离散系统为线性离散系统;如果此离散系统满足上述③称此离散系统为时不变离散系统;如果此离散系统不仅满足上述①和②,且满足③,那么此离散系统为线性时不变离散系统,即 LTI 离散系统。今后本书提到的离散系统均为 LTI 离散系统。与连续系统类似,离散系统的响应 $y(n)$ 能分解为零输入响应 $y_s(n)$ 和零状态响应 $y_f(n)$ 之和。

5.2.1 离散系统的数学模型

为了研究离散系统的性能,需要建立离散系统的数学模型。描述线性时不变离散系统的数学模型是线性常系数差分方程。离散系统可用差分方程描述,也可利用 z 变换将数学模型变换到 z 域分析系统,而差分方程与微分方程的求解方法在很大程度上也是相互对应的。

(1)差分运算

设有序列 $f(n)$,则 $f(n+1)$,$f(n+2)$,$\cdots$,$f(n-1)$,$f(n-2)$,$\cdots$ 称为 $f(n)$ 的移位序列。仿照连续信号的微分运算,定义离散信号的差分运算。

1)一阶前向差分

一阶前向差分定义为

$$\triangle f(n) = f(n+1) - f(n) \tag{5.2.1}$$

2)一阶后向差分

一阶后向差分定义为

$$\nabla f(n) = f(n) - f(n-1) \tag{5.2.2}$$

上两式中 $\triangle$ 和 ∇ 分别称为前向、后向差分算子,无原则区别。同样,可定义二阶前向差分和二阶后向差分。

3)二阶前向差分

二阶前向差分定义为

$$
\begin{aligned}
\triangle^2 f(n) &= \triangle[\triangle f(n)] \\
&= \triangle f(n+1) - \triangle f(n) \\
&= f(n+2) - 2f(n+1) + f(n)
\end{aligned}
\tag{5.2.3}
$$

4)二阶后向差分

二阶后向差分定义为

$$
\begin{aligned}
\nabla^2 f(n) &= \nabla[\nabla f(n)] \\
&= \nabla f(n) - \nabla f(n-1) \\
&= f(n) - 2f(n-1) + f(n-2)
\end{aligned}
\tag{5.2.4}
$$

本书主要用后向差分,如无特殊说明,差分均指后向差分,可定义 k 阶后向差分为

$$
\begin{aligned}
\nabla^k f(n) &\overset{\text{def}}{=} \nabla[\nabla^{k-1} f(n)] \\
&= f(n) + b_1 f(n-1) + \cdots + b_k f(n-j)
\end{aligned}
$$

$$= \sum_{j=0}^{k} (-1)^j \frac{k!}{(k-j)!j!} f(n-j) \tag{5.2.5}$$

(2)差分方程

包含关于变量 n 的位置序列 $y(n)$ 及其各阶差分的方程式称为差分方程。将差分展开为移位序列,得

$$y(n) + a_{N-1}y(n-1) + \cdots + a_0 y(n-N) = b_M f(n) + \cdots + b_0 f(n-M) \tag{5.2.6}$$

其中,差分的最高阶为 N 阶,称为 N 阶差分方程。式(5.2.6)中,若 $y(n)$ 及其各移位序列的系数均为常数,则称为常系数差分方程;如果某些系数是变量 n 的函数,则称其为变系数差分方程。描述 LTI 离散系统的差分方程是常系数线性差分方程。

例 5.2 设某国家人口每年出生率用常数 a 表示,死亡率用常数 b 表示,国外移民的净增数为 $f(n)$,试求该国在第 n 年的人口总数 $y(n)$ 。

解 设该国家在第 $(n-1)$ 年的人口总数为 $y(n-1)$,第 n 年出生人口数为 $ay(n-1)$,第 n 年死亡人口数为 $by(n-1)$,国外移民的净增数为 $f(n)$,那么该国在第 n 年的人口总数为

$$y(n) = y(n-1) + ay(n-1) - by(n-1) + f(n)$$

可得差分方程

$$y(n) - (a-b+1)y(n-1) = f(n)$$

如同连续系统可用框图表示,离散系统也可用数乘器、加法器和延迟单元来进行框图表示。3 种基本模拟部件的符号和定义如图5.2.2 所示。

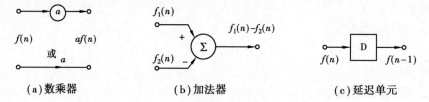

(a)数乘器　　　　　(b)加法器　　　　　(c)延迟单元

图 5.2.2　离散系统框图的基本部件

例 5.2 的离散系统的框图如图 5.2.3 所示。

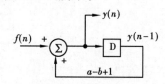

图 5.2.3　例 5.2 的离散系统的框图

5.2.2　差分方程的求解

描述 LTI 离散时间系统的数学模型是常系数线性差分方程。通常求解差分方程的方法有迭代法、时域经典法、卷积法及 z 变换法。本节主要讨论差分方程的迭代法和时域经典法求解。

(1)迭代法

差分方程本质上是递推的代数方程,若已知初始条件和激励,利用迭代法可求得差分方程的数值解。

例 5.3 已知 $y(n) = ay(n-1) + f(n)$, $f(n) = \delta(n)$, $y(-1) = 0$,求响应 $y(n)$ 。

解　当 $n = 0$ 时

$$y(0) = ay(-1) + \delta(0) = 1$$

当 $n = 1$ 时

$$y(1) = ay(0) + \delta(1) = a$$

当 $n = 2$ 时

$$y(2) = ay(1) + \delta(2) = a^2$$

当 $n = 3$ 时

$$y(3) = ay(2) + \delta(3) = a^3$$

$$\vdots$$

因此，响应序列的函数表达式为

$$y(n) = a^n \varepsilon(n)$$

迭代法求解差分方程非常简单，很容易求出方程的数值解，但很难写出方程的解析式形式的解，迭代法一般是用计算机来求解差分方程。

（2）时域经典解法

线性常系数差分方程的求解与微分方程相似，也分为时域法和变换域法。现在以二阶差分方程为例来说明差分方程的时域法求解过程。

对于 N 阶常系数差分方程，其数学模型可表示为

$$y(n) + a_{N-1}y(n-1) + \cdots + a_1 y(n-N+1) + a_0 y(n-N)$$
$$= b_M f(n) + b_{M-1}f(n-1) + \cdots + b_0 f(n-M) \tag{5.2.7}$$

即

$$\sum_{i=0}^{N} a_{N-i}y(n-i) = \sum_{j=0}^{M} b_{M-j}f(n-j) \tag{5.2.8}$$

其中，$a_N = 1$。差分方程的解由齐次解 $y_h(n)$ 和特解 $y_p(n)$ 组成，即

$$y(n) = y_h(n) + y_p(n) \tag{5.2.9}$$

1）齐次解

对于 N 阶齐次差分方程

$$y(n) + a_{N-1}y(n-1) + \cdots + a_1 y(n-N+1) + a_0 y(n-N) = 0 \tag{5.2.10}$$

其特征方程为

$$\lambda^N + a_{N-1}\lambda^{N-1} + \cdots + a_1\lambda + a_0 = 0 \tag{5.2.11}$$

它有 N 个特征根 $\lambda_i (i = 1, 2, \cdots, N)$。由于特征方程根的类型不同，使得各个解 $y(n)$ 也将采取不同的形式见表 5.2.1。

2）特解

特解的函数形式取决于激励 $f(n)$ 的函数形式。表 5.2.2 列出了几种典型的激励 $f(n)$ 所对应的特解 $y_p(n)$。选定特解后代入原差分方程，求出其待定系数，就得到差分方程的特解。

3）全解

差分方程的全解就是齐次解与特解之和。如果方程的特征根均为单根，则全解为

$$y(n) = y_h(n) + y_p(n) = \sum_{i=1}^{N} C_i\lambda_i^n + y_p(n) \tag{5.2.12}$$

其中，常数 $C_i (i = 1, 2, \cdots, N)$ 由初始条件确定。

通常激励信号 $f(n)$ 是在 $n=0$ 时接入的,差分方程的解适用于 $n \geqslant 0$ 的情况。对于 N 阶差分方程,用给定的 N 个初始条件 $y(0), y(1), \cdots, y(N-1)$ 就可以确定全部待定系数,即可得到差分方程的全解。

表 5.2.1　齐次解

特征根	齐次解 $y_h(n)$
单实根 λ	$C\lambda^n$
r 重的实根 λ	$C_{r-1}n^{r-1}\lambda^n + C_{r-2}n^{r-2}\lambda^n + \cdots + C_1 n\lambda^n + C_0\lambda^n$
一对共轭复根 $\lambda_{1,2} = a \pm jb = \rho e^{\pm j\beta}$	$\rho^n[C\cos(\beta n) + D\sin(\beta n)]$ 或 $A\rho^n\cos(\beta n - \theta)$,其中,$Ae^{j\theta} = C + jD$
r 重共轭复根 $\lambda_{1,2,\cdots,r} = a \pm jb = \rho e^{\pm j\beta}$	$\rho^n[A_{r-1}n^{r-1}\cos(\beta n - \theta_{r-1}) + A_{r-2}n^{r-2}\cos(\beta n - \theta_{r-2}) + \ldots + A_0\cos(\beta n - \theta_0)]$

表 5.2.2　特解

激励 $f(n)$	特解 $y_p(n)$	
n^M	$P_M n^M + P_{M-1}n^{M-1} + \cdots + P_1 n + P_0$	所有特征根均不等于1
	$[P_M n^M + P_{M-1}n^{M-1} + \cdots + P_1 n + P_0]n^r$	有 r 重等于1的特征根
a^n	Pa^n	a 不等于特征根
	$P_1 na^n + P_0 a^n$	a 是特征单根
	$P_r n^r a^n + P_{r-1}n^{r-1}a^n + \cdots + P_1 na^n + P_0 a^n$	a 是 r 重特征根
$\cos(\beta n)$ 或 $\sin(\beta n)$	$P\cos(\beta n) + Q\sin(\beta n)$ 或 $A\cos(\beta n - \theta)$,其中,$Ae^{j\theta} = P + jQ$	所有特征根均不等于 $e^{\pm j\beta}$

例 5.4　某离散系统的差分方程为

$$y(n) - 4y(n-1) + 3y(n-2) = 2^n \varepsilon(n)$$

初始条件 $y(0) = 0, y(1) = \dfrac{1}{2}$,试求系统的全解。

解　特征方程为

$$\lambda^2 - 4\lambda + 3 = 0$$

特征根为 $\lambda_1 = 1, \lambda_2 = 3$,齐次解为

$$y_h(n) = C_1 + C_2 3^n$$

由于输入序列为 $2^n (n \geqslant 0)$,则特解设为 $y_p(n) = P2^n (n \geqslant 0)$,代入原方程,得

$$P2^n - 4P2^{n-1} + 3P2^{n-2} = 2^n$$

上式化简,得

$$P - 2P + \frac{3}{4}P = 1$$

上式解得 $P = -4$,则有

168

$$y_p(n) = -2^{n+2} \qquad n \geqslant 0$$

系统的全解为

$$y(n) = C_1 + C_2(3)^n - 2^{n+2} \qquad n \geqslant 0$$

将初始值代入上式,有

$$\begin{cases} 0 = C_1 + C_2 - 4 \\ \dfrac{1}{2} = C_1 + 3C_2 - 8 \end{cases}$$

求得

$$\begin{cases} C_1 = \dfrac{7}{4} \\ C_2 = \dfrac{9}{4} \end{cases}$$

系统的全解为

$$y(n) = \frac{7}{4} + \frac{9}{4}(3)^n - 2^{n+2} \qquad n \geqslant 0$$

例 5.5　描述某离散系统的差分方程为

$$6y(n) - 5y(n-1) + y(n-2) = f(n)$$

初始条件 $y(0) = 0$,$y(1) = \dfrac{1}{2}$,激励为 $f(n) = 10\cos(0.5\pi n)(k \geqslant 0)$,试求系统的全解。

解　特征方程为

$$6\lambda^2 - 5\lambda + 1 = 0$$

特征根为 $\lambda_1 = \dfrac{1}{2}$,$\lambda_2 = \dfrac{1}{3}$,齐次解为

$$y_h(n) = C_1\left(\frac{1}{2}\right)^n + C_2\left(\frac{1}{3}\right)^n$$

由于输入序列为 $f(n) = 10\cos(0.5\pi n)$,$k \geqslant 0$,则特解设为

$$y_p(n) = P\cos(0.5\pi n) + Q\sin(0.5\pi n)$$

其移位序列为

$$\begin{aligned} y_p(n-1) &= P\cos[0.5\pi(n-1)] + Q\sin[0.5\pi(n-1)] \\ &= P\sin(0.5\pi n) - Q\cos(0.5\pi n) \\ y_p(n-2) &= P\cos[0.5\pi(n-2)] + Q\sin[0.5\pi(n-2)] \\ &= -P\cos(0.5\pi n) - Q\sin(0.5\pi n) \end{aligned}$$

将求得的 $y_p(n-1)$,$y_p(n-2)$ 代入原方程整理,得

$$(5P + 5Q)\cos(0.5\pi n) + (5Q - 5P)\sin(0.5\pi n) = f(k) = 10\cos(0.5\pi n)$$

上式化简,得

$$\begin{cases} 5P + 5Q = 10 \\ 5Q - 5P = 0 \end{cases}$$

上式解得 $P = Q = 1$,则有

$$y_p(n) = \cos(0.5\pi n) + \sin(0.5\pi n) \qquad n \geqslant 0$$

系统的全解为

$$y(n) = y_\text{h}(n) + y_\text{p}(n) = C_1\left(\frac{1}{2}\right)^n + C_2\left(\frac{1}{3}\right)^n + \cos(0.5\pi n) + \sin(0.5\pi n)$$

将初始值代入上式,有

$$\begin{cases} 0 = C_1 + C_2 + 1 \\ \dfrac{1}{2} = \dfrac{1}{2}C_1 + \dfrac{1}{3}C_2 + 1 \end{cases}$$

解得

$$\begin{cases} C_1 = -1 \\ C_2 = 0 \end{cases}$$

系统的全解为

$$y(n) = -\left(\frac{1}{2}\right)^n + \cos(0.5\pi n) + \sin(0.5\pi n) \qquad n \geqslant 0$$

5.2.3　零输入响应和零状态响应

离散系统的全响应 $y(n)$ 也可分解为零输入响应和零状态响应。零输入响应是激励为零时,仅由初始状态所引起的系统响应,用 $y_\text{s}(n)$ 表示。零状态响应是系统的初始状态为零时,仅由输入信号 $f(n)$ 所引起的响应,用 $y_\text{f}(n)$ 表示。

离散时间系统求解差分方程时,可分别求出仅由初始状态引起的零输入响应和仅由激励引起的零状态响应,然后叠加求得全响应,即

$$y(n) = y_\text{s}(n) + y_\text{f}(n) \tag{5.2.13}$$

若有某二阶系统的差分方程为

$$y(n) + a_1 y(n-1) + a_0 y(n-2) = f(n) \tag{5.2.14}$$

其初始状态为 $y(-1), y(-2)$。通常情况下激励 $f(n)$ 在 $n=0$ 时接入系统,在 $n<0$ 时,激励尚未接入(即此时激励为 0)。因此,系统的初始状态是指 $n<0$ 时的 $y(n)$ 值,即 $y(-1)$, $y(-2), \cdots, y(-n)$,它们给出了系统以往历史的全部信息。对于二阶系统,零输入响应 $y_\text{s}(n)$ 是指由初始状态 $y(-1), y(-2)$ 作用所引起的响应。根据零输入响应的定义,二阶系统的零输入响应满足

$$\begin{cases} y_\text{s}(n) + a_1 y_\text{s}(n-1) + a_0 y_\text{s}(n-2) = 0 \\ y_\text{s}(-1) = y(-1), \quad y_\text{s}(-2) = y(-2) \end{cases} \tag{5.2.15}$$

设二阶差分方程的特征根为单实根,则其零输入响应为

$$y_\text{s}(n) = \sum_{i=1}^{2} C_{\text{s}_i} \lambda_i^n \tag{5.2.16}$$

其中,常数 C_{s_i} 根据初始条件 $y_\text{s}(0), y_\text{s}(1)$ 来确定。初始条件可根据初始状态 $y_\text{s}(-1)$, $y_\text{s}(-2)$ 由迭代法求得。

根据零状态响应的定义,二阶系统的差分方程的零状态响应满足

$$\begin{cases} y_\text{f}(n) + a_1 y_\text{f}(n-1) + a_0 y_\text{f}(n-2) = f(n) \\ y_\text{f}(-1) = y_\text{f}(-2) = 0 \end{cases} \tag{5.2.17}$$

式(5.2.17)仍是非齐次差分方程,其零状态响应为

$$y_\text{f}(n) = \sum_{i=1}^{2} C_{\text{f}_i} \lambda_i^n + y_\text{p}(n) \tag{5.2.18}$$

其中，常数 C_{f_i} 根据初始条件 $y_f(0)$，$y_f(1)$ 来确定。初始条件可根据初始状态 $y_f(-1)=y_f(-2)=0$ 由迭代法求得。

例 5.6　某离散系统的差分方程为

$$y_s(n+2)-5y_s(n+1)+6y_s(n)=0$$

已知 $y_s(0)=2$，$y_s(1)=3$，求系统的零输入响应 $y_s(n)$。

解　特征方程为

$$\lambda^2-5\lambda+6=0$$

特征根为 $\lambda_1=2$，$\lambda_2=3$，齐次解为

$$y_s(n)=C_1(2)^n+C_2(3)^n$$

将初始值带入齐次解后，有

$$\begin{cases}2=C_1+C_2\\3=2C_1+3C_2\end{cases}$$

解得

$$\begin{cases}C_1=3\\C_2=-1\end{cases}$$

零输入响应为

$$y_s(n)=3\cdot 2^n-3^n$$

例 5.7　设某离散系统的差分方程为

$$y(n)-4y(n-1)+3y(n-2)=2^n\varepsilon(n)$$

初始条件 $y(-1)=0$，$y(-2)=\dfrac{1}{2}$，试求系统的零输入响应、零状态响应和全响应。

解　①求零输入响应

零输入响应满足

$$y_s(n)-4y_s(n-1)+3y_s(n-2)=0$$

首先求出初始值 $y_s(0)$，$y_s(1)$，即

$$\begin{cases}y_s(-1)=y(-1)=0\\y_s(-2)=y(-2)=\dfrac{1}{2}\end{cases}$$

由于差分方程是具有递推关系的代数方程，可将上式写为

$$y_s(n)=4y_s(n-1)-3y_s(n-2)$$

令 $n=0,1$，并将已知条件 $y_s(-1)=0$，$y_s(-2)=\dfrac{1}{2}$ 代入，可得

$$y_s(0)=4y_s(-1)-3y_s(-2)=-\frac{3}{2}$$

$$y_s(1)=4y_s(0)-3y_s(-1)=-6$$

特征方程为

$$\lambda^2-4\lambda+3=0$$

特征根为 $\lambda_1=1$，$\lambda_2=3$，则其零输入响应为

$$y_s(n)=C_{s1}(\lambda_1)^n+C_{s2}(\lambda_2)^n$$

$$= C_{s1} + C_{s2} \cdot 3^n$$

代入初始值,得

$$\begin{cases} y_s(0) = -\dfrac{3}{2} = C_{s1} + C_{s2} \cdot 3^0 \\ y_s(1) = -6 = C_{s1} + C_{s2} \cdot 3^1 \end{cases}$$

解得

$$\begin{cases} C_{s1} = \dfrac{3}{4} \\ C_{s2} = -\dfrac{9}{4} \end{cases}$$

零输入响应为

$$y_s(n) = \left[\dfrac{3}{4} - \dfrac{9}{4} \cdot 3^n \right] \varepsilon(n)$$

②求零状态响应

零状态响应满足

$$y_f(n) - 4y_f(n-1) + 3y_f(n-2) = 2^n \varepsilon(n)$$

由例 5.4 可得方程解,即系统零状态响应为

$$y_f(n) = C_{f1} + C_{f2} \cdot 3^n - 2^{n+2} \qquad n \geqslant 0 \qquad\qquad (5.2.19)$$

由于

$$y(n) - 4y(n-1) + 3y(n-2) = 2^n \varepsilon(n)$$

即

$$y(n) = 2^n \varepsilon(n) + 4y(n-1) - 3y(n-2)$$

由零状态响应定义,可知

$$\begin{cases} y_f(-1) = 0 \\ y_f(-2) = 0 \end{cases}$$

用迭代法求出初始值 $y_f(0), y_f(1)$ 为

$$\begin{cases} y_f(0) = 2^0 \varepsilon(0) + 4y(-1) - 3y(-2) = 1 \\ y_f(1) = 2^1 \varepsilon(1) + 4y(0) - 3y(-1) = 6 \end{cases}$$

将初始值代入式(5.2.19),有

$$\begin{cases} y_f(0) = 1 = C_{f1} + C_{f2} \cdot 3^0 - 2^2 \\ y_f(1) = 6 = C_{f1} + C_{f2} \cdot 3^1 - 2^3 \end{cases}$$

解得

$$\begin{cases} C_{f1} = \dfrac{1}{2} \\ C_{f2} = \dfrac{9}{2} \end{cases}$$

零状态响应为

$$y_f(n) = \left[\dfrac{1}{2} + \dfrac{9}{2} \cdot 3^n - 2^{n+2} \right] \varepsilon(n)$$

③求全响应

$$y(n) = y_s(n) + y_f(n) = \left[\frac{5}{4} + \frac{9}{4} \cdot 3^n - 2^{n+2}\right]\varepsilon(n)$$

离散系统的全响应可分解为自由响应和强迫响应,也可分解为零输入响应和零状态响应,它们的关系为

$$y(n) = \underbrace{\sum_{i=1}^{N} C_i \lambda_i^n}_{\text{自由响应}} + \underbrace{y_p(n)}_{\text{强迫响应}} \tag{5.2.20}$$

$$= \underbrace{\sum_{i=1}^{N} C_{s_i} \lambda_i^n}_{\text{零输入响应}} + \underbrace{\sum_{i=1}^{N} C_{f_i} \lambda_i^n + y_p(n)}_{\text{零状态响应}}$$

其中

$$\sum_{i=1}^{N} C_i \lambda_i^n = \sum_{i=1}^{N} C_{s_i} \lambda_i^n + \sum_{i=1}^{N} C_{f_i} \lambda_i^n \tag{5.2.21}$$

由此可知,两种分解方式有明显区别。虽然自由响应与零输入响应都是齐次解的形式,但它们的系数并不相同,C_{s_i} 仅由系统的初始状态所决定,而 C_i 由初始状态和激励共同决定。

5.3 单位序列响应与单位阶跃响应

单位序列 $\delta(n)$ 和单位阶跃序列 $\varepsilon(n)$ 是两种非常重要的离散序列,以它们作为激励得到的零状态响应分别称为单位序列响应和单位阶跃响应。

5.3.1 单位序列响应

线性时不变离散系统的激励为单位序列 $\delta(n)$ 时,系统的零状态响应称为单位序列响应,用 $h(n)$ 表示。它的作用与连续系统中的冲激响应 $h(t)$ 相类似。

由于单位序列 $\delta(n)$ 仅在 $n=0$ 处等于 1,而在 $n>0$ 时为零,因而在 $n>0$ 时激励为零,这时系统相当于一个零输入系统,可以理解为 $\delta(n)$ 的作用已经转化为零输入系统等效的初始条件。因此,系统的单位函数响应 $h(n)$ 的形式必然与零输入响应的形式相同,且其等效的初始条件可根据差分方程和零状态条件 $y(-n) = y(-n+1) = \cdots = y(-1) = 0$ 递推求出。系统的单位序列响应与该系统的零输入响应的函数形式相同。这样就将求单位序列响应 $h(n)$ 的问题转化为求差分方程齐次解的问题,而 $n=0$ 处的值 $h(0)$ 可按零状态的条件由差分方程确定。

例 5.8 已知系统的差分方程为

$$y(n) - 3y(n-1) + 3y(n-2) - y(n-3) = f(n)$$

求系统的单位序列响应。

解 根据单位序列的定义,$h(n)$ 满足

$$h(n) - 3h(n-1) + 3h(n-2) - h(n-3) = \delta(n)$$

即

$$h(n) = 3h(n-1) - 3h(n-2) + h(n-3) + \delta(n)$$

将初始条件 $h(-1) = h(-2) = h(-3) = 0$ 代入系统差分方程,得初始值为

$$\begin{cases} h(0) = 3h(-1) - 3h(-2) + h(-3) + \delta(0) = 1 \\ h(1) = 3h(0) - 3h(-1) + h(-2) + \delta(1) = 3 \\ h(2) = 3h(1) - 3h(0) + h(-1) + \delta(2) = 6 \end{cases}$$

对于 $n > 0, h(n)$ 满足下列齐次方程,即

$$h(n) - 3h(n-1) + 3h(n-2) - h(n-3) = 0$$

其特征方程为

$$\lambda^3 - 3\lambda^2 + 3\lambda - 1 = (\lambda - 1)^3 = 0$$

特征方程的特征根 $\lambda = 1$ 为三重实根,所以齐次解包括 $\lambda^n, n\lambda^n, n^2\lambda^n$ 项,即

$$h(n) = C_1\lambda^n + C_2 n\lambda^n + C_3 n^2\lambda^n$$
$$= C_1 + C_2 n + C_3 n^2 \qquad n > 0$$

代入初始值,得

$$\begin{cases} h(0) = C_1 = 1 \\ h(1) = C_1 + C_2 + C_3 = 3 \\ h(2) = C_1 + 2C_2 + 4C_3 = 6 \end{cases}$$

解得

$$\begin{cases} C_1 = 1 \\ C_2 = \dfrac{3}{2} \\ C_3 = \dfrac{1}{2} \end{cases}$$

该系统的单位序列响应为

$$h(n) = \left(1 + \frac{3}{2}n + \frac{1}{2}n^2\right)\varepsilon(n)$$

例 5.9　求如图 5.3.1 所示的离散系统的单位序列响应 $h(n)$。

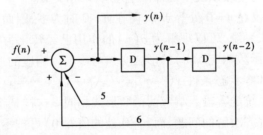

图 5.3.1　例 5.9 用图

解　①列出差分方程,求初始值

根据图 5.3.1 可知,加法器的输出为

$$y(n) = f(n) - 5y(n-1) + 6y(n-2)$$

整理得

$$y(n) + 5y(n-1) - 6y(n-2) = f(n)$$

根据单位序列响应 $h(n)$ 的定义,它应满足

$$\begin{cases} h(n) + 5h(n-1) - 6h(n-2) = \delta(n) \\ h(-1) = h(-2) = 0 \end{cases}$$

令 $n = 0,1$，并考虑到 $\delta(0) = 1$，可得到单位序列响应 $h(n)$ 的初始值 $h(0)$，$h(1)$，即

$$\begin{cases} h(0) = -5h(-1) + 6h(-2) + \delta(0) = 1 \\ h(1) = -5h(0) + 6h(-1) + \delta(1) = -5 \end{cases}$$

②求 $h(n)$

$n > 0$ 时，$h(n)$ 的齐次方程为

$$h(n) + 5h(n-1) - 6h(n-2) = 0$$

其特征方程为

$$\lambda^2 + 5\lambda - 6 = 0$$

解得其特征根 $\lambda_1 = 1$，$\lambda_2 = -6$，则有

$$h(n) = C_1 (1)^n + C_2 (-6)^n$$

代入初始值，得

$$h(0) = C_1 + C_2 = 1$$
$$h(1) = C_1 - 6C_2 = -5$$

解得

$$\begin{cases} C_1 = \dfrac{1}{7} \\ C_2 = \dfrac{6}{7} \end{cases}$$

系统的单位序列响应为

$$h(n) = \left[\frac{1}{7} \cdot 1^n + \frac{6}{7} \cdot (-6)^n \right] \varepsilon(n)$$

5.3.2　单位阶跃响应

当线性时不变离散系统的激励为单位阶跃序列 $\varepsilon(n)$ 时，则系统的零状态响应称为单位阶跃响应，用 $g(n)$ 表示。它的作用与连续系统中的阶跃响应 $g(t)$ 相类似。

对于线性时不变系统而言，其单位阶跃序列与单位序列的关系可表示为

$$\varepsilon(n) = \sum_{i=0}^{\infty} \delta(n-i) \tag{5.3.1}$$

对于线性时不变系统，其单位阶跃响应与单位序列响应的关系可表示为

$$g(n) = \sum_{i=0}^{\infty} h(n-i) \tag{5.3.2}$$

例 5.10　已知一个因果系统的差分方程为

$$y(n) - \frac{5}{6}y(n-1) + \frac{1}{6}y(n-2) = f(n)$$

1）求系统的单位序列响应；

2）求系统的单位阶跃响应。

解　1）求系统的单位序列响应

根据单位序列响应 $h(n)$ 的定义，它应满足

$$\begin{cases} h(n) - \frac{5}{6}h(n-1) + \frac{1}{6}h(n-2) = \delta(n) \\ h(-1) = h(-2) = 0 \end{cases}$$

根据差分方程,求初始值。令 $n = 0, 1$,并考虑到 $\delta(0) = 1$,可得到单位序列响应 $h(n)$ 的初始值 $h(0), h(1)$ 为

$$\begin{cases} h(0) = \frac{5}{6}h(-1) - \frac{1}{6}h(-2) + \delta(0) = 1 \\ h(1) = \frac{5}{6}h(0) - \frac{1}{6}h(-1) + \delta(1) = \frac{5}{6} \end{cases}$$

$n > 0$ 时,$h(n)$ 的齐次方程为

$$h(n) - \frac{5}{6}h(n-1) + \frac{1}{6}h(n-2) = 0$$

其特征方程为

$$\lambda^2 - \frac{5}{6}\lambda + \frac{1}{6} = 0$$

解得其特征根为 $\lambda_1 = \frac{1}{2}, \lambda_2 = \frac{1}{3}$,则有

$$h(n) = C_1\left(\frac{1}{2}\right)^n + C_2\left(\frac{1}{3}\right)^n$$

代入初始值,得

$$\begin{cases} h(0) = C_1 + C_2 = 1 \\ h(1) = \frac{C_1}{2} + \frac{C_2}{3} = \frac{5}{6} \end{cases}$$

解得

$$\begin{cases} C_1 = 3 \\ C_2 = -2 \end{cases}$$

系统的单位序列响应为

$$h(n) = \left[3\left(\frac{1}{2}\right)^n - 2\left(\frac{1}{3}\right)^n\right]\varepsilon(n)$$

2)求系统的单位阶跃响应

$$g(n) = \sum_{i=0}^{\infty} h(n-i)$$

$$= \sum_{i=0}^{\infty}\left[3 \cdot \left(\frac{1}{2}\right)^{n-i} - 2 \cdot \left(\frac{1}{3}\right)^{n-i}\right]\varepsilon(n-i)$$

$$= \sum_{i=0}^{n}\left[3 \cdot \left(\frac{1}{2}\right)^{n-i} - 2 \cdot \left(\frac{1}{3}\right)^{n-i}\right] \quad n \geq 0$$

$$= 3 \cdot \left(\frac{1}{2}\right)^n \sum_{i=0}^{n}(2)^i - 2 \cdot \left(\frac{1}{3}\right)^n \sum_{i=0}^{n}(3)^i \quad n \geq 0$$

$$= \left[3 \cdot \left(\frac{1}{2}\right)^n \cdot \frac{1-(2)^{n+1}}{1-2} - 2 \cdot \left(\frac{1}{3}\right)^n \cdot \frac{1-(3)^{n+1}}{1-3}\right]\varepsilon(n)$$

上式化简得

$$g(n) = \left[3 - 3 \cdot \left(\frac{1}{2} \right)^n + \left(\frac{1}{3} \right)^n \right] \varepsilon(n)$$

5.4　卷积和

5.4.1　卷积和的定义

在 LTI 连续系统中,首先将激励信号分解为一系列冲激函数之和,求出各冲激函数单独作用于系统时的冲激响应,然后将这些响应相加就得到系统对于该激励信号的零状态响应,这个相加的过程表现为求卷积积分。在 LTI 离散系统中,可用与上述方法大致相同的方法进行分析。对于任意离散时间序列 $f(n)$,可表示为

$$f(n) = \cdots + f(-2)\delta(n+2) + f(-1)\delta(n+1) + f(0)\delta(n) + f(1)\delta(n-1) + \cdots$$

$$= \sum_{i=-\infty}^{\infty} f(i)\delta(n-i) \tag{5.4.1}$$

式(5.4.1)即为离散信号的时域分解。

如果离散系统的单位序列响应为 $h(n)$,那么,根据线性时不变系统的线性和时不变特性可知,系统对 $f(i)\delta(n-i)$ 的零状态响应为 $f(i)h(n-i)$。根据系统的零状态线性性质,式(5.4.1)的序列 $f(n)$ 作用于系统所引起的零状态响应为

$$y_f(n) = \cdots + f(-2)h(n+2) + f(-1)h(n+1) + f(0)h(n) +$$

$$f(1)h(n-1) + f(2)h(n-2) + \cdots$$

$$= \sum_{i=-\infty}^{\infty} f(i)h(n-i) \tag{5.4.2}$$

式(5.4.2)称为序列 $f(n)$ 与 $h(n)$ 的卷积和(简称为卷积)。卷积用符号" * "表示,即

$$y_f(n) = f(n) * h(n) \stackrel{\text{def}}{=} \sum_{i=-\infty}^{\infty} f(i)h(n-i) \tag{5.4.3}$$

式(5.4.1)可表示为

$$f(n) = f(n) * \delta(n) = \sum_{i=-\infty}^{\infty} f(i)\delta(n-i) \tag{5.4.4}$$

一般而言,序列 $f_1(n)$ 与 $f_2(n)$ 的卷积和表示为

$$f_1(n) * f_2(n) = \sum_{i=-\infty}^{\infty} f_1(i)f_2(n-i) \tag{5.4.5}$$

若 $f_1(n)$ 为因果序列,即 $n < 0$,$f_1(n) = 0$,那么,式(5.4.5)可改写为

$$f_1(n) * f_2(n) = \sum_{i=0}^{\infty} f_1(i)f_2(n-i) \tag{5.4.6}$$

若 $f_2(n)$ 为因果序列,即 $n < 0$,$f_2(n) = 0$,那么,式(5.4.5)可改写为

$$f_1(n) * f_2(n) = \sum_{i=-\infty}^{n} f_1(i)f_2(n-i) \tag{5.4.7}$$

若 $f_1(n)$,$f_2(n)$ 均为因果序列,则有

$$f_1(n) * f_2(n) = \sum_{i=0}^{n} f_1(i) f_2(n-i) \qquad (5.4.8)$$

5.4.2 卷积和的性质

与卷积积分类似,卷积和也满足交换律、结合律、分配律及延时特性。

(1)交换律

交换律为

$$f_1(n) * f_2(n) = f_2(n) * f_1(n) \qquad (5.4.9)$$

(2)结合律

结合律为

$$f_1(n) * [f_2(n) * f_3(n)] = [f_1(n) * f_2(n)] * f_3(n) \qquad (5.4.10)$$

(3)分配律

分配律为

$$f_1(n) * [f_2(n) + f_3(n)] = f_1(n) * f_2(n) + f_1(n) * f_3(n) \qquad (5.4.11)$$

(4)延时特性

若

$$f(n) = f_1(n) * f_2(n)$$

则

$$\begin{aligned} f_1(n - k_1) * f_2(n - k_2) &= f_1(n - k_2) * f_2(n - k_1) \\ &= f(n - k_1 - k_2) \end{aligned} \qquad (5.4.12)$$

其中,k_1, k_2 为整数。

以上性质的证明从略,有兴趣的读者可自行证明。

5.4.3 卷积和的应用

例5.11 设 $f_1(n) = e^{-n} \varepsilon(n)$,$f_2(n) = \varepsilon(n)$,求 $f_1(n) * f_2(n)$。

解 由卷积和的定义,得

$$f_1(n) * f_2(n) = \sum_{i=-\infty}^{\infty} e^{-i} \varepsilon(i) \varepsilon(n-i)$$

考虑到 $f_1(n)$,$f_2(n)$ 均为因果序列,可将上式表示为

$$f_1(n) * f_2(n) = \sum_{i=0}^{n} e^{-i}$$

$$= \frac{1 - e^{-(n+1)}}{1 - e^{-1}}$$

显然,上式中 $n \geq 0$,故可写为

$$f_1(n) * f_2(n) = e^{-n} \varepsilon(n) * \varepsilon(n)$$

$$= \left[\frac{1 - e^{-(n+1)}}{1 - e^{-1}} \right] \varepsilon(n)$$

例5.12 已知离散信号

$$f_1(n) = \begin{cases} 1 & n = 0 \\ 3 & n = 1 \\ 2 & n = 2 \\ 0 & \text{其他} \end{cases}$$

$$f_2(n) = \begin{cases} 4 - n & n = 0,1,2,3 \\ 0 & \text{其他} \end{cases}$$

求卷积和 $f_1(n) * f_2(n)$。

解 设

$$f(n) = f_1(n) * f_2(n) = \sum_{i=-\infty}^{\infty} f_1(i)f_2(n-i)$$

下面用图解法求解卷积和。

图解法求卷积和步骤：

第 1 步：换元——画出 $f_1(i)$，$f_2(i)$ 图形，分别如图 5.4.1(a)、(b) 所示。

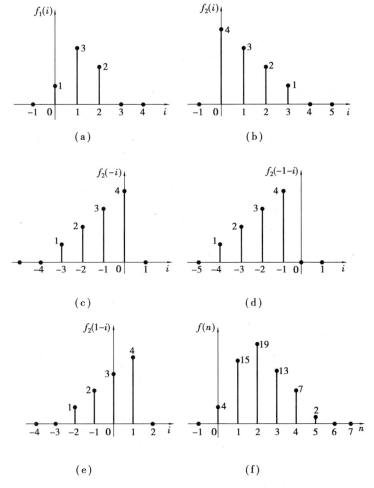

图 5.4.1　**例 5.12 用图**

第 2 步：反转——将 $f_2(i)$ 图形以纵坐标为轴线反转 $180°$，得到 $f_2(-i)$ 图形，如图 5.4.1(c) 所示。

179

第3步:平移——将$f_2(-i)$图形沿i轴左移$(n<0)$或右移$(n>0)$ n个时间单位,得到$f_2(n-i)$图形。例如,当$n=-1$和$n=1$时,$f_2(n-i)$图形分别如图5.4.1(d)、(e)所示。

第4步:乘积、求和——对任一给定值n,进行相乘、求和运算,得到序号为n的卷积和序列值$f(n)$。若令n由$-\infty$至∞变化,$f_2(n-i)$图形将从$-\infty$处开始沿i轴自左向右移动,通过计算求得卷积和序列$f(n)$。对于本例中给定的$f_1(n)$和$f_2(n)$,具体计算过程如下:

当$n<0$时,由于乘积项$f_1(i)f_2(n-i)$均为零,故
$$f(n)=0$$

当$n=0$时,有
$$f(0)=\sum_{i=0}^{n}f_1(i)f_2(n-i)=\sum_{i=0}^{0}f_1(i)f_2(-i)=f_1(0)f_2(0)=1\times 4=4$$

当$n=1$时,有
$$f(1)=\sum_{i=0}^{1}f_1(i)f_2(1-i)=f_1(0)f_2(1)+f_1(1)f_2(0)=3+12=15$$

当$n=2$时,有
$$f(2)=\sum_{i=0}^{2}f_1(i)f_2(2-i)=f_1(0)f_2(2)+f_1(1)f_2(1)+f_1(2)f_2(0)=2+9+8=19$$

同理可得$f(3)=13,f(4)=7,f(5)=2$,以及$n>5$时$f(n)=0$。于是,其卷积和为
$$f(n)=\left\{\cdots\ 0\ \underset{\uparrow}{4}\ 15\ 19\ 13\ 7\ 2\ 0\ \cdots\right\}$$

例5.13 如图5.4.2所示的复合系统由两个子系统级联组成,已知子系统的单位序列响应分别为$h_1(n)=a^n\varepsilon(n),h_2(n)=b^n\varepsilon(n)$($a,b$为常数),求复合系统的单位序列响应$h(n)$。

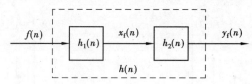

图5.4.2 例5.13用图

解 根据单位序列响应的定义,复合系统的单位序列响应$h(n)$是激励$f(n)=\delta(n)$时系统的零状态响应,即$y_f(n)=h(n)$。

令$f(n)=\delta(n)$,则子系统1的零状态响应为
$$x_f(n)=f(n)*h_1(n)=\delta(n)*h_1(n)=h_1(n)$$

当子系统2的输入为$x_f(n)$时,子系统2的零状态响应也即复合系统的零状态响应为
$$y_f(n)=h(n)=x_f(n)*h_2(n)=h_1(n)*h_2(n)$$

复合系统的单位序列响应为
$$h(n)=h_1(n)*h_2(n)=\sum_{i=-\infty}^{\infty}a^i\varepsilon(i)\cdot b^{n-i}\varepsilon(n-i)$$

由于当$i<0$时,$\varepsilon(i)=0$;当$i>n$时,$\varepsilon(n-i)=0$;当$0\leqslant i\leqslant n$时,$\varepsilon(i)=\varepsilon(n-i)=1$。因此可将上式分别表示如下:

①当$a\neq b$时,有
$$h(n)=a^n\varepsilon(n)*b^n\varepsilon(n)=\sum_{i=0}^{n}a^ib^{n-i}=b^n\sum_{i=0}^{n}\left(\frac{a}{b}\right)^i$$

$$= b^n \frac{1 - \left(\dfrac{a}{b}\right)^{n+1}}{1 - \dfrac{a}{b}} = \frac{b^{n+1} - a^{n+1}}{b - a}.$$

②当 $a = b$ 时,有

$$h(n) = b^n \sum_{i=0}^{n} 1 = (n+1) b^n$$

显然,上面两式仅在 $n \geqslant 0$ 成立,故得

$$h(n) = a^n \varepsilon(n) * b^n \varepsilon(n) = \begin{cases} \dfrac{b^{n+1} - a^{n+1}}{b - a} \varepsilon(n) & a \neq b \\ (n+1) b^n \varepsilon(n) & a = b \end{cases}$$

若 $a \neq 1, b = 1$,则有

$$a^n \varepsilon(n) * b^n \varepsilon(n) = \frac{1 - a^{n+1}}{1 - a} \varepsilon(n)$$

若 $a = b = 1$,则有

$$a^n \varepsilon(n) * b^n \varepsilon(n) = \varepsilon(n) * \varepsilon(n) = (n+1) \varepsilon(n)$$

表 5.4.1 中列出了计算卷积和时常用的几种数列求和公式。

表 5.4.1　几种数列的求和公式

序号	公　　式	说　　明
1	$\displaystyle\sum_{j=0}^{k} a^j = \begin{cases} \dfrac{1 - a^{k+1}}{1 - a} & a \neq 1 \\ k + 1 & a = 1 \end{cases}$	$k \geqslant 0$
2	$\displaystyle\sum_{j=k_1}^{k_2} a^j = \begin{cases} \dfrac{a^{k_1} - a^{k_2+1}}{1 - a} & a \neq 1 \\ k_2 - k_1 + 1 & a = 1 \end{cases}$	k_1, k_2 可为正或负整数,但 $k_2 \geqslant k_1$
3	$\displaystyle\sum_{j=0}^{\infty} a^j = \frac{1}{1 - a} \qquad \vert a \vert < 1$	
4	$\displaystyle\sum_{j=k_1}^{\infty} a^j = \frac{a^{k_1}}{1 - a} \qquad \vert a \vert < 1$	k_1 可为正或负整数

常用信号的卷积和见附录 2。

习题 5

5.1　设有信号 $f(n) = (1 - 0.5^n) \varepsilon(n)$,试绘出 $f(n)$ 的波形。

5.2　绘出序列 $\left(\dfrac{1}{3}\right)^n \varepsilon(n)$,$\left(\dfrac{1}{3}\right)^n \varepsilon(n-2)$ 和 $\left(\dfrac{1}{3}\right)^{n-2} \varepsilon(n-2)$ 的图形。

5.3　绘出 $f(n) = \cos \dfrac{n\pi}{2} [\varepsilon(n-2) - \varepsilon(n-5)]$ 的图形。

5.4 若序列 $f(n)$ 的图形如题图 5.1 所示，请绘出 $f(-n+1)$ 的图形。

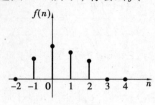

题图 5.1

5.5 已知序列

$$f_1(n) = \begin{cases} 0 & n < 0 \\ n+3 & n \geq 0 \end{cases} \quad 及 \quad f_2(n) = \begin{cases} 1 & n < 2 \\ 2^n & n \geq 2 \end{cases}$$

求 $f_1(n)$ 与 $f_2(n)$ 之和，$f_1(n)$ 与 $f_2(n)$ 之积。

5.6 已知序列

$$f_1(n) = \begin{cases} 2^n & n < 0 \\ n+1 & n \geq 0 \end{cases} \quad 及 \quad f_2(n) = \begin{cases} 0 & n < -2 \\ 2^{-n} & n \geq -2 \end{cases}$$

求 $f_1(n)$ 与 $f_2(n)$ 之和，$f_1(n)$ 与 $f_2(n)$ 之积。

5.7 什么是离散系统？

5.8 线性时不变离散系统的数学模型用什么方程来表示？

5.9 求如题图 5.2 所示的离散系统的差分方程。

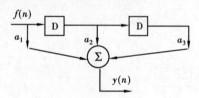

题图 5.2

5.10 离散系统的基本分析方法有哪些？

5.11 离散系统时域的基本模拟部件有哪几种？

5.12 详述二阶差分方程的时域法求解过程。

5.13 求下列差分方程的齐次解：

$$y(n) - 2y(n-1) + 2y(n-2) - 2y(n-3) + y(n-4) = 0$$

已知初始条件 $y(1) = 1, y(2) = 0, y(3) = 1, y(4) = 1$。

5.14 已知某二阶系统的差分方程为

$$y(n) + y(n-1) + \frac{1}{4}y(n-2) = f(n)$$

其初始条件为 $y(0) = 1, y(1) = \frac{1}{2}$，激励 $f(n) = \varepsilon(n)$，求方程的全解。

5.15 描述离散系统的差分方程为

$$y(n) + 2y(n-1) = f(n) - f(n-1)$$

其中，激励函数 $f(n) = n^2$，且已知 $y(-1) = -1$，求差分方程的全解。

5.16 描述离散系统的差分方程为

$$y(n) + \frac{1}{2}y(n-1) - \frac{1}{2}y(n-2) = f(n)$$

已知激励 $f(n) = 2^n\varepsilon(n)$，初始状态 $y(-1) = 1, y(-2) = 0$，求系统的全响应。

5.17　系统的全响应可分解为自由响应和强迫响应，也可分解为零输入响应和零状态响应，它们的关系是怎样的？有何区别？

5.18　什么是单位序列响应？

5.19　求如题图 5.3 所示的离散系统的单位序列响应 $h(n)$。

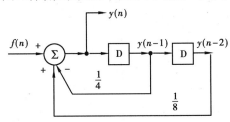

题图 5.3

5.20　系统的差分方程为

$$y(n) - 3y(n-1) + 3y(n-2) - y(n-3) = f(n)$$

求系统的单位序列响应。

5.21　已知系统的差分方程为

$$y(n) - 5y(n-1) + 6y(n-2) = f(n) - 3f(n-2)$$

求系统的单位序列响应。

5.22　卷积和是如何定义的？卷积和满足哪些定律？

5.23　已知离散系统的单位序列响应 $h(n)$ 和系统输入 $f(n)$ 如题图 5.4 所示，请用卷积和求系统的零状态响应 $y_f(n)$。

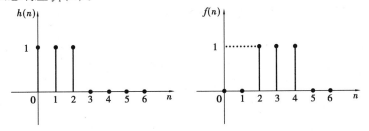

题图 5.4

5.24　已知 $f_1(n) = \left(\frac{1}{2}\right)^n\varepsilon(n)$，$f_2(n) = \varepsilon(n) - \varepsilon(n-3)$，令 $y(n) = f_1(n) * f_2(n)$，求当 $n = 4$ 时 $y(n)$ 的值。

5.25　已知序列 $f_1(n)$ 和 $f_2(n)$ 如题图 5.5 所示，请绘出卷积和 $y(n) = f_1(n) * f_2(n)$ 的图形。

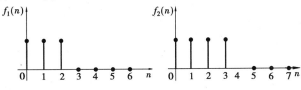

题图 5.5

5.26 已知信号 $f_1(n) = \delta(n) + 2\delta(n-1) - 3\delta(n-2) + 4\delta(n-3)$，$f_2(n) = \delta(n) + \delta(n-1)$，求卷积和 $f_1(n) * f_2(n)$。

5.27 如题图 5.6 所示的复合系统由 3 个子系统组成，它们的单位序列响应分别为 $h_1(n) = \delta(n)$，$h_2(n) = \delta(n-N)$（N 为常数），$h_3(n) = \varepsilon(n)$，求复合系统的单位序列响应。

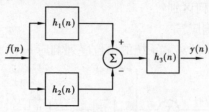

题图 5.6

第 **6** 章
离散系统的 z 域分析

在连续系统中,为了避开解微分方程的困难,可通过拉普拉斯变换将微分方程转换为代数方程。类似的,离散系统也可通过一种称为 z 变换的数学工具,将差分方程转换为代数方程,从而可以比较方便地分析系统的响应。

6.1 z 变换

6.1.1 从拉普拉斯变换到 z 变换

对连续信号 $f(t)$ 进行均匀冲激取样后,得到离散信号为

$$
\begin{aligned}
f_s(t) &= f(t)\delta_T(t) \\
&= \sum_{n=-\infty}^{\infty} f(nT)\delta(t-nT)
\end{aligned}
\tag{6.1.1}
$$

对式(6.1.1)两边取双边拉普拉斯变换,得

$$
F_b(s) = \sum_{n=-\infty}^{\infty} f(nT)\mathrm{e}^{-nTs}
\tag{6.1.2}
$$

由于是均匀采样,令 $T=1$,则有 $f(nT)=f(n)$。再令 $z=\mathrm{e}^{sT}$,式(6.1.2)将成为复变量 z 的函数,用 $F(z)$ 表示,即

$$
F(z) = \sum_{n=-\infty}^{\infty} f(n)z^{-n}
\tag{6.1.3}
$$

复变量 s 与 z 的关系为

$$
\begin{cases}
z = \mathrm{e}^{sT} \\
s = \dfrac{1}{T}\ln z
\end{cases}
\tag{6.1.4}
$$

其中,T 是实常数,为取样周期。将 z 和 s 分别表示为直角坐标、极坐标形式为

$$
\begin{cases}
s = \sigma + \mathrm{j}\omega \\
z = r\mathrm{e}^{\mathrm{j}\theta}
\end{cases}
\tag{6.1.5}
$$

将式(6.1.5)代入式(6.1.4),得

$$\begin{cases} r = \mathrm{e}^{\sigma T} \\ \theta = \omega T \end{cases} \qquad (6.1.6)$$

从式(6.1.4)表述关系可得讨论 s 与 z 平面的映射关系(图6.1.1)如下:

①s 平面的虚轴($\sigma = 0$)映射到 z 平面的单位圆 $\mathrm{e}^{\mathrm{j}\theta}$,$s$ 平面左半平面($\sigma < 0$)映射到 z 平面单位圆内($r = \mathrm{e}^{\sigma T} < 1$);$s$ 平面右半平面($\sigma > 0$)映射到 z 平面单位圆外($r = \mathrm{e}^{\sigma T} > 1$)。

②当 $\omega = 0$ 时,$\theta = 0$,s 平面的实轴映射到 z 平面上的正实轴。s 平面的原点 $s = 0$ 映射到 z 平面单位圆上 $z = 1$ 的点。

③由于 $z = r\mathrm{e}^{\mathrm{j}\theta}$ 是 θ 的周期函数,当 ω 由 $-\dfrac{\pi}{T}$ 到 $\dfrac{\pi}{T}$ 时,θ 由 $-\pi$ 到 π,幅角旋转了一周,映射了整个 z 平面,且 ω 每增加一个采样频率 $\omega_{\mathrm{s}} = \dfrac{2\pi}{T}$,$\theta$ 就重复旋转一周,z 平面重叠一次。s 平面上宽度为 $\dfrac{2\pi}{T}$ 的带状区映射为整个 z 平面,这样 s 平面一条宽度为 ω_{s} 的"横带"被重叠映射到整个 z 平面。因此,s 到 z 平面的映射关系不是单值的。

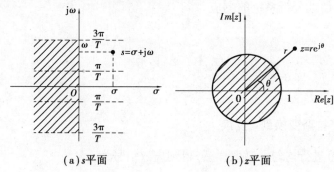

(a)s平面   (b)z平面

图6.1.1 s 与 z 平面的映射关系

6.1.2 z 变换的定义

如有离散序列 $f(n)$($n = 0, \pm 1, \pm 2, \cdots$),$z$ 为复变量,则函数

$$F(z) \stackrel{\mathrm{def}}{=} \sum_{n=-\infty}^{\infty} f(n) z^{-n} \qquad (6.1.7)$$

式(6.1.7)称为序列 $f(n)$ 的双边 z 变换,其求和是从 $-\infty$ 至 ∞。如果求和只在 $n \geqslant 0$ 的范围内进行,即

$$F(z) \stackrel{\mathrm{def}}{=} \sum_{n=0}^{\infty} f(n) z^{-n} \qquad (6.1.8)$$

式(6.1.8)称为序列 $f(n)$ 的单边 z 变换。若 $f(n)$ 为因果序列,则单边、双边 z 变换相等,否则不等。在不致混淆的情况下,统称两者为 z 变换。

通常,$F(z)$ 称为序列 $f(n)$ 的象函数,$f(n)$ 称为 $F(z)$ 的原函数,$f(n)$ 和 $F(z)$ 构成 z 变换对,简记为 $f(n) \leftrightarrow F(z)$,或

$$\begin{cases} F(z) = Z[f(n)] \\ f(n) = Z^{-1}[F(z)] \end{cases} \qquad (6.1.9)$$

6.1.3　z 变换的收敛域

z 变换定义为一无穷幂级数之和,显然只有当该幂级数收敛,即

$$Z[f(n)] = \sum_{n=-\infty}^{\infty} |f(n)z^{-n}| < \infty \tag{6.1.10}$$

此时,其 z 变换才存在。式(6.1.10)称为绝对可和条件,它是序列 $f(n)$ 的 z 变换存在的充分必要条件。因此,z 变换的收敛域定义为:对于任意给定的有界序列 $f(n)$,满足式(6.1.10)的所有 z 值组成的集合称为 $F(z)$ 的收敛域。为满足式(6.1.10)绝对可和的条件,就必须要对 $|z|$ 有一定的限制范围。不同的 $f(n)$ 的 z 变换,由于收敛域不同,可能对应于相同的象函数,故在确定 z 变换时,必须指明收敛域。

例 6.1　求单位序列 $\delta(n)$ 的 z 变换和收敛域。

解　单位序列 $\delta(n)$ 的 z 变换为

$$\begin{aligned} Z[\delta(n)] &= \sum_{n=-\infty}^{\infty} \delta(n)z^{-n} \\ &= \sum_{n=0}^{\infty} \delta(n)z^{-n} \\ &= \delta(0)z^0 = 1 \end{aligned}$$

由上式可知,单位序列 $\delta(n)$ 的单边、双边 z 变换相等,其 z 变换等于 1 与 z 值无关,所以其收敛域为整个 z 平面。

例 6.2　求有限长序列 $f(n) = \{1,3,\underset{\uparrow}{6},3,1\}$ 的 z 变换和收敛域。

解　① $f(n)$ 的双边 z 变换为

$$\begin{aligned} F(z) &= \sum_{n=-\infty}^{\infty} f(n)z^{-n} \\ &= z^{-2} + 3z^{-1} + 6z^0 + 3z^1 + z^2 \end{aligned}$$

其收敛域为 $0 < |z| < \infty$。

② $f(n)$ 的单边 z 变换为

$$\begin{aligned} F(n) &= \sum_{n=0}^{\infty} f(n)z^{-n} \\ &= 6 + 3z^{-1} + z^{-2} \end{aligned}$$

其收敛域为 $|z| > 0$。

例 6.3　求因果序列

$$f_1(n) = a^n\varepsilon(n) = \begin{cases} 0 & n < 0 \\ a^n & n \geqslant 0 \end{cases}$$

的 z 变换和收敛域,其中,a 为常数。

解　代入定义,得

$$\begin{aligned} F_1(z) &= \sum_{n=-\infty}^{\infty} f_1(n)z^{-n} \\ &= \sum_{n=0}^{\infty} a^n z^{-n} \end{aligned}$$

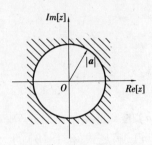

图 6.1.2　例 6.3 用图
（因果序列的收敛域）

$$= \lim_{N \to \infty} \sum_{n=0}^{N} (az^{-1})^n$$

$$= \lim_{N \to \infty} \frac{1 - (az^{-1})^{N+1}}{1 - az^{-1}}$$

可知，仅当 $|az^{-1}| < 1$，即 $|z| > |a|$ 时，其 z 变换存在，为

$$F_1(z) = \frac{z}{z-a}$$

其收敛域为 $|z| > |a|$，其图形如图 6.1.2 所示。

例 6.4　求反因果序列

$$f_2(n) = \begin{cases} b^n & n < 0 \\ 0 & n \geqslant 0 \end{cases} = b^n \varepsilon(-n-1)$$

的 z 变换和收敛域，其中，b 为常数。

解

$$F_2(z) = \sum_{n=-\infty}^{\infty} f_2(n) \cdot z^{-n}$$

$$= \sum_{n=-\infty}^{-1} b^n \cdot z^{-n}$$

$$= \sum_{m=1}^{\infty} (b^{-1}z)^m$$

$$= \lim_{N \to \infty} \frac{b^{-1}z - (b^{-1}z)^{N+1}}{1 - b^{-1}z}$$

可知，$|b^{-1}z| < 1$，即 $|z| < |b|$ 时，其 z 变换存在，为

$$F_2(z) = \frac{-z}{z-b}$$

其收敛域为 $|z| < |b|$，其图形如图 6.1.3 所示。

例 6.5　求双边序列

$$f(n) = f_1(n) + f_2(n) = \begin{cases} b^n & n < 0 \\ a^n & n \geqslant 0 \end{cases}$$

的 z 变换和收敛域，其中，a, b 为常数，且 $|a| < |b|$。

解　由例 6.3、例 6.4 可知，有

$$F_1(z) = \frac{z}{z-a} \qquad |z| > |a|$$

$$F_2(z) = \frac{-z}{z-b} \qquad |z| < |b|$$

可得

$$F(z) = F_1(z) + F_2(z)$$

$$= \frac{z}{z-a} - \frac{z}{z-b}$$

其收敛域为 $|a| < |z| < |b|$，其图形如图 6.1.4 所示。

序列的 z 变换的收敛域大致有以下 4 种情况：

188

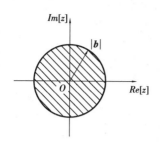

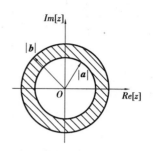

图 6.1.3　例 6.4 用图

（反因果序列的收敛域）

图 6.1.4　例 6.5 用图

（双边序列的收敛域）

①对于有限长的序列,其收敛域至少为 $0 < |z| < \infty$,但也可能包括 $z = 0$ 或 $z = \infty$ 点。

②对因果序列,其 z 变换的收敛域为某个圆外区域。

③对反因果序列,其 z 变换的收敛域为某个圆内区域。

④对双边序列,其 z 变换收敛域为环状区域。

对双边 z 变换必须表明收敛域,否则其对应的原序列将不唯一。对单边 z 变换,其象函数 $F(z)$ 与序列 $f(n)$ 一一对应,收敛域一定是某个圆以外的区域,因此,在以后讨论单边 z 变换时不再标注收敛域。

常用信号的 z 变换见附录 6。

6.2　z 变换的性质

由 z 变换的定义可直接求得序列的 z 变换,然而对于较复杂的序列,直接利用定义求解比较复杂。因此,利用 z 变换的定义推导出 z 变换的性质,从而实现利用一些简单序列的 z 变换导出复杂序列的 z 变换,简化计算与分析。本节讨论 z 变换的性质,若无特殊说明,它既适用于单边也适用于双边 z 变换。

6.2.1　线性性质

若

$$f_1(n) \leftrightarrow F_1(z) \qquad \alpha_1 < |z| < \beta_1$$
$$f_2(n) \leftrightarrow F_2(z) \qquad \alpha_2 < |z| < \beta_2$$

则

$$a_1 f_1(n) + a_2 f_2(n) \leftrightarrow a_1 F_1(z) + a_2 F_2(z) \qquad (6.2.1)$$

其中,a_1, a_2 为任意常数。

叠加后新序列的 z 变换的收敛域一般是原来两个序列 z 变换收敛域的重叠部分,式 (6.2.1) 中新序列的收敛域为 $\max(\alpha_1, \alpha_2) < |z| < \min(\beta_1, \beta_2)$ 。

例 6.6　已知 $f(n) = (0.5^n + 0.8^n)\varepsilon(n)$,求 $f(n)$ 的 z 变换 $F(z)$ 。

解　由于

$$f(n) = 0.5^n \varepsilon(n) + 0.8^n \varepsilon(n)$$

查常用信号的 z 变换表,可得

$$0.5^n \varepsilon(n) \leftrightarrow \frac{z}{z - 0.5} \qquad |z| > 0.5$$

$$0.8^n \varepsilon(n) \leftrightarrow \frac{z}{z - 0.8} \qquad |z| > 0.8$$

由线性性质,可得

$$F(z) = Z[0.5^n \varepsilon(n)] + Z[0.8^n \varepsilon(n)] = \frac{z}{z - 0.5} + \frac{z}{z - 0.8} \qquad |z| > 0.8$$

例 6.7 求序列 $\cos \beta n \varepsilon(n)$, $\sin \beta n \varepsilon(n)$ 的 z 变换。

解 由欧拉公式可得

$$\cos(\beta n) \varepsilon(n) = \frac{1}{2} \left[e^{j\beta n} + e^{-j\beta n} \right] \varepsilon(n)$$

根据线性性质,有

$$Z[\cos(\beta n) \varepsilon(n)] = \frac{1}{2} \left[\frac{z}{z - e^{j\beta}} + \frac{z}{z - e^{-j\beta}} \right]$$

$$= \frac{z(z - \cos \beta)}{z^2 - 2z \cos \beta + 1} \qquad |z| > 1$$

同理可得

$$Z[\sin(\beta n) \varepsilon(n)] = \frac{z \sin \beta}{z^2 - 2z \cos \beta + 1} \qquad |z| > 1$$

例 6.8 已知 $f(n) = 3^{-|n|}$,求 $f(n)$ 的双边 z 变换 $F(z)$。

解 $$f(n) = 3^n \cdot \varepsilon(-n-1) + 3^{-n} \cdot \varepsilon(n)$$

$$Z[3^n \cdot \varepsilon(-n-1)] = -\frac{z}{z - 3} \qquad |z| < 3$$

$$Z[3^{-n} \cdot \varepsilon(n)] = \frac{z}{z - \frac{1}{3}} = \frac{3z}{3z - 1} \qquad |z| > \frac{1}{3}$$

$$F(z) = \frac{3z}{3z - 1} - \frac{z}{z - 3}$$

$$= \frac{-8z}{(3z - 1)(z - 3)} \qquad \frac{1}{3} < |z| < 3$$

6.2.2 移位性质

移位性质也称为延时性质,它是离散系统分析的重要特性之一。单边与双边 z 变换的移位性质有重要的差别,现对其进行分别讨论。

(1) 双边 z 变换的移位

若

$$f(n) \leftrightarrow F(z) \qquad \alpha < |z| < \beta$$

则

$$f(n \pm k) \leftrightarrow z^{\pm k} F(z) \qquad \alpha < |z| < \beta \qquad (6.2.2)$$

其中,k 为整数且 $k > 0$。

证明 $$Z[f(n \pm k)] = \sum_{n=-\infty}^{+\infty} f(n \pm k) z^{-n}$$

令 $m = n \pm k$，即 $n = m \mp k$，则

$$Z[f(n \pm k)] = \sum_{n=-\infty}^{+\infty} f(n \pm k) z^{-n}$$

$$= \sum_{m=-\infty}^{+\infty} f(m) z^{-(m \mp k)}$$

$$= \sum_{m=-\infty}^{+\infty} f(m) z^{-m} z^{\pm k}$$

$$= F(z) z^{\pm k} \qquad \alpha < |z| < \beta$$

(6.2.3)

(2) 单边 z 变换的移位

若

$$f(n) \leftrightarrow F(z) \qquad |z| > \alpha$$

则序列右移的单边 z 变换为

$$f(n - k) \leftrightarrow z^{-k} F(z) + \sum_{n=0}^{k-1} f(n - k) z^{-n}$$

(6.2.4)

序列左移的单边 z 变换为

$$f(n + k) \leftrightarrow z^{k} F(z) - \sum_{n=0}^{k-1} f(n) z^{k-n}$$

(6.2.5)

其中，k 为整数且 $k > 0$，收敛域为 $|z| > \alpha$。

证明 ①序列右移

$$Z[f(n - k)] = \sum_{n=0}^{\infty} f(n - k) z^{-n}$$

$$= \sum_{n=0}^{k-1} f(n - k) z^{-n} + \sum_{n=k}^{\infty} f(n - k) z^{-n}$$

(6.2.6)

令 $m = n - k$，则 $n = m + k$，式(6.2.6)可化为

$$Z[f(n - k)] = \sum_{n=0}^{k-1} f(n - k) z^{-n} + \sum_{n=k}^{\infty} f(n - k) z^{-n}$$

$$= \sum_{n=0}^{k-1} f(n - k) z^{-n} + \sum_{n=k}^{\infty} f(n - k) z^{-(n-k)} \cdot z^{-k}$$

$$= \sum_{n=0}^{k-1} f(n - k) z^{-n} + z^{-k} \sum_{m=0}^{\infty} f(m) z^{-m}$$

$$= \sum_{n=0}^{k-1} f(n - k) z^{-n} + z^{-k} F(z)$$

(6.2.7)

故

$$f(n - k) \leftrightarrow z^{-k} F(z) + \sum_{n=0}^{k-1} f(n - k) z^{-n}$$

(6.2.8)

②序列左移

$$Z[f(n + k)] = \sum_{n=0}^{\infty} f(n + k) z^{-n}$$

$$= \sum_{n=0}^{\infty} f(n + k) z^{-(n+k)} \cdot z^{k}$$

(6.2.9)

191

令 $m = n + k$, 则 $n = m - k$, 式(6.2.9)可化为

$$Z[f(n + k)] = z^k \sum_{m=k}^{\infty} f(m) z^{-m}$$

$$= z^k \sum_{m=0}^{\infty} f(m) z^{-m} - z^k \sum_{m=0}^{k-1} f(m) z^{-m}$$

$$= z^k F(z) - \sum_{m=0}^{k-1} f(m) z^{-(m-k)} \tag{6.2.10}$$

$$= z^k F(z) - \sum_{m=0}^{k-1} f(m) z^{k-m}$$

故

$$f(n + k) \leftrightarrow z^k F(z) - \sum_{n=0}^{k-1} f(n) z^{k-n} \tag{6.2.11}$$

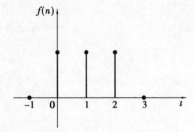

图 6.2.1 例 6.9 用图

特别的, 若 $f(n)$ 为因果序列, 有

$$f(n - k)\varepsilon(n) \leftrightarrow z^{-k} F(z) \tag{6.2.12}$$

例 6.9 求如图 6.2.1 所示信号 $f(n)$ 的 z 变换 $F(z)$。

解 如图 6.2.1 所示序列可表示为

$$f(n) = \varepsilon(n) - \varepsilon(n - 3)$$

由于

$$\varepsilon(n) \leftrightarrow \frac{z}{z - 1}$$

根据移位性质, 得

$$\varepsilon(n - 3) \leftrightarrow z^{-3} \frac{z}{z - 1} = \frac{1}{z^2(z - 1)}$$

根据线性性质, 得

$$Z[f(n)] = \frac{z}{z - 1} - \frac{1}{z^2(z - 1)}$$

$$= \frac{1}{z - 1}\left(z - \frac{1}{z^2}\right)$$

$$= \frac{1 + z + z^2}{z^2}$$

$$= 1 + z^{-1} + z^{-2} \qquad |z| > 0$$

图 6.2.1 所示序列也可表示为

$$f(n) = \delta(n) + \delta(n - 1) + \delta(n - 2)$$

因此得

$$Z[f(n)] = 1 + z^{-1} + z^{-2} \qquad |z| > 0$$

可知, 两种方法求得的结果相同。

例 6.10 求 $f(n) = \delta(n - 2) + 0.5^{n-1}\varepsilon(n - 1)$ 的 z 变换 $F(z)$。

解 由于

$$\delta(n) \leftrightarrow 1$$

$$0.5^n \varepsilon(n) \leftrightarrow \frac{z}{z-0.5}$$

根据移位性质,得

$$\delta(n-2) \leftrightarrow z^{-2}$$

$$0.5^{n-1} \varepsilon(n-1) \leftrightarrow z^{-1} \frac{z}{z-0.5} = \frac{1}{z-0.5}$$

由线性性质,得

$$Z[f(n)] = z^{-2} + \frac{1}{z-0.5} = \frac{z^2+z-0.5}{z^2(z-0.5)} \qquad |z| > 0.5$$

6.2.3　z 域尺度性质

若

$$f(n) \leftrightarrow F(z), \alpha < |z| < \beta$$

则

$$a^n f(n) \leftrightarrow F\left(\frac{z}{a}\right) \qquad \alpha|a| < |z| < \beta|a| \tag{6.2.13}$$

其中,a 为常数,且 $a \neq 0$。

证明
$$Z[a^n f(n)] = \sum_{n=-\infty}^{\infty} a^n f(n) z^{-n}$$
$$= \sum_{n=-\infty}^{\infty} f(n) \left(\frac{z}{a}\right)^{-n}$$
$$= F\left(\frac{z}{a}\right) \qquad \alpha|a| < |z| < \beta|a| \tag{6.2.14}$$

z 域尺度性质表明,时域中乘以指数序列等效于 z 域的尺度压缩或扩展。

例 6.11　已知 $Z[n\varepsilon(n)] = \frac{z}{(z-1)^2}$,求序列 $na^n\varepsilon(n)$ 的 z 变换($a \neq 0$)。

解　根据 z 域尺度性质,得

$$Z[na^n\varepsilon(n)] = \frac{\frac{z}{a}}{\left(\frac{z}{a}-1\right)^2}$$

$$= \frac{az}{(z-a)^2} \qquad |z| > |a|$$

例 6.12　求序列 $f(n) = \left(\frac{1}{3}\right)^n [\varepsilon(n) - \varepsilon(n-2)]$ 的 z 变换 $F(z)$。

解　由线性和移位特性,可知

$$Z[\varepsilon(n) - \varepsilon(n-2)] = \frac{z}{z-1} - z^{-2}\frac{z}{z-1}$$
$$= \frac{z^2-1}{z(z-1)}$$
$$= \frac{1}{z} + 1 \qquad |z| > 0$$

根据尺度变换性质,得

$$Z\left\{\left(\frac{1}{3}\right)^n\left[\varepsilon(n)-\varepsilon(n-2)\right]\right\}=1+\frac{1}{3z} \qquad |z|>0$$

6.2.4　z 域微分性质

若

$$f(n)\leftrightarrow F(z) \qquad \alpha<|z|<\beta$$

则

$$nf(n)\leftrightarrow -z\frac{\mathrm{d}}{\mathrm{d}z}F(z) \qquad \alpha<|z|<\beta \tag{6.2.15}$$

证明　因为

$$F(z)=\sum_{n=-\infty}^{\infty}f(n)z^{-n} \tag{6.2.16}$$

则有

$$\begin{aligned}
\frac{\mathrm{d}}{\mathrm{d}z}F(z) &=\frac{\mathrm{d}}{\mathrm{d}z}\sum_{n=-\infty}^{\infty}f(n)z^{-n}\\
&=\sum_{n=-\infty}^{\infty}f(n)\frac{\mathrm{d}}{\mathrm{d}z}(z^{-n})\\
&=\sum_{n=-\infty}^{\infty}f(n)\cdot(-nz^{-n-1})\\
&=-z^{-1}\sum_{n=-\infty}^{\infty}f(n)\cdot nz^{-n} \tag{6.2.17}
\end{aligned}$$

所以有

$$\begin{aligned}
-z\frac{\mathrm{d}}{\mathrm{d}z}F(z) &=\sum_{n=-\infty}^{\infty}nf(n)z^{-n} \tag{6.2.18}\\
&=Z[nf(n)]
\end{aligned}$$

即

$$nf(n)\leftrightarrow -z\frac{\mathrm{d}}{\mathrm{d}z}F(z) \tag{6.2.19}$$

例 6.13　求斜变序列 $n^2\varepsilon(n)$ 的 z 变换。

解　由于

$$\varepsilon(n)\leftrightarrow\frac{z}{z-1}$$

根据微分性质,得

$$\begin{aligned}
Z[n\varepsilon(n)] &=-z\frac{\mathrm{d}}{\mathrm{d}z}\left(\frac{z}{z-1}\right)\\
&=\frac{z}{(z-1)^2}
\end{aligned}$$

即

$$n\varepsilon(n)\leftrightarrow\frac{z}{(z-1)^2} \qquad |z|>1$$

同理可得

$$n^2\varepsilon(n)\leftrightarrow-z\frac{\mathrm{d}}{\mathrm{d}z}\frac{z}{(z-1)^2}=\frac{z(z+1)}{(z-1)^3}\qquad|z|>1$$

6.2.5　z 域积分性质

若

$$f(n)\leftrightarrow F(z)\qquad\alpha<|z|<\beta$$

则

$$\frac{f(n)}{n+m}\leftrightarrow z^m\int_z^\infty\frac{F(\eta)}{\eta^{m+1}}\mathrm{d}\eta\qquad\alpha<|z|<\beta\tag{6.2.20}$$

其中, m 为整数, 且 $n+m>0$。

证明　由 z 变换定义

$$F(z)=\sum_{n=-\infty}^\infty f(n)z^{-n}\tag{6.2.21}$$

由于式(6.2.21)所述级数在收敛域内绝对可和且一致收敛, 故可逐项积分。将式(6.2.21)两端除以 z^{m+1} 并从 z 到 ∞ 进行积分, 得

$$\begin{aligned}\int_z^\infty\frac{F(\eta)}{\eta^{m+1}}\mathrm{d}\eta&=\sum_{n=-\infty}^\infty f(n)\int_z^\infty\eta^{-(n+m+1)}\mathrm{d}\eta\\&=\sum_{n=-\infty}^\infty f(n)\left[\frac{\eta^{-(n+m)}}{-(n+m)}\right]_z^\infty\end{aligned}\tag{6.2.22}$$

由于 $n+m>0$, 因此式(6.2.22)写为

$$\int_z^\infty\frac{F(\eta)}{\eta^{m+1}}\mathrm{d}\eta=\sum_{n=-\infty}^\infty\frac{f(n)}{n+m}z^{-n}\cdot z^{-m}=z^{-m}Z\left[\frac{f(n)}{n+m}\right]\tag{6.2.23}$$

式(6.2.23)两端同乘 z^m, 得

$$Z\left[\frac{f(n)}{n+m}\right]=z^m\int_z^\infty\frac{F(\eta)}{\eta^{m+1}}\mathrm{d}\eta\qquad\alpha<|z|<\beta\tag{6.2.24}$$

例 6.14　求序列 $\dfrac{1}{n+1}\varepsilon(n)$ 的 z 变换。

解　因为有

$$\varepsilon(n)\leftrightarrow\frac{z}{z-1}\qquad|z|>1$$

根据 z 域积分性质, 有

$$\begin{aligned}Z\left[\frac{1}{n+1}\varepsilon(n)\right]&=z\int_z^\infty\frac{\eta}{(\eta-1)\eta^2}\mathrm{d}\eta\\&=z\int_z^\infty\left(\frac{1}{\eta-1}-\frac{1}{\eta}\right)\mathrm{d}\eta\\&=z\ln\left(\frac{\eta-1}{\eta}\right)\Big|_z^\infty\\&=z\ln\left(\frac{z}{z-1}\right)\qquad|z|>1\end{aligned}$$

6.2.6 n 域反转

若

$$f(n) \leftrightarrow F(z) \qquad \alpha < |z| < \beta$$

则

$$f(-n) \leftrightarrow F(z^{-1}) \qquad \frac{1}{\beta} < |z| < \frac{1}{\alpha} \qquad (6.2.25)$$

证明

$$
\begin{aligned}
Z[f(-n)] &= \sum_{n=-\infty}^{\infty} f(-n) z^{-n} \\
&\overset{m=-n}{=} \sum_{m=\infty}^{-\infty} f(m) z^{m} \\
&= \sum_{m=-\infty}^{\infty} f(m)(z^{-1})^{-m} \\
&= F(z^{-1}) \qquad \frac{1}{\beta} < |z| < \frac{1}{\alpha}
\end{aligned}
\qquad (6.2.26)
$$

例 6.15 求序列 $a^{-n}\varepsilon(-n)$ 的 z 变换。

解 由于

$$a^{n}\varepsilon(n) \leftrightarrow \frac{z}{z-a} \qquad |z| > a$$

根据 n 域反转性质，得

$$
\begin{aligned}
Z[a^{-n}\varepsilon(-n)] &= \frac{z^{-1}}{z^{-1}-a} \\
&= \frac{1}{1-az} \qquad |z| < \frac{1}{a}
\end{aligned}
$$

6.2.7 卷积定理

(1) n 域卷积定理

若

$$f_1(n) \leftrightarrow F_1(z) \qquad \alpha_1 < |z| < \beta_1$$
$$f_2(n) \leftrightarrow F_2(z) \qquad \alpha_2 < |z| < \beta_2$$

则

$$f_1(n) * f_2(n) \leftrightarrow F_1(z) \cdot F_2(z) \qquad \max(\alpha_1, \alpha_2) < |z| < \min(\beta_1, \beta_2) \qquad (6.2.27)$$

一般情况下，收敛域为两个收敛域的公共部分，即 $\max(\alpha_1, \alpha_2) < |z| < \min(\beta_1, \beta_2)$，若两个收敛域没有公共部分，则 z 变换不存在。另外，有可能出现零、极点相互抵消的情况，此时收敛域可能扩大。

证明

$$
\begin{aligned}
Z[f_1(n) * f_2(n)] &= \sum_{n=-\infty}^{\infty} \left[\sum_{i=-\infty}^{\infty} f_1(i) f_2(n-i) \right] z^{-n} \\
&= \sum_{i=-\infty}^{\infty} f_1(i) \left[\sum_{n=-\infty}^{\infty} f_2(n-i) z^{-n} \right]
\end{aligned}
$$

$$= \sum_{i=-\infty}^{\infty} f_1(i) \left[z^i \sum_{n=-\infty}^{\infty} f_2(n-i) z^{-(n-i)} \right]$$

$$= \sum_{i=-\infty}^{\infty} f_1(i) z^{-i} F_2(z) \qquad (6.2.28)$$

$$= F_1(z) F_2(z)$$

例 6.16 已知 $\varepsilon(n) * \varepsilon(n-1) = n\varepsilon(n)$，求 $n\varepsilon(n)$ 的 z 变换。

解 由于

$$\varepsilon(n) \leftrightarrow \frac{z}{z-1} \qquad |z| > 1$$

$$\varepsilon(n-1) \leftrightarrow \frac{1}{z-1} \qquad |z| > 1$$

根据卷积定理,得

$$Z[\varepsilon(n) * \varepsilon(n-1)] = \frac{z}{z-1} \cdot \frac{1}{z-1}$$

$$= \frac{z}{(z-1)^2} \qquad |z| > 1$$

例 6.17 已知 $f_1(n) = \varepsilon(n)$，$f_2(n) = \left(\frac{1}{2}\right)^n \varepsilon(n) - \left(\frac{1}{2}\right)^{n-1} \varepsilon(n-1)$，且 $y(n) = f_1(n) * f_2(n)$，求 $y(n)$ 的 z 变换 $Y(z)$。

解 先分别求 $f_1(n)$ 和 $f_2(n)$ 的 z 变换 $F_1(z)$ 和 $F_2(z)$，即

$$f_1(n) = \varepsilon(n) \leftrightarrow F_1(z) = \frac{z}{z-1}$$

由于 $\left(\frac{1}{2}\right)^n \varepsilon(n) \leftrightarrow \frac{2z}{2z-1}$，根据移位特性,得

$$\left(\frac{1}{2}\right)^{n-1} \varepsilon(n-1) \leftrightarrow z^{-1} \frac{2z}{2z-1} = \frac{2}{2z-1}$$

根据线性性质,得

$$F_2(z) = Z\left[\left(\frac{1}{2}\right)^n \varepsilon(n)\right] - Z\left[\left(\frac{1}{2}\right)^{n-1} \varepsilon(n-1)\right]$$

$$= \frac{2z}{2z-1} - \frac{2}{2z-1} = \frac{2z-2}{2z-1} \qquad |z| > \frac{1}{2}$$

根据卷积定理,有

$$Y_f(z) = F_1(z) \cdot F_2(z)$$

$$= \frac{z}{z-1} \cdot \frac{2z-2}{2z-1}$$

$$= \frac{2z}{2z-1}$$

(2) z 域卷积定理

若

$$f_1(n) \leftrightarrow F_1(z) \qquad \alpha_1 < |z| < \beta_1$$

$$f_2(n) \leftrightarrow F_2(z) \qquad \alpha_2 < |z| < \beta_2$$

则

$$f_1(n) \cdot f_2(n) \leftrightarrow \frac{1}{2\pi j} \oint_{C_1} F_1(v) F_2\left(\frac{z}{v}\right) v^{-1} dv \qquad (6.2.29)$$

$$f_1(n) \cdot f_2(n) \leftrightarrow \frac{1}{2\pi j} \oint_{C_2} F_1\left(\frac{z}{v}\right) F_2(v) v^{-1} dv \qquad (6.2.30)$$

式中,C_1,C_2 分别为 $F_1(v)$ 与 $F_2\left(\frac{z}{v}\right)$ 或 $F_1\left(\frac{z}{v}\right)$ 与 $F_2(v)$ 收敛域内重叠部分逆时针旋转的围线。而两序列相乘后 z 变换的收敛域一般为 $F_1(v)$ 与 $F_2\left(\frac{z}{v}\right)$ 或 $F_1\left(\frac{z}{v}\right)$ 与 $F_2(v)$ 收敛域的重叠部分,即 $\max(\alpha_1, \alpha_2) < |z| < \min(\beta_1, \beta_2)$。$z$ 域卷积定理较少应用,这里不作详细讨论,其证明从略。

6.2.8　部分和性质

若

$$f(n) \leftrightarrow F(z) \qquad \alpha < |z| < \beta$$

则

$$\sum_{i=-\infty}^{n} f(i) \leftrightarrow \frac{z}{z-1} F(z) \qquad \max(\alpha, 1) < |z| < \beta \qquad (6.2.31)$$

证明
$$f(n) * \varepsilon(n) = \sum_{i=-\infty}^{\infty} f(i) \varepsilon(n-i)$$
$$\qquad (6.2.32)$$
$$= \sum_{i=-\infty}^{n} f(i)$$

根据卷积定理,有

$$Z[f(n) * \varepsilon(n)] = Z\left[\sum_{i=-\infty}^{n} f(i)\right]$$
$$\qquad (6.2.33)$$
$$= \frac{z}{z-1} F(z) \qquad \max(\alpha, 1) < |z| < \beta$$

式(6.2.33)说明,序列 $f(n)$ 的部分和等于 $f(n)$ 与 $\varepsilon(n)$ 的卷积和。根据卷积定理,取式(6.2.32)的 z 变换就可得到部分和的 z 变换式。

例 6.18　求序列 $\sum_{k=0}^{n} a^k$(a 为实数)的 z 变换。

解　由于 $\sum_{k=0}^{n} a^k = \sum_{k=-\infty}^{n} a^k \varepsilon(k)$,而

$$a^k \varepsilon(k) \leftrightarrow \frac{z}{z-a} \qquad |z| > |a|$$

故而由部分和性质,可得

$$\sum_{k=0}^{n} a^k \leftrightarrow \frac{z}{z-1} \cdot \frac{z}{z-a} \qquad |z| > \max(|a|, 1)$$

6.2.9　初值定理

初值定理适用于右边序列,即当 $n < k$(k 为整数)时,$f(n) = 0$。它用于由象函数直接求得序列的初值 $f(k), f(k+1), \cdots$,而不必求得原序列。

如果序列在 $n < k$ 时, $f(n) = 0$, 它与象函数的关系为

$$f(n) \leftrightarrow F(z) \qquad \alpha < |z| < \beta$$

序列的初值为

$$f(k) = \lim_{z \to \infty} z^k F(z) \tag{6.2.34}$$

对因果序列 $f(n)$, 也即 $k = 0$, 有

$$f(0) = \lim_{z \to \infty} F(z) \tag{6.2.35}$$

证明　　　$F(z) = \sum_{n = -\infty}^{\infty} f(n) z^{-n}$

$$= \sum_{n = k}^{\infty} f(n) z^{-n} \tag{6.2.36}$$

$$= f(k) z^{-k} + f(k+1) z^{-(k+1)} + f(k+2) z^{-(k+2)} + \cdots$$

式(6.2.36)两边乘 z^k, 得

$$z^k F(z) = f(k) + f(k+1) z^{-1} + f(k+2) z^{-2} + \cdots \tag{6.2.37}$$

对式(6.2.37)取 $z \to \infty$, 得

$$f(k) = \lim_{z \to \infty} z^k F(z) \tag{6.2.38}$$

当 $k = 0$ 时, 有

$$f(0) = \lim_{z \to \infty} F(z) \tag{6.2.39}$$

类似的, 可推导出因果序列的其他值为

$$f(1) = \lim_{z \to \infty} [z F(z) - z f(0)] \tag{6.2.40}$$

$$f(2) = \lim_{z \to \infty} \left[z^2 F(z) - z^2 f(0) - z f(1) \right] \tag{6.2.41}$$

$$f(n) = \lim_{z \to \infty} z^n \left[F(z) - \sum_{i=0}^{n-1} f(i) z^{-i} \right] \tag{6.2.42}$$

6.2.10　终值定理

终值定理适用于右边序列, 用于由象函数直接求得序列的终值, 而不必求得原序列。

如果序列在 $n < k$ 时, $f(n) = 0$, 它与象函数的关系为

$$f(n) \leftrightarrow F(z) \qquad \alpha < |z| < \beta$$

序列的终值为

$$f(\infty) = \lim_{z \to 1} \frac{z-1}{z} F(z) = \lim_{z \to 1} (z-1) F(z) \tag{6.2.43}$$

证明　　　$Z[f(n) - f(n-1)] = F(z) - z^{-1} F(z)$

$$= \sum_{n=k}^{\infty} [f(n) - f(n-1)] z^{-n} \tag{6.2.44}$$

即

$$(1 - z^{-1}) F(z) = \lim_{N \to \infty} \sum_{n=k}^{N} [f(n) - f(n-1)] z^{-n} \tag{6.2.45}$$

对式(6.2.45)取 $z \to 1$ 的极限(显然 $z = 1$ 应在收敛域内), 并交换求极限的次序, 得

$$\lim_{z \to 1}(1 - z^{-1})F(z) = \lim_{z \to 1} \lim_{N \to \infty} \sum_{n=k}^{N} [f(n) - f(n-1)]z^{-n}$$

$$= \lim_{N \to \infty} \lim_{z \to 1} \sum_{n=k}^{N} [f(n) - f(n-1)]z^{-n}$$

$$= \lim_{N \to \infty} \sum_{n=k}^{N} [f(n) - f(n-1)] \qquad (6.2.46)$$

$$= \lim_{N \to \infty} f(N)$$

$$= f(\infty)$$

终值定理只有在当 $n \to \infty$ 时 $f(n)$ 收敛的情况下才能应用。

例 6.19　因果序列 $f(n)$ 的 z 变换为 $F(z) = \dfrac{z}{z-a}$（$|z| > |a|$，a 为实数），求 $f(0)$，$f(1)$，$f(2)$ 和 $f(\infty)$。

解　①求初值

$$f(0) = \lim_{z \to \infty} \frac{z}{z-a} = 1$$

$$f(1) = \lim_{z \to \infty} [zF(z) - zf(0)]$$

$$= \lim_{z \to \infty} \left(z\frac{z}{z-a} - z \right)$$

$$= a$$

$$f(2) = \lim_{z \to \infty} [z^2 F(z) - z^2 f(0) - zf(1)]$$

$$= \lim_{z \to \infty} \left(z^2 \frac{z}{z-a} - z^2 - za \right)$$

$$= a^2$$

上述象函数的原序列为 $a^n \varepsilon(n)$，可知以上结果对任意实数 a 均正确。

②求终值

$$f(\infty) = \lim_{z \to 1}(1 - z^{-1})F(z)$$

$$= \lim_{z \to 1} \frac{(z-1)}{z} \frac{z}{z-a}$$

$$= \begin{cases} 0 & |a| < 1 \\ 1 & a = 1 \\ 0 & a = -1 \\ 0 & |a| > 1 \end{cases}$$

当 a 取不同的值时，讨论 $F(z)$ 是否收敛：

①当 $|a| < 1$ 时，$z = 1$ 在 $F(z)$ 的收敛域内，终值定理成立。

②当 $a = 1$ 时，$z = 1$ 在 $F(z)$ 的收敛域内，终值定理成立。

③当 $a = -1$ 时，$f(n) = (-1)^n \varepsilon(n)$，此时 $\lim\limits_{n \to \infty}(-1)^n \varepsilon(n)$ 不收敛，终值定理不成立。

④当 $|a| > 1$ 时，$z = 1$ 不在 $F(z)$ 的收敛域内，终值定理不成立。

现将 z 变换的主要性质及定理列于表 6.2.1 中，以便查阅和应用。

表 6.2.1　z 变换的性质

序号	名　称	n 域	z 域
1	线性	$a_1 f_1(n) + a_2 f_2(n)$	$a_1 F_1(z) + a_2 F_2(z)$　　$\max(\alpha_1,\alpha_2) < \mid z \mid < \min(\beta_1,\beta_2)$
2	移位 （双边 z 变换）	$f(n \pm k)$	$z^{\pm k} F(z)$　　$\alpha < \mid z \mid < \beta$
3	序列右移 （单边 z 变换）	$f(n-k)$	$z^{-k} F(z) + \sum\limits_{n=0}^{k-1} f(n-k) z^{-n}$　　$\mid z \mid > a$
4	序列左移 （单边 z 变换）	$f(n+k)$	$z^{k} F(z) - \sum\limits_{n=0}^{k-1} f(n) z^{k-n}$　　$\mid z \mid > a$
5	z 域尺度 变换	$a^n f(n)$	$F\left(\dfrac{z}{a}\right)$　　$\alpha < \left\lvert \dfrac{z}{a} \right\rvert < \beta$
6	z 域微分	$nf(n)$	$-z \dfrac{\mathrm{d}}{\mathrm{d}z} F(z)$　　$\alpha < \mid z \mid < \beta$
7	z 域积分	$\dfrac{f(n)}{n+m}$	$z^m \displaystyle\int_z^\infty \dfrac{F(\eta)}{\eta^{m+1}} \mathrm{d}\eta$　　$\alpha < \mid z \mid < \beta$
8	n 域反转	$f(-n)$	$F(z^{-1})$　　$\dfrac{1}{\beta} < \mid z \mid < \dfrac{1}{\alpha}$
9	n 域卷积	$f_1(n) * f_2(n)$	$F_1(z) \cdot F_2(z)$　　$\max(\alpha_1,\alpha_2) < \mid z \mid < \min(\beta_1,\beta_2)$
10	z 域卷积	$f_1(n) \cdot f_2(n)$	$\dfrac{1}{2\pi \mathrm{j}} \oint_{C_1} F_1(v) F_2\left(\dfrac{z}{v}\right) v^{-1} \mathrm{d}v$　　$\max(\alpha_1,\alpha_2) < \mid z \mid < \min(\beta_1,\beta_2)$
11	部分和	$\sum\limits_{i=-\infty}^{n} f(i)$	$\dfrac{z}{z-1} F(z)$　　$\max(\alpha,1) < \mid z \mid < \beta$
12	初值定理		$f(0) = \lim\limits_{z \to \infty} F(z)$ 适用于右边序列
13	终值定理		$f(\infty) = \lim\limits_{z \to 1} \dfrac{z-1}{z} F(z)$ 适用于右边序列，只有当 $n \to \infty$ 时 $f(n)$ 收敛的情况下才能应用

6.3 逆 z 变换

同连续系统一样,在离散系统分析中,通常要求从 z 域的象函数 $F(z)$ 求出时域的原序列 $f(n)$,这个过程就是逆 z 变换,也称 z 逆变换。$F(z)$ 的逆变换记为

$$f(n) = Z^{-1}[F(z)] \tag{6.3.1}$$

由于 z 变换的定义中,$F(z)$ 为幂级数,因此,可将 $F(z)$ 展开为幂级数,然后根据幂级数各项的系数求逆变换 $f(n)$。若 $F(z)$ 为有理式,则可将 $F(z)$ 展开成部分分式,结合常用 z 变换对求逆变换。除此之外,还可根据复变函数理论,利用反演积分(留数法)来求解 z 逆变换。本节对反演积分来求解 z 逆变换不作讨论,有兴趣的读者可自行参阅相关文献。

6.3.1 幂级数展开法

根据 z 变换的定义,因果序列和反因果序列的象函数分别是 z^{-1} 和 z 的幂级数,其系数就是相应的序列值,即

$$F(z) = \sum_{n=-\infty}^{\infty} f(n)z^{-n} = \frac{B(z)}{A(z)} \tag{6.3.2}$$

一般情况下,$F(z)$ 是一个有理分式,分子分母都是 z 的多项式,因此,可直接利用分子多项式除以分母多项式得到幂级数展开式,从而得到 $f(n)$,因此这种方法也称为长除法。在利用长除法作 z 逆变换时,同样要根据收敛域判断序列 $f(n)$ 的性质。如果 $F(z)$ 的收敛域为 $|z|>\alpha$,则 $f(n)$ 是因果序列,此时,将 $F(z)$ 的分子分母按照 z 的降幂(或 z^{-1} 的升幂)进行排列,再进行长除;如果 $F(z)$ 的收敛域为 $|z|<\beta$,则 $f(n)$ 为反因果序列,此时,将 $F(z)$ 的分子分母按照 z 的升幂(或 z^{-1} 的降幂)进行排列,再进行长除运算。

例 6.20 已知象函数

$$F(z) = \frac{z^2 + z}{(z-1)^2}$$

其收敛域分别为 $|z|>1$,$|z|<1$,分别求其相对应的原序列 $f(n)$。

解 ① 由于 $F(z)$ 的收敛域为 $|z|>1$,故 $f(n)$ 为因果序列。用长除法将 $F(z)$ 的分子分母按照 z 的降幂排列,即

$$F(z) = \frac{z^2 + z}{z^2 - 2z + 1}$$

进行长除,得

$$
\begin{array}{r}
1+3z^{-1}+5z^{-2}+7z^{-3}+\cdots \\
z^2 - 2z + 1 \overline{\smash{\big)}\ z^2 + z } \\
\underline{z^2 - 2z + 1} \\
3z - 1 \\
\underline{3z - 6 + 3z^{-1}} \\
5 - 3z^{-1} \\
\underline{5 - 10z^{-1} + 5z^{-2}} \\
7z^{-1} - 5z^{-2} \\
\vdots
\end{array}
$$

从而得

$$F(z) = 1 + 3z^{-1} + 5z^{-2} + 7z^{-3} + \cdots = \sum_{n=0}^{\infty} (2n+1)z^{-n}$$

于是,可得原序列为

$$f(n) = (2n+1)\varepsilon(n)$$

②由于 $F(z)$ 的收敛域为 $|z| < 1$,故 $f(n)$ 为反因果序列。用长除法将 $F(z)$ 的分子分母按照 z 的升幂排列,即

$$F(z) = \frac{z + z^2}{1 - 2z + z^2}$$

进行长除, 得

$$
\begin{array}{r}
z + 3z^2 + 5z^3 + \cdots \\
1 - 2z + z^2 \overline{\smash{\big)}\ z + z^2\ } \\
\underline{z - 2z^2 + z^3} \\
3z^2 - z^3 \\
\underline{3z^2 - 6z^3 + 3z^4} \\
5z^3 - 3z^4 \\
\underline{5z^3 - 10z^4 + 5z^2} \\
7z^4 - 5z^2 \\
\vdots
\end{array}
$$

$$F(z) = \frac{z + z^2}{1 - 2z + z^2} = z + 3z^2 + 5z^3 + \cdots$$

于是,可得原序列为

$$f(n) = \{\cdots, 5, 3, 1, \underset{\uparrow}{0}\}$$

注意:若 $F(z)$ 的收敛域为 $R_- < |z| < R_+$,则 $f(n)$ 为双边序列,$F(z)$ 要分解成相应的因果和反因果序列,然后分别按 z 的降幂和升幂进行排列后用长除法求得 $f(n)$。通常情况下,如果只求序列 $f(n)$ 的前几个值,则用长除法比较方便。

6.3.2　部分分式展开法

用幂级数展开法求 z 逆变换,原序列通常难以写成闭合形式,而部分分式展开法一般可得到原序列的闭合形式。若 $F(z)$ 为有理分式,则 $F(z)$ 可表示为

$$F(z) = \frac{b_M z^M + b_{M-1} z^{M-1} + \cdots + b_1 z + b_0}{a_N z^N + a_{N-1} z^{N-1} + \cdots + a_1 z + a_0} = \frac{B(z)}{A(z)} \tag{6.3.3}$$

其中,$N > M$。与求拉普拉斯逆变换方法类似,将式(6.3.3)中 $B(z) = 0$ 的 M 个根称为 $F(z)$ 的零点,$A(z) = 0$ 的 N 个根称为 $F(z)$ 的极点。利用部分分式展开法将 $F(z)$ 分解成 N 个部分分式,其每一项都可归为常用信号的象函数表达,从而得到相应的原函数 $f(n)$。

若出现 $N \leqslant M$ 的情况,可利用长除法得到一个 z 的多项式和一个有理分式,即

$$F(z) = \frac{B(z)}{A(z)} = C_0 + C_1 z + \cdots + C_{M-N} z^{M-N} + \frac{Q(z)}{A(z)} \tag{6.3.4}$$

令 $C(z) = C_0 + C_1 z + \cdots + C_{M-N} z^{M-N}$,它是 z 的有理多项式,其 z 逆变换为单位序列 $\delta(n)$ 及其移位,即

$$Z^{-1}[C(z)] = C_0\delta(n) + C_1\delta(n+1) + \cdots + C_{M-N}\delta(n+M-N) \tag{6.3.5}$$

有

$$f(n) = Z^{-1}[C(z)] + Z^{-1}\left[\frac{Q(z)}{A(z)}\right] \tag{6.3.6}$$

其中，$Z^{-1}\left[\dfrac{Q(z)}{A(z)}\right]$可由部分分式展开法求得。

由常用信号的 z 变换表可知，常用序列的 z 变换的分子中很多都有 z 项，为此，常将 $\dfrac{F(z)}{z}$ 展开为部分分式之和，再乘以 z，然后根据 z 变换的收敛域求得原序列 $f(n)$。根据 $F(z)$ 极点的不同类型，将 $\dfrac{F(z)}{z}$ 展开成下述 3 种情况。

(1) $F(z)$ 有单实极点

若 $F(z)$ 有 N 个单实极点，则式 (6.3.3) 可表示为

$$F(z) = \frac{B(z)}{(z-z_1)(z-z_2)\cdots(z-z_N)} \tag{6.3.7}$$

其中，$z_i(i=1,2,\cdots,N)$ 为 N 个极点，则 $\dfrac{F(z)}{z}$ 可展开为

$$\begin{aligned}
\frac{F(z)}{z} &= \frac{B(z)}{z(z-z_1)(z-z_2)\cdots(z-z_N)} \\
&= \frac{k_0}{z} + \frac{k_1}{z-z_1} + \cdots + \frac{k_N}{z-z_N}
\end{aligned} \tag{6.3.8}$$

式 (6.3.8) 中各系数为

$$k_i = (z-z_i)\left.\frac{F(z)}{z}\right|_{z=z_i} \qquad i = 0,1,\cdots,N \tag{6.3.9}$$

其中，$z_0 = 0$。这样式 (6.3.8) 可表示为

$$F(z) = k_0 + \frac{k_1 z}{z-z_1} + \cdots + \frac{k_N z}{z-z_N} \tag{6.3.10}$$

根据给定的收敛域，由基本的 z 变换对求 $F(z)$ 的逆 z 变换，即可得到 $f(n)$ 的表达式。

例 6.21   求象函数 $F(z) = \dfrac{2z}{(z-1)(z-2)}$，$|z| > 2$ 的原函数 $f(n)$。

解   由 $F(z) = \dfrac{2z}{(z-1)(z-2)}$，将 $\dfrac{F(z)}{z}$ 展开，得

$$\begin{aligned}
\frac{F(z)}{z} &= \frac{2}{(z-1)(z-2)} \\
&= \frac{k_1}{z-1} + \frac{k_2}{z-2}
\end{aligned}$$

由式 (6.3.9) 得

$$k_1 = (z-1)\left.\frac{F(z)}{z}\right|_{z=1} = \left.\frac{2}{(z-2)}\right|_{z=1} = -2$$

$$k_2 = (z-2)\left.\frac{F(z)}{z}\right|_{z=2} = \left.\frac{2}{(z-1)}\right|_{z=2} = 2$$

故

$$\frac{F(z)}{z} = \frac{2}{(z-1)(z-2)} = \frac{-2}{z-1} + \frac{2}{z-2}$$

$$F(z) = \frac{-2z}{z-1} + \frac{2z}{z-2}$$

因为 $|z| > 2$，$f(n)$ 是因果序列，其原函数为

$$f(n) = -2\varepsilon(n) + 2(2)^n\varepsilon(n) = 2(2^n - 1)\varepsilon(n)$$

例 6.22　已知象函数 $F(z) = \dfrac{z^2}{(z+1)(z-2)} = \dfrac{z^2}{z^2 - z - 2}$，其收敛域分别为 $|z| > 2$，$|z| < 1$ 及 $1 < |z| < 2$，分别求其相对应的原序列 $f(n)$。

解　①由于 $F(z)$ 的收敛域 $|z| > 2$，故 $f(n)$ 为因果序列，则

$$F(z) = \frac{z^2}{(z+1)(z-2)}$$

$$= \frac{\frac{1}{3}z}{z+1} + \frac{\frac{2}{3}z}{z-2} \qquad |z| > 2$$

$$F_1(z) = \frac{\frac{1}{3}z}{z+1} \qquad |z| > 1$$

$$f_1(n) = \frac{1}{3}(-1)^n\varepsilon(n)$$

$$F_2(z) = \frac{\frac{2}{3}z}{z-2} \qquad |z| > 2$$

$$f_2(n) = \frac{2}{3}(2)^n\varepsilon(n)$$

其原函数为

$$f(n) = f_1(n) + f_2(n)$$

$$= \frac{1}{3}(-1)^n\varepsilon(n) + \frac{2}{3}(2)^n\varepsilon(n)$$

②由于 $F(z)$ 的收敛域 $|z| < 1$，故 $f(n)$ 为反因果序列，则

$$F(z) = \frac{z^2}{(z+1)(z-2)}$$

$$= \frac{\frac{1}{3}z}{z+1} + \frac{\frac{2}{3}z}{z-2} \qquad |z| < 1$$

$$F_1(z) = \frac{\frac{1}{3}z}{z+1} \qquad |z| < 1$$

$$f_1(n) = -\frac{1}{3}(-1)^n\varepsilon(-n-1)$$

$$F_2(z) = \frac{\frac{2}{3}z}{z-2} \qquad |z| < 2$$

$$f_2(n) = -\frac{2}{3}(2)^n \varepsilon(-n-1)$$

其原函数为

$$f(n) = f_1(n) + f_2(n)$$

$$= -\frac{1}{3}(-1)^n \varepsilon(-n-1) - \frac{2}{3}(2)^n \varepsilon(-n-1)$$

③由于 $F(z)$ 的收敛域 $1 < |z| < 2$，其原序列 $f(n)$ 为双边序列，且第一项为因果序列（ $|z| > 1$ ），第二项为反因果序列（ $|z| < 2$ ），则

$$F(z) = \frac{z^2}{(z+1)(z-2)}$$

$$= \frac{\frac{1}{3}z}{z+1} + \frac{\frac{2}{3}z}{z-2} \qquad 1 < |z| < 2$$

$$F_1(z) = \frac{\frac{1}{3}z}{z+1} \qquad |z| > 1$$

$$f_1(n) = \frac{1}{3}(-1)^n \varepsilon(n)$$

$$F_2(z) = \frac{\frac{2}{3}z}{z-2} \qquad |z| < 2$$

$$f_2(n) = -\frac{2}{3}(2)^n \varepsilon(-n-1)$$

其原函数为

$$f(n) = f_1(n) + f_2(n)$$

$$= \frac{1}{3}(-1)^n \varepsilon(n) - \frac{2}{3}(2)^n \varepsilon(-n-1)$$

(2) $F(z)$ 含共轭单极点

设 $F(z)$ 有一对共轭单极点 $z_{1,2} = a \pm jb$，则 $\frac{F(z)}{z}$ 可展开为

$$F(z) = \frac{B(z)}{[(z+a)^2 + b^2]A_2(z)}$$

$$= \frac{B(z)}{(z+a-jb)(z+a+jb)A_2(z)}$$

$$= \frac{B_1(z)}{A_1(z)} + \frac{B_2(z)}{A_2(z)} \qquad\qquad (6.3.11)$$

$$= \frac{k_1}{z+a-jb} + \frac{k_2}{z+a+jb} + \frac{B_2(z)}{A_2(z)}$$

$$= F_1(z) + F_2(z)$$

$$\frac{F_1(z)}{z} = \frac{B_1(z)}{(z-z_1)(z-z_2)} = \frac{k_1}{z-z_1} + \frac{k_2}{z-z_2} \qquad (6.3.12)$$

其中，z_1, z_2 为一对共轭单极点，即

$$z_{1,2} = a \pm jb = \alpha e^{\pm j\beta} \tag{6.3.13}$$

另外,可证明 k_1, k_2 是一对共轭复数,即

$$\begin{cases} k_1 = |k_1| e^{j\theta} \\ k_2 = k_1^* = |k_1| e^{-j\theta} \end{cases} \tag{6.3.14}$$

将 z_1, z_2 和 k_1, k_2 代入式(6.3.12),得

$$F_1(z) = \frac{|k_1| e^{j\theta} z}{z - \alpha e^{j\beta}} + \frac{|k_1| e^{-j\theta} z}{z - \alpha e^{-j\beta}} \tag{6.3.15}$$

式(6.3.15)原函数在 $|z| > \alpha$ 时为

$$\begin{aligned} f_1(n) &= |k_1| e^{j\theta} \alpha^n e^{j\beta n} + |k_1| e^{-j\theta} \alpha^n e^{-j\beta n} \\ &= 2|k_1| \alpha^n \cos(\beta n + \theta) \varepsilon(n) \end{aligned} \tag{6.3.16}$$

式(6.3.15)原函数在 $|z| < \alpha$ 时为

$$f(n) = -2|k_1| \alpha^n \cos(\beta n + \theta) \varepsilon(-n-1) \tag{6.3.17}$$

例 6.23　已知 $F(z) = \dfrac{z^3 + 6}{(z+1)(z^2+4)} (|z| > 2)$,求 $F(z)$ 的原函数 $f(n)$。

解　将 $\dfrac{F(z)}{z}$ 展开为

$$\frac{F(z)}{z} = \frac{z^3 + 6}{z(z+1)(z+j2)(z-j2)}$$

其极点分别为 $z_1 = 0, z_1 = -1, z_{3,4} = \pm j2 = 2e^{\pm j\frac{\pi}{2}}$,故上式可展开为

$$\frac{F(z)}{z} = \frac{k_1}{z} + \frac{k_2}{z+1} + \frac{k_3}{z - 2e^{j\frac{\pi}{2}}} + \frac{k_4}{z - 2e^{-j\frac{\pi}{2}}} \tag{6.3.18}$$

其中,各系数为

$$\begin{cases} k_1 = z \cdot \dfrac{F(z)}{z} \bigg|_{z=0} = \dfrac{z^3 + 6}{(z+1)(z^2+4)} \bigg|_{z=0} = 1.5 \\[3mm] k_2 = (z+1) \cdot \dfrac{F(z)}{z} \bigg|_{z=-1} = \dfrac{z^3 + 6}{z(z^2+4)} \bigg|_{z=-1} = -1 \\[3mm] k_3 = (z-j2) \cdot \dfrac{F(z)}{z} \bigg|_{z=j2} = \dfrac{z^3 + 6}{z(z+1)(z+j2)} \bigg|_{z=j2} = \dfrac{\sqrt{5}}{4} e^{j63.4°} \\[3mm] k_4 = k_3^* = \dfrac{\sqrt{5}}{4} e^{-j63.4°} \end{cases}$$

将各系数代入式(6.3.18),得

$$F(z) = 1.5 + \frac{-z}{z+1} + \frac{\dfrac{\sqrt{5}}{4} e^{j63.4°} z}{z - 2e^{j\frac{\pi}{2}}} + \frac{\dfrac{\sqrt{5}}{4} e^{-j63.4°} z}{z - 2e^{-j\frac{\pi}{2}}}$$

由于 $F(z)$ 的收敛域 $|z| > 2$,故 $f(n)$ 为因果序列,其原函数为

$$f(n) = \left[1.5\delta(n) - (-1)^n + \frac{\sqrt{5}}{2}(2)^n \cos\left(\frac{n\pi}{2} + 63.4°\right) \right] \varepsilon(n)$$

(3) $F(z)$ 有重极点

设 $F(z)$ 仅在 $z = z_1 = a$ 处含有 r 重极点

$$F(z) = \frac{B(z)}{A(z)}$$

$$= \frac{B_1(z)}{A_1(z)} + \frac{B_2(z)}{A_2(z)} \tag{6.3.19}$$

$$= F_1(z) + F_2(z)$$

其中，$F_1(z)$ 包含重极点，$F_2(z)$ 是除重极点以外的项，则

$$\frac{F_1(z)}{z} = \frac{B_1(z)}{(z-a)^r}$$

$$= \frac{k_{11}}{(z-a)^r} + \frac{k_{12}}{(z-a)^{r-1}} + \cdots + \frac{k_{1r}}{z-a} \tag{6.3.20}$$

其中，各系数为

$$k_{1i} = \frac{1}{(i-1)!} \frac{\mathrm{d}^{i-1}}{\mathrm{d}z^{i-1}} \Big[(z-a)^r \frac{F(z)}{z} \Big] \Big|_{z=a} \tag{6.3.21}$$

则

$$F(z) = \frac{k_{11}z}{(z-a)^r} + \frac{k_{12}z}{(z-a)^{r-1}} + \cdots + \frac{k_{1r}z}{z-a} \tag{6.3.22}$$

当 $|z| > a$ 时，原序列为因果序列，有

$$Z^{-1}\Big[\frac{z}{(z-a)^r} \Big] = \frac{n(n-1)\cdots(n-r+2)}{(r-1)!} a^{n-r+1} \varepsilon(n) \tag{6.3.23}$$

常用的有

$$\begin{cases} Z^{-1}\Big[\frac{z}{z-a} \Big] = a^n \varepsilon(n) \\ Z^{-1}\Big[\frac{z}{(z-a)^2} \Big] = na^{n-1} \varepsilon(n) \\ Z^{-1}\Big[\frac{z}{(z-a)^3} \Big] = \frac{1}{2}n(n-1)a^{n-2} \varepsilon(n) \end{cases} \tag{6.3.24}$$

当 $|z| < a$ 时，原序列为反因果序列，有

$$Z^{-1}\Big[\frac{z}{(z-a)^r} \Big] = -\frac{n(n-1)\cdots(n-r+2)}{(r-1)!} a^{n-r+1} \varepsilon(-n-1) \tag{6.3.25}$$

例 6.24　已知 $F(z) = \dfrac{z^3+z^2}{(z-1)^3}(|z|>1)$，求 $F(z)$ 的原函数 $f(n)$。

解　将 $\dfrac{F(z)}{z}$ 的部分分式展开为

$$\frac{F(z)}{z} = \frac{z^2+z}{(z-1)^3}$$

$$= \frac{k_{11}}{(z-1)^3} + \frac{k_{12}}{(z-1)^2} + \frac{k_{13}}{z-1}$$

由式(6.3.21)得

$$k_{11} = (z-1)^3 \frac{F(z)}{z} \Big|_{z=1} = 2$$

$$k_{12} = \frac{1}{1!} \frac{\mathrm{d}}{\mathrm{d}z}\left[(z-1)^3 \frac{F(z)}{z}\right]\Big|_{z=1} = 3$$

$$k_{13} = \frac{1}{2!} \frac{\mathrm{d}^2}{\mathrm{d}z^2}\left[(z-1)^3 \frac{F(z)}{z}\right]\Big|_{z=1} = 1$$

则有

$$\frac{F(z)}{z} = \frac{z^2 + z}{(z-1)^3}$$

$$= \frac{2}{(z-1)^3} + \frac{3}{(z-1)^2} + \frac{1}{z-1}$$

故

$$F(z) = \frac{2z}{(z-1)^3} + \frac{3z}{(z-1)^2} + \frac{z}{z-1}$$

由于 $F(z)$ 的收敛域 $|z| > 1$，故 $f(n)$ 为因果序列，其原函数为

$$f(n) = \left[2 \cdot \frac{1}{2}n(n-1) + 3n + 1\right]\varepsilon(n)$$

$$= [n(n-1) + 3n + 1]\varepsilon(n)$$

$$= (n+1)^2 \varepsilon(n)$$

例 6.25　已知 $F(z) = \dfrac{z}{(z-2)(z-1)^2}(|z| > 2)$，求 $F(z)$ 的原函数 $f(n)$。

解　$\dfrac{F(z)}{z}$ 的部分分式展开为

$$\frac{F(z)}{z} = \frac{1}{(z-2)(z-1)^2}$$

$$= \frac{k_{11}}{(z-1)^2} + \frac{k_{12}}{z-1} + \frac{k_2}{z-2}$$

由式(6.3.9)、式(6.3.21)求得系数为

$$k_2 = (z-2)\frac{F(z)}{z}\Big|_{z=2} = \frac{1}{(z-1)^2}\Big|_{z=2} = 1$$

$$k_{11} = (z-1)^2\frac{F(z)}{z}\Big|_{z=1} = \frac{1}{z-2}\Big|_{z=1} = -1$$

$$k_{12} = \frac{1}{1!}\frac{\mathrm{d}}{\mathrm{d}z}\left[(z-1)^2\frac{F(z)}{z}\right]\Big|_{z=1} = \frac{\mathrm{d}}{\mathrm{d}z}\left[\frac{1}{(z-2)}\right]\Big|_{z=1} = -1$$

则有

$$\frac{F(z)}{z} = \frac{1}{(z-2)(z-1)^2} = \frac{1}{z-2} + \frac{-1}{(z-1)^2} + \frac{-1}{z-1}$$

故

$$F(z) = \frac{z}{(z-2)(z-1)^2} = \frac{z}{z-2} + \frac{-z}{(z-1)^2} + \frac{-z}{z-1}$$

由于 $F(z)$ 的收敛域 $|z| > 2$，故 $f(n)$ 为因果序列，其原函数为

$$f(n) = (2^n - n - 1)\varepsilon(n)$$

6.4　离散系统的 z 域分析

与连续系统的拉普拉斯变换分析类似,利用 z 变换可将差分方程变换为 z 域代数方程。单边 z 变换将系统的初始状态包含于象函数方程中,可直接求得差分方程的全解,也可分别求得离散系统的零输入响应、零状态响应和全响应。

6.4.1　差分方程的 Z 域解

描述 N 阶离散系统的差分方程为

$$\sum_{i=0}^{N} a_{N-i} y(n-i) = \sum_{j=0}^{M} b_{M-j} f(n-j) \tag{6.4.1}$$

其中,a_{N-i},b_{M-j} 为常数,且 $a_N = 1$。设激励 $f(n)$ 在 $n = 0$ 时接入系统,即 $n < 0$ 时,$f(n) = 0$,或者认为 $f(n)$ 是因果序列,响应为 $y(n)$,系统的初始状态为 $y(-1)$,$y(-2)$,$\cdots$,$y(-N)$,对式(6.4.1)两边作单边 z 变换,则由 z 变换的移位性质可得

$$\sum_{i=0}^{N} a_{N-i} \left[z^{-i} Y(z) + \sum_{n=0}^{i-1} y(n-i) z^{-n} \right] = \sum_{j=0}^{M} b_{M-j} z^{-j} F(z) \tag{6.4.2}$$

将式(6.4.2)展开后得

$$\sum_{i=0}^{N} a_{N-i} z^{-i} Y(z) + \sum_{i=0}^{N} a_{N-i} \sum_{n=0}^{i-1} y(n-i) z^{-n} = \sum_{j=0}^{M} b_{M-j} z^{-j} F(z) \tag{6.4.3}$$

整理后得

$$Y(z) = \underbrace{\frac{-\sum\limits_{i=0}^{N} a_{N-i} \sum\limits_{n=0}^{i-1} y(n-i) z^{-n}}{\sum\limits_{i=0}^{N} a_{N-i} z^{-i}}}_{z\text{域零输入响应}} + \underbrace{\frac{\sum\limits_{j=0}^{M} b_{M-j} z^{-j}}{\sum\limits_{i=0}^{N} a_{N-i} z^{-i}} \cdot F(z)}_{z\text{域零状态响应}} \tag{6.4.4}$$

式(6.4.4)中等号右端的第 1 项仅与系统的初始状态有关,而与系统的激励信号无关,因此,它是系统零输入响应 $y_s(n)$ 的 z 变换表示式,即

$$Z[y_s(n)] = Y_s(z) = \frac{-\sum\limits_{i=0}^{N} a_{N-i} \sum\limits_{n=0}^{i-1} y(n-i) z^{-n}}{\sum\limits_{i=0}^{N} a_{N-i} z^{-i}} \tag{6.4.5}$$

式(6.4.4)中等号右端的第 2 项仅与系统激励信号有关,而与系统的初始状态无关,因此,它是系统零状态响应 $y_f(n)$ 的 z 变换表示式,即

$$Z[y_f(n)] = Y_f(z) = \frac{\sum\limits_{j=0}^{M} b_{M-j} z^{-j}}{\sum\limits_{i=0}^{N} a_{N-i} z^{-i}} \cdot F(z) \tag{6.4.6}$$

因此有

$$Y(z) = Y_s(z) + Y_f(z) \tag{6.4.7}$$

分别对式(6.4.4)、式(6.4.5)及式(6.4.6)进行 z 逆变换,可求得系统的全响应 $y(n)$、零

输入响应 $y_s(n)$ 及零状态响应 $y_f(n)$。

例 6.26 已知二阶离散系统的差分方程为

$$y(n) - 5y(n-1) + 6y(n-2) = f(n-1)$$

$$f(n) = 2^n \varepsilon(n), y(-1) = 1, y(-2) = 1$$

求系统的零输入响应 $y_s(n)$、零状态响应 $y_f(n)$ 和全响应 $y(n)$。

解 令 $Y(z) = Z[y(n)]$，$F(z) = Z[f(n)]$，对系统差分方程两端取单边 z 变换，得

$$Y(z) - 5[z^{-1}Y(z) + y(-1)] + 6[z^{-2}Y(z) + y(-2) + y(-1)z^{-1}] = z^{-1}F(z)$$

$$(6.4.8)$$

整理式(6.4.8)，得

$$Y(z) = \frac{(5 - 6z^{-1})y(-1) - 6y(-2)}{1 - 5z^{-1} + 6z^{-2}} + \frac{z^{-1}}{1 - 5z^{-1} + 6z^{-2}}F(z)$$

$$= Y_s(z) + Y_f(z)$$

将初始状态 $y(-1) = 1$，$y(-2) = 1$ 代入零输入响应函数 $Y_s(z)$，得

$$Y_s(z) = \frac{(5 - 6z^{-1})y(-1) - 6y(-2)}{1 - 5z^{-1} + 6z^{-2}}$$

$$= \frac{-1 - 6z^{-1}}{1 - 5z^{-1} + 6z^{-2}}$$

$$= \frac{-z^2 - 6z}{z^2 - 5z + 6}$$

$$= \frac{-z^2 - 6z}{(z-2)(z-3)}$$

$$= \frac{8z}{z-2} - \frac{9z}{z-3}$$

零输入响应为

$$y_s(n) = (2^{n+3} - 3^{n+2})\varepsilon(n)$$

将 $F(z) = Z[2^n \varepsilon(k)] = \frac{z}{z-2}$ 代入零状态响应函数 $Y_f(z)$，得

$$Y_f(z) = \frac{z^{-1}}{1 - 5z^{-1} + 6z^{-2}}F(z)$$

$$= \frac{z^{-1}}{1 - 5z^{-1} + 6z^{-2}} \cdot \frac{z}{z-2}$$

$$= \frac{z}{z^2 - 5z + 6} \cdot \frac{z}{z-2}$$

$$= \frac{z^2}{(z-2)^2(z-3)}$$

$$= -\frac{2z}{(z-2)^2} - \frac{3z}{z-2} + \frac{3z}{z-3}$$

零状态响应为

$$y_f(n) = [-n2^n - 3 \times 2^n + 3 \times 3^n]\varepsilon(n)$$

$$= [3^{n+1} - (3+n)2^n]\varepsilon(n)$$

系统的全响应为

$$\begin{aligned} y(n) &= y_s(n) + y_f(n) \\ &= [(5-n)\cdot 2^n - 6\cdot 3^n]\varepsilon(n) \end{aligned}$$

6.4.2　系统函数 $H(z)$

离散系统在零状态条件下,零状态响应的象函数 $Y_f(z)$ 与激励的象函数 $F(z)$ 之比称为系统函数,用 $H(z)$ 表示,即

$$H(z) \overset{\text{def}}{=} \frac{Y_f(z)}{F(z)} \tag{6.4.9}$$

或写为

$$Y_f(z) = H(z)F(z) \tag{6.4.10}$$

根据式(6.4.6),得

$$H(z) = \frac{Y_f(z)}{F(z)} = \frac{\sum_{j=0}^{M} b_{M-j}z^{-j}}{\sum_{i=0}^{N} a_{N-i}z^{-i}} = \frac{B(z)}{A(z)} \tag{6.4.11}$$

其中,$A(z) = \sum_{i=0}^{N} a_{N-i}z^{-i}$,$B(z) = \sum_{j=0}^{M} b_{M-j}z^{-j}$,$A(z) = 0$ 称为离散系统的特征方程,其根称为特征根。对式(6.4.10) 进行 z 逆变换,可求得零状态响应,即

$$y_f(n) = z^{-1}[Y_f(z)] = z^{-1}[H(z)F(z)] \tag{6.4.12}$$

根据单位序列响应 $h(n)$ 的定义,当 $f(n) = \delta(n)$ 时,系统的零状态响应为 $h(n)$。由于 $Z[\delta(n)] = 1$,故由式(6.4.10)得

$$\begin{cases} h(n) = Z^{-1}[H(z)] \\ H(z) = Z[h(n)] \end{cases} \tag{6.4.13}$$

即系统的单位序列响应 $h(n)$ 与系统函数 $H(z)$ 是一对 z 变换对。式(6.4.13)同时也提供了一种计算$h(n)$的方法。根据卷积定理,由式(6.4.10)得

$$y_f(n) = h(n) * f(n) \tag{6.4.14}$$

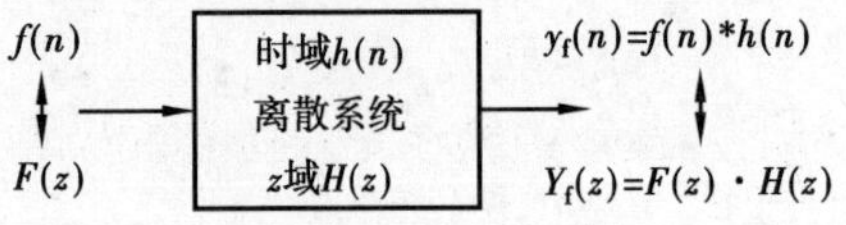

图 6.4.1　z 域分析法

其求 $y_f(n)$ 的过程如图 6.4.1 所示,称为 z 域分析。

综合系统函数 $H(z)$ 的求解方法如下:

①由系统的单位样值响应求解,即

$$H(z) = Z[h(n)]$$

②由 $H(z)$ 定义,即

$$H(z) \overset{\text{def}}{=} \frac{Z[y_f(n)]}{Z[f(n)]} = \frac{Y_f(z)}{F(z)}$$

③由系统的差分方程写出 $H(z)$。

例 6.27　某 LTI 离散二阶系统的差分方程为

$$y_f(n) + a_1y_f(n-1) + a_0y_f(n-2) = b_1f(n-1) + b_0f(n-2)$$

求其系统函数 $H(z)$。

解　由于是零状态响应,对系统差分方程两边取 z 变换,得

$$Y_f(z) + a_1 z^{-1} Y_f(z) + a_0 z^{-2} Y_f(z) = b_1 z^{-1} F(z) + b_0 z^{-2} F(z)$$

$$(1 + a_1 z^{-1} + a_0 z^{-2}) Y_f(z) = (b_1 z^{-1} + b_0 z^{-2}) F(z)$$

$$H(z) = \frac{Y_f(z)}{F(z)}$$

$$= \frac{b_1 z^{-1} + b_0 z^{-2}}{1 + a_1 z^{-1} + a_0 z^{-2}}$$

$$= \frac{b_1 z + b_0}{z^2 + a_1 z + a_0}$$

6.4.3　离散系统函数的零、极点

一个 N 阶的线性时不变离散系统的系统函数 $H(z)$ 是有理函数，系统函数还可表示为

$$H(z) = \frac{B(z)}{A(z)} = \frac{b_M z^M + b_{M-1} z^{M-1} + \cdots + b_0}{a_N z^N + a_{N-1} z^{N-1} + \cdots + a_0}$$

$$= H_0 \frac{(z - \xi_1)(z - \xi_2)\cdots(z - \xi_m)}{(z - p_1)(z - p_2)\cdots(z - p_N)} \qquad (6.4.15)$$

$$= H_0 \frac{\prod\limits_{j=1}^{M}(z - \xi_j)}{\prod\limits_{i=1}^{N}(z - p_i)}$$

其中，$H_0 = \dfrac{b_M}{a_N}$ 为比例常数；$\xi_1, \xi_2, \cdots, \xi_M$ 称为系统函数 $H(z)$ 的零点；$p_1, p_2, \cdots, p_N$ 称为系统函数 $H(z)$ 的极点。与连续系统的系统函数类似，系统函数 $H(z)$ 的极点的性质和分布决定了单位序列响应 $h(n)$ 的形式。同时，由于 $A(z) = 0$ 是系统的特征方程，因此，$H(z)$ 的极点也决定系统的自由响应的形式。$H(z)$ 的零点影响了 $h(n)$ 的幅度和相位。零点和极点的值可以是实数、虚数或复数，由于方程的系数均为实数，因此零、极点若为虚数或复数，则必须共轭成对出现。

系统函数 $H(z)$ 除了一个比例因子 H_0 外，可由它的全部零点 ξ_j 及全部极点 p_i 完全确定。因此，人们可从 $H(z)$ 的极点和零点在 z 平面上的分布来分析和观察离散系统的一些重要性质。如图6.4.2所示为离散系统 $H(z)$ 的极点分布图，其中"×"代表极点。

下面简要讨论 $H(z)$ 的极点与 $h(n)$ 的关系。为简便起见，假设式(6.4.15)所有的极点都是单极点（可以含一阶共轭极点），利用部分分式展开法，可得

$$H(z) = \sum_{i=1}^{N} \frac{k_i z}{z - z_i} \qquad (6.4.16)$$

单位序列响应为

$$h(n) = z^{-1}[H(z)] = \sum_{i=1}^{N} k_i z_i^n \varepsilon(n) \qquad (6.4.17)$$

离散时间系统的系统函数 $H(z)$ 的极点，按其在 z 平面的位置可分为单位圆内、单位圆上和单位圆外3类。下面针对3种情况下的极点分布，分别讨论其对应的单位序列响应 $h(n)$ 的特性。

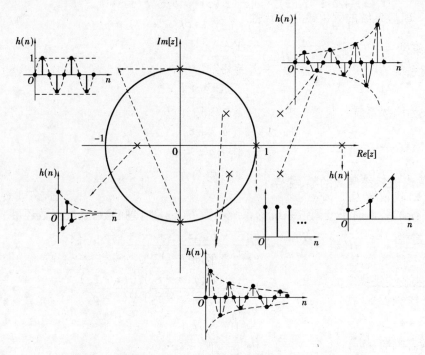

图 6.4.2　离散系统 $H(z)$ 的一阶极点分布与 $h(n)$ 的关系

(1) 极点在 z 平面的单位圆内

当 $|z_i| < 1$，即 $H(z)$ 的极点在 z 平面的单位圆内，则 $\lim\limits_{n\to\infty} k_i z_i^n = 0$，$h(n)$ 的幅度随 n 的增长而衰减；一对单位圆内共轭极点对应的 $h(n)$ 是衰减振荡。

(2) 极点在 z 平面的单位圆上

当 $|z_i| = 1$，即 $H(z)$ 的极点在 z 平面的单位圆上，$h(n)$ 的幅度随 n 的增长维持不变；一对单位圆上的共轭极点对应的 $h(n)$ 是等幅振荡。

(3) 极点在 z 平面的单位圆外

当 $|z_i| > 1$，即 $H(z)$ 的极点在 z 平面的单位圆外，则 $\lim\limits_{n\to\infty} k_i z_i^n \to \infty$，$h(n)$ 的幅度随 n 的增长而增长；一对单位圆外共轭极点对应的 $h(n)$ 是增幅振荡。

图 6.4.2 列出了 $H(z)$ 的一阶极点位置与 $h(n)$ 中对应项形式的关系。有关高阶极点的情况不再讨论，读者可自行参阅相关文献。

在离散系统中，系统的频率响应对应于 z 平面单位圆上的点，频率响应可利用单位圆上的点和各个零极点产生的向量的长度和角度来判断（类似于连续系统的零、极点与频域特性的关系）。通过离散时间傅里叶变换（Discrete-time Fourier Transform，DTFT），可将序列分解为无数个振幅等于无穷小的复正弦信号的和。因此，对于离散系统而言，也可研究其对各个频率的复正弦信号的响应，从而得到与连续时间系统一样的频率特性。这里不作详细讨论，有兴趣的读者可自行参阅相关文献。

6.4.4 离散系统的因果性和稳定性

(1)因果性

与连续系统的因果性定义相似,若离散系统对所有满足 $f(n) = 0(n < 0)$ 的 $f(n)$ 都有

$$y_f(n) = 0 \qquad n < 0 \tag{6.4.18}$$

则称该系统为因果系统。显然,当 $f(n) = \delta(n)$ 时,由于当 $n < 0$ 时,$f(n) = \delta(n)$,因果系统必有

$$h(n) = 0 \qquad n < 0 \tag{6.4.19}$$

式(6.4.19)为因果离散系统的充分和必要条件。若从系统函数 $H(z)$ 来看系统的因果性,凡是 $H(z)$ 收敛域为 $|z| > r$ 的系统均为因果系统。实际上,所遇到的物理可实现的系统都属于因果系统。

(2)稳定性

与连续系统的稳定性定义相似,若对任意的有界输入序列,其零状态响应也是有界的序列,则该离散系统是稳定的系统。

若输入序列有界,即

$$|f(n)| < M_f \tag{6.4.20}$$

其零状态响应满足

$$|y_f(n)| < M_y \tag{6.4.21}$$

则称该离散系统是稳定的,式(6.4.20)、式(6.4.21)中 M_f,M_y 为有界正实常数。可以证明,离散系统稳定的充分必要条件为

$$\sum_{n=-\infty}^{\infty} |h(n)| < M \tag{6.4.22}$$

其中,M 为有界正实常数。式(6.4.22)表明,离散系统稳定的充要条件是单位序列响应 $h(n)$ 满足绝对可和。对于因果系统有

$$\sum_{n=0}^{\infty} |h(n)| < M \tag{6.4.23}$$

满足式(6.4.22)或式(6.4.23)绝对可和条件的单位序列响应 $h(n)$ 一定是随着 n 的增加而衰减的序列,即

$$\lim_{n \to \infty} h(n) = 0 \tag{6.4.24}$$

由于系统函数 $H(z) = Z[h(n)]$,由 z 逆变换可知,单位序列 $h(n)$ 的函数形式由 $H(z)$ 的极点所决定。对于因果系统,其收敛域在圆外,只有当 $H(z)$ 的极点均在单位圆内时,其对应的单位序列响应 $h(n)$ 才能满足式(6.4.23)和式(6.4.24)。因此,离散系统稳定的另一种说法是:若 $H(z)$ 的极点均在单位圆内时,则该系统必是稳定的因果系统。

系统稳定性与极点分布的判定关系如下:

①稳定系统。若 $H(z)$ 的所有极点位于单位圆内部,则系统稳定。

②临界稳定系统。若 $H(z)$ 的极点为位于单位圆上的一阶极点,则系统临界稳定。

③不稳定系统。若 $H(z)$ 只要有一个极点位于单位圆外,或在单位圆上有二阶或二阶以上的重极点,则系统不稳定。

例 6.28 已知某离散系统的差分方程为

$$y(n) = \frac{1}{3}[f(n) + f(n-1) + f(n-2)]$$

试判断该系统是否稳定。

解 对方程两端同取 z 变换,得

$$Y(z) = \frac{1}{3}[F(z) + z^{-1}F(z) + z^{-2}F(z)] = \frac{1}{3}(1 + z^{-1} + z^{-2})F(z)$$

由系统函数的定义,得

$$H(z) = \frac{Y(z)}{F(z)}$$
$$= \frac{1}{3}(1 + z^{-1} + z^{-2})$$
$$= \frac{1}{3} \cdot \frac{z^2 + z + 1}{z^2}$$

因极点 $z = 0$ 在单位圆内,故系统稳定。

例 6.29 已知某离散系统的差分方程为

$$y(n) + 0.1y(n-1) - 0.2y(n-2) = f(n) + f(n-1)$$

试求系统函数 $H(z)$,并讨论系统的稳定性。

解 对系统的差分方程两端同取 z 变换,得

$$Y(z) + 0.1z^{-1}Y(z) - 0.2z^{-2}Y(z) = F(z) + z^{-1}F(z)$$

则

$$H(z) = \frac{Y(z)}{F(z)}$$
$$= \frac{1 + z^{-1}}{1 + 0.1z^{-1} - 0.2z^{-2}}$$
$$= \frac{z^2 + z}{z^2 + 0.1z - 0.2}$$
$$= \frac{z(1 + z)}{(z - 0.4)(z + 0.5)}$$

由于 $H(z)$ 的极点 $z_1 = 0.4, z_2 = -0.5$ 均位于单位圆内,故系统稳定。

习题 6

6.1 什么是双边 z 变换? 什么是单边 z 变换? 什么是 z 逆变换?

6.2 求下列离散信号的 z 变换,并注明收敛域:

(1) $\delta(n-2)$ (2) $a^{-n}\varepsilon(n)$

(3) $0.5^{n-1}\varepsilon(n-1)$ (4) $(0.5^n + 0.25^n)\varepsilon(n)$

(5) $na^{n-2}\varepsilon(n)$ (6) $n(n+1)\varepsilon(n)$

6.3 求 z 逆变换有哪几种方法? 它们各有什么优缺点?

6.4 求下列 $F(z)$ 的 z 逆变换(序列均为因果序列):

（1）$F(z) = \dfrac{1 - 0.5z^{-1}}{1 + \dfrac{3}{4}z^{-1} + \dfrac{1}{8}z^{-2}}$　　　　　　（2）$F(z) = \dfrac{1 - 2z^{-1}}{z^{-1} + 2}$

（3）$F(z) = \dfrac{2z}{(z-1)(z-2)}$　　　　　　（4）$F(z) = \dfrac{3z^2 + z}{(z-0.2)(z+0.4)}$

（5）$F(z) = \dfrac{z}{(z-2)(z-1)^2}$　　　　　　（6）$F(z) = \dfrac{2z^2 - 3z}{z^2 - 3z + 2}$

6.5　z 变换有哪些主要性质？

6.6　已知信号 $f(n)$ 的单边 z 变换为 $F(z)$，求信号 $\left(\dfrac{1}{2}\right)^n f(n-2) \cdot \varepsilon(n-2)$ 的单边 z 变换。

6.7　求指数序列 $a^n \varepsilon(n)$ 的 z 变换。

6.8　已知 $\varepsilon(n) * \varepsilon(n) = (n+1)\varepsilon(n)$，求 $n\varepsilon(n)$ 的 z 变换。

6.9　利用卷积定理求 $y(n) = \left(\dfrac{1}{2}\right)^n \varepsilon(n) * \delta(n-1)$。

6.10　求 $F(z) = \dfrac{4z^2}{z^2 - 1}$（$|z| > 1$）的 z 逆变换 $f(n)$，并画出 $f(n)$ 的图形（$-4 \leqslant n \leqslant 6$）。

6.11　求象函数 $F(z) = \dfrac{z^3 + z^2}{(z-1)^3}$（$|z| > 1$）的原函数 $f(n)$。

6.12　$H(z)$ 的定义是什么？如何直接从系统的差分方程写出 $H(z)$？

6.13　离散系统的 z 域框图如题图 6.1 所示，求该系统的系统函数 $H(z)$。

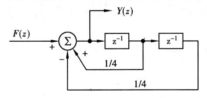

题图 6.1

6.14　已知系统的差分方程和初始条件为

$$\begin{cases} y(n) + 3y(n-1) + 2y(n-2) = \varepsilon(n) \\ y(-1) = 0, y(-2) = 0.5 \end{cases}$$

（1）求系统的全响应 $y(n)$；

（2）求系统函数 $H(z)$，并画出其模拟框图。

6.15　已知一离散时间系统的差分方程为 $y(n) - \dfrac{1}{2}y(n-1) = f(n)$，试用 z 域法求：

（1）系统单位序列响应 $h(n)$；

（2）当系统的零状态响应为 $y(n) = 3\left[\left(\dfrac{1}{2}\right)^n - \left(\dfrac{1}{3}\right)^n\right]\varepsilon(n)$ 时，求激励信号 $f(n)$。

6.16　描述某系统的差分方程为

$$y(n) - \dfrac{1}{6}y(n-1) - \dfrac{1}{6}y(n-2) = f(n) + 2f(n-1)$$

请用 z 域法求系统的单位序列响应 $h(n)$。

6.17 已知当离散系统的输入 $f(n) = 2\varepsilon(n)$ 时,其零状态响应为 $y_f(n) = \left[2 - \left(\dfrac{1}{2}\right)^n\right]$ $\varepsilon(n)$,请用 z 域法求该系统的单位序列响应 $h(n)$。

6.18 如题图 6.2 所示的离散系统,输入 $f(n) = (-2)^n\varepsilon(n)$,用 z 域法求该系统的零状态响应 $y_f(n)$。

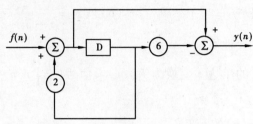

题图 6.2

6.19 已知某系统的差分方程为

$$y(n) + a_1 y(n-1) + a_0 y(n-2) = b_1 f(n) + b_0 f(n-1)$$

求该系统的系统函数 $H(z)$。

6.20 某离散系统的单位序列响应为 $h(n) = \left[(-1)^n + \left(\dfrac{1}{2}\right)^n\right]\varepsilon(n)$,试求该系统的差分方程。

6.21 利用系统函数 $H(z)$ 求零状态响应的步骤是什么?

6.22 离散系统稳定的充要条件是什么?

6.23 若因果系统函数 $H(z)$ 的全部极点在单位圆内,且都是高阶极点,请判断系统是否稳定,为什么?

6.24 已知描述某一离散系统的差分方程 $y(n) - ky(n-1) = f(n)$(k 为实数),系统为因果系统,试:

(1)求系统函数 $H(z)$ 和单位序列响应 $h(n)$;

(2)确定使系统稳定的 k 值范围;

(3)当 $k = \dfrac{1}{2}$,$y(-1) = 4$,$f(n) = 0$,求系统响应($n \geq 0$)。

6.25 离散系统结构如题图 6.3 所示,试:

(1)写出描述系统的差分方程;

(2)写出该系统的系统函数 $H(z)$,并求冲激响应 $h(n)$;

(3)判断该系统是否稳定;

(4)已知 $f(n) = \varepsilon(n)$,$y(-2) = 4$,$y(-1) = 0$,求零输入响应、零状态响应。

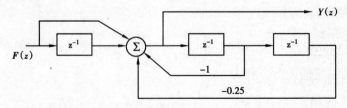

题图 6.3

第 7 章

系统的状态变量分析

对系统进行分析就是建立表征系统的数学模型并解答。在此前的章节中对系统的分析都是研究系统的输入和输出(激励与响应)之间的关系,这种分析系统的方法称为输入输出法,或称外部法。由于输入输出法只将系统的输入变量与输出变量联系起来,因此不便于研究与系统内部情况有关的各种问题。随着现代控制理论的发展,人们不仅关心系统输出的变化情况,而且对系统内部的一些变量也要进行研究,以便设计系统的结构和参变量达到最优控制,这就需要以系统内部变量为基础的状态变量分析法。

对于 N 阶连续(或离散)动态系统,状态变量法是用 N 个状态变量 $x(\cdot)$ 的一阶微分(或差分)方程组来描述系统。它提供了系统的内部特性以便研究,其采用的一阶微分(或差分)方程组便于计算机进行数值计算,并且便于分析具有多个输入、输出的系统,容易推广应用于时变系统或非线性系统。本章只对 LTI 系统的状态变量分析进行讨论。

7.1 状态方程

7.1.1 状态变量和状态方程

在状态变量分析法中,首先需要选择一组描述系统的关键性变量,这组关键性变量称为描述系统的状态变量。状态变量是指一组最少的变量,其选择必须使系统在任意时刻 t 的每一输出都可由系统在 t 时刻的状态变量和输入信号来表达。需要指出的是,通常系统中这样一组变量并不一定是唯一的。为了说明状态变量和状态方程的概念,现在以如图 7.1.1 所示两个动态元件的二阶电路系统为例进行说明。

选电容电压 $u_C(t)$、电感电流 $i_L(t)$ 为状态变量,根据元件伏安关系有

$$\begin{cases} i_C(t) = C \dfrac{du_C(t)}{dt} \\ u_L(t) = L \dfrac{di_L(t)}{dt} \end{cases} \tag{7.1.1}$$

再根据 KCL 和 KVL 列出方程

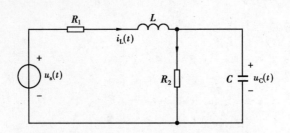

图 7.1.1　包含两个动态元件的二阶电路系统

$$\begin{cases} C\dfrac{\mathrm{d}u_{\mathrm{C}}(t)}{\mathrm{d}t} = i_{\mathrm{L}}(t) - \dfrac{u_{\mathrm{C}}(t)}{R_2} \\[3mm] L\dfrac{\mathrm{d}i_{\mathrm{L}}(t)}{\mathrm{d}t} = u_{\mathrm{s}}(t) - R_1 i_{\mathrm{L}}(t) - u_{\mathrm{C}}(t) \end{cases} \tag{7.1.2}$$

整理得

$$\begin{cases} \dfrac{\mathrm{d}u_{\mathrm{C}}(t)}{\mathrm{d}t} = -\dfrac{1}{CR_2}u_{\mathrm{C}}(t) + \dfrac{1}{C}i_{\mathrm{L}}(t) \\[3mm] \dfrac{\mathrm{d}i_{\mathrm{L}}(t)}{\mathrm{d}t} = -\dfrac{1}{L}u_{\mathrm{C}}(t) - \dfrac{R_1}{L}i_{\mathrm{L}}(t) + \dfrac{1}{L}u_{\mathrm{s}}(t) \end{cases} \tag{7.1.3}$$

式(7.1.3)是两个内部变量 $u_{\mathrm{C}}(t),i_{\mathrm{L}}(t)$ 构成的一阶微分方程组。若初始值 $u_{\mathrm{C}}(t_0)$, $i_{\mathrm{L}}(t_0)$ 已知,则根据 $t \geqslant t_0$ 时的给定激励 $u_{\mathrm{s}}(t)$ 就可唯一地确定在 $t \geqslant t_0$ 时的解 $u_{\mathrm{C}}(t),i_{\mathrm{L}}(t)$。

若将 $u_{\mathrm{L}}(t)$ 作为输出,则有

$$u_{\mathrm{L}}(t) = -u_{\mathrm{C}}(t) - R_1 i_{\mathrm{L}}(t) + u_{\mathrm{s}}(t) \tag{7.1.4}$$

式(7.1.4)是以 $u_{\mathrm{C}}(t)$ 和 $i_{\mathrm{L}}(t)$ 为变量的代数方程组。由式(7.1.4)可知,任一时刻 $t(t \geqslant t_0)$ 的输出 $u_{\mathrm{L}}(t)$ 可由该时刻的 $u_{\mathrm{C}}(t),i_{\mathrm{L}}(t)$ 及输入 $u_{\mathrm{s}}(t)$ 唯一确定。

电路在 $t = t_0$ 时刻的状态为 $u_{\mathrm{C}}(t_0)$ 和 $i_{\mathrm{L}}(t_0)$,则 $u_{\mathrm{C}}(t),i_{\mathrm{L}}(t)$ 是描述系统状态随时间 t 变化的变量,即状态变量。对于一般情况而言,连续动态系统在某一时刻 t_0 的状态是描述该系统所必需的最少的一组数 $x_1(t_0),x_2(t_0),\cdots,x_N(t_0)$,根据这组数和 $t \geqslant t_0$ 时给定的输入就可以唯一地确定在 $t \geqslant t_0$ 的任一时刻的状态及输出。这组描述系统状态随时间变化所必需的数目最少的一组变量 $x_1(t),x_2(t),\cdots,x_N(t)$ 则称为系统的状态变量。状态变量在系统某一时刻的值 $x_1(t_0),x_2(t_0),\cdots,x_N(t_0)$ 称为系统在该时刻的状态值。

式(7.1.3)的一组一阶微分方程称为状态变量方程,简称为状态方程。它描述了系统状态变量的一阶导数与状态变量自身以及系统输入之间的关系。式(7.1.4)的代数方程称为输出方程,它描述了系统输出与状态变量和系统输入之间的关系。通常又将状态方程和输出方程总称为动态方程或系统方程。

状态变量的选择并不是唯一的,对于同一个系统,选择不同的状态变量可得出不同的状态方程。但是对于一个 N 阶系统,无论如何选择状态变量,它们的数目都是一定的,都是描述该系统所必需的最少数目的一组变量,其数目等于系统的阶数 N。一般情况下,在电路系统中选取独立电容电压、独立电感电流作为状态变量。上述关于状态变量和状态方程的基本概念,可以推广到具有多输入、多输出的 N 阶系统。以上论述同样适用于离散系统,只要将连续时间变量 t 换为离散变量 n(相应的 t_0 换成 n_0)。

7.1.2　状态方程和输出方程的一般形式

根据状态变量、状态方程及输出方程的概念,研究系统状态变量分析的一般情况。设有一个多输入、多输出的 N 阶连续系统,它有 p 个输入 $f_1(t),f_2(t),\cdots,f_p(t)$, q 个输出 $y_1(t)$, $y_2(t),\cdots,y_q(t)$,系统的 N 个状态变量记为 $x_1(t),x_2(t),\cdots,x_N(t)$,其图如图 7.1.2 所示,则该系统状态方程的一般形式为

$$\begin{cases} \dot{x}_1(t) = a_{11}x_1(t) + a_{12}x_2(t) + \cdots a_{1N}x_N(t) + b_{11}f_1(t) + b_{12}f_2(t) + \cdots b_{1p}f_p(t) \\ \dot{x}_2(t) = a_{21}x_1(t) + a_{22}x_2(t) + \cdots a_{2N}x_N(t) + b_{21}f_1(t) + b_{22}f_2(t) + \cdots b_{2p}f_p(t) \\ \qquad\qquad \vdots \\ \dot{x}_N(t) = a_{N1}x_1(t) + a_{N2}x_2(t) + \cdots a_{NN}x_N(t) + b_{N1}f_1(t) + b_{N2}f_2(t) + \cdots b_{Np}f_p(t) \end{cases} \tag{7.1.5}$$

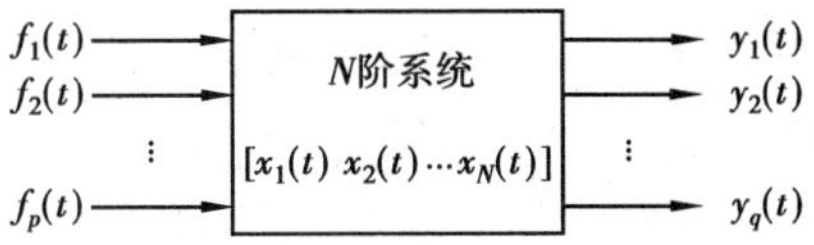

图 7.1.2　多输入-输出 N 阶连续时间系统

式(7.1.5)中 $\dot{x}_i(t) = \dfrac{\mathrm{d}x_i(t)}{\mathrm{d}t}$,各系数 a_{ij},b_{ij} 是由系数参数所决定,对于线性时不变连续系统它们都是常数,对于线性时变系统它们是时间的函数。将式(7.1.5)写成矩阵形式为

$$\begin{bmatrix} \dot{x}_1(t) \\ \dot{x}_2(t) \\ \vdots \\ \dot{x}_N(t) \end{bmatrix} = \begin{bmatrix} a_{11} & a_{12} & \cdots & a_{1N} \\ a_{21} & a_{22} & \cdots & a_{2N} \\ \vdots & \vdots & & \vdots \\ a_{N1} & a_{N2} & \cdots & a_{NN} \end{bmatrix} \begin{bmatrix} x_1(t) \\ x_2(t) \\ \vdots \\ x_N(t) \end{bmatrix} + \begin{bmatrix} b_{11} & b_{12} & \cdots & b_{1p} \\ b_{21} & b_{22} & \cdots & b_{2p} \\ \vdots & \vdots & & \vdots \\ b_{N1} & b_{N2} & \cdots & b_{NP} \end{bmatrix} \begin{bmatrix} f_1(t) \\ f_2(t) \\ \vdots \\ f_p(t) \end{bmatrix} \tag{7.1.6}$$

式(7.1.6)简记为

$$\dot{x}(t) = Ax(t) + Bf(t) \tag{7.1.7}$$

其中, $\dot{x}(t),x(t),f(t)$ 分别为状态矢量的一阶导数矩阵、状态矢量矩阵和输入矢量矩阵,即

$$\dot{x}(t) = \begin{bmatrix} \dot{x}_1(t) & \dot{x}_2(t) & \cdots & \dot{x}_N(t) \end{bmatrix}^{\mathrm{T}}$$

$$x(t) = \begin{bmatrix} x_1(t) & x_2(t) & \cdots & x_N(t) \end{bmatrix}^{\mathrm{T}}$$

$$f(t) = \begin{bmatrix} f_1(t) & f_2(t) & \cdots & f_p(t) \end{bmatrix}^{\mathrm{T}}$$

A 为 $N \times N$ 方阵,称为系统矩阵, B 为 $N \times p$ 矩阵,称为控制矩阵,即

$$A = \begin{bmatrix} a_{11} & a_{12} & \cdots & a_{1N} \\ a_{21} & a_{22} & \cdots & a_{2N} \\ \vdots & \vdots & & \vdots \\ a_{N1} & a_{N2} & \cdots & a_{NN} \end{bmatrix} \qquad B = \begin{bmatrix} b_{11} & b_{12} & \cdots & b_{1p} \\ b_{21} & b_{22} & \cdots & b_{2p} \\ \vdots & \vdots & & \vdots \\ b_{N1} & b_{N2} & \cdots & b_{Np} \end{bmatrix}$$

如果系统有 q 个输出 $y_1(t),y_2(t),\cdots,y_q(t)$,那么它们中的每一个都可用状态变量和激励表示的代数方程为

$$\begin{cases} y_1(t) = c_{11}x_1(t) + c_{12}x_2(t) + \cdots c_{1N}x_N(t) + d_{11}f_1(t) + d_{12}f_2(t) + \cdots d_{1p}f_p(t) \\ y_2(t) = c_{21}x_1(t) + c_{22}x_2(t) + \cdots c_{2N}x_N(t) + d_{21}f_1(t) + d_{22}f_2(t) + \cdots d_{2p}f_p(t) \\ \qquad\vdots \\ y_q(t) = c_{q1}x_1(t) + c_{q2}x_2(t) + \cdots c_{qN}x_N(t) + d_{q1}f_1(t) + d_{q2}f_2(t) + \cdots d_{qp}f_p(t) \end{cases} \tag{7.1.8}$$

其矩阵形式可写为

$$\begin{bmatrix} y_1(t) \\ y_2(t) \\ \vdots \\ y_q(t) \end{bmatrix} = \begin{bmatrix} c_{11} & c_{12} & \cdots & c_{1N} \\ c_{21} & c_{22} & \cdots & c_{2N} \\ \vdots & \vdots & & \vdots \\ c_{q1} & c_{q2} & \cdots & c_{qN} \end{bmatrix} \begin{bmatrix} x_1(t) \\ x_2(t) \\ \vdots \\ x_N(t) \end{bmatrix} + \begin{bmatrix} d_{11} & d_{12} & \cdots & d_{1p} \\ d_{21} & d_{22} & \cdots & d_{2p} \\ \vdots & \vdots & & \vdots \\ d_{q1} & d_{q2} & \cdots & d_{qp} \end{bmatrix} \begin{bmatrix} f_1(t) \\ f_2(t) \\ \vdots \\ f_p(t) \end{bmatrix} \tag{7.1.9}$$

式(7.1.9)可简记为

$$y(t) = Cx(t) + Df(t) \tag{7.1.10}$$

其中,$y(t) = \begin{bmatrix} y_1(t) & y_2(t) & \cdots & y_q(t) \end{bmatrix}^T$ 是输出矢量;C 为 $q \times N$ 矩阵,称为输出矩阵;D 为 $q \times p$ 矩阵,称为直达矩阵。故

$$C = \begin{bmatrix} c_{11} & c_{12} & \cdots & c_{1N} \\ c_{21} & c_{22} & \cdots & c_{2N} \\ \vdots & \vdots & & \vdots \\ c_{q1} & c_{q2} & \cdots & c_{qN} \end{bmatrix} \qquad D = \begin{bmatrix} d_{11} & d_{12} & \cdots & d_{1p} \\ d_{21} & d_{22} & \cdots & d_{2p} \\ \vdots & \vdots & & \vdots \\ d_{q1} & d_{q2} & \cdots & d_{qp} \end{bmatrix}$$

类似于连续系统,离散系统也可表示为标准的状态方程和输出方程。N 阶离散系统的矩阵形式状态方程为

$$x(n+1) = Ax(n) + Bf(n) \tag{7.1.11}$$

矩阵形式输出方程为

$$y(n) = Cx(n) + Df(n) \tag{7.1.12}$$

上两式中有

$$x(n+1) = \begin{bmatrix} x_1(n+1) & x_2(n+1) & \cdots & x_N(n+1) \end{bmatrix}^T$$

$$x(n) = \begin{bmatrix} x_1(n) & x_2(n) & \cdots & x_N(n) \end{bmatrix}^T$$

$$f(n) = \begin{bmatrix} f_1(n) & f_2(n) & \cdots & f_p(n) \end{bmatrix}^T$$

$$y(n) = \begin{bmatrix} y_1(n) & y_2(n) & \cdots & y_q(n) \end{bmatrix}^T$$

$$A = \begin{bmatrix} a_{11} & a_{12} & \cdots & a_{1N} \\ a_{21} & a_{22} & \cdots & a_{2N} \\ \vdots & \vdots & & \vdots \\ a_{N1} & a_{N2} & \cdots & a_{NN} \end{bmatrix} \qquad B = \begin{bmatrix} b_{11} & b_{12} & \cdots & b_{1p} \\ b_{21} & b_{22} & \cdots & b_{2p} \\ \vdots & \vdots & & \vdots \\ b_{N1} & b_{N2} & \cdots & b_{Np} \end{bmatrix}$$

$$C = \begin{bmatrix} c_{11} & c_{12} & \cdots & c_{1N} \\ c_{21} & c_{22} & \cdots & c_{2N} \\ \vdots & \vdots & & \vdots \\ c_{q1} & c_{q2} & \cdots & c_{qN} \end{bmatrix} \qquad D = \begin{bmatrix} d_{11} & d_{12} & \cdots & d_{1p} \\ d_{21} & d_{22} & \cdots & d_{2p} \\ \vdots & \vdots & & \vdots \\ d_{q1} & d_{q2} & \cdots & d_{qp} \end{bmatrix}$$

根据上述连续系统及离散系统的状态变量分析,得出系统的状态变量分析的一般步骤如下:

①选择状态变量。

②建立状态方程和输出方程。

③由状态方程求得状态变量解。

④由输出方程求得系统输出。

例 7.1 写出如图 7.1.1 所示的 RLC 电路标准形式的状态方程、输出方程。

解 由 7.1.1 小节已知电容电压 $u_C(t)$、电感电流 $i_L(t)$ 为状态变量,输出为 $u_L(t)$,状态方程为

$$\begin{cases} \dfrac{du_C(t)}{dt} = -\dfrac{1}{CR_2}u_C(t) + \dfrac{1}{C}i_L(t) \\ \dfrac{di_L(t)}{dt} = -\dfrac{1}{L}u_C(t) - \dfrac{R_1}{L}i_L(t) + \dfrac{1}{L}u_s(t) \end{cases}$$

输出方程为

$$u_L(t) = -u_C(t) - R_1 i_L(t) + u_s(t)$$

则有矩阵形式的状态方程为

$$\begin{bmatrix} \dfrac{du_C(t)}{dt} \\ \dfrac{di_L(t)}{dt} \end{bmatrix} = \begin{bmatrix} -\dfrac{1}{CR_2} & \dfrac{1}{C} \\ -\dfrac{1}{L} & -\dfrac{R_1}{L} \end{bmatrix} \begin{bmatrix} u_C(t) \\ i_L(t) \end{bmatrix} + \begin{bmatrix} 0 \\ \dfrac{1}{L} \end{bmatrix} [u_s(t)]$$

有矩阵形式的输出方程为

$$[u_L(t)] = [-1 \quad -R_1] \begin{bmatrix} u_C(t) \\ i_L(t) \end{bmatrix} + [1][u_s(t)]$$

系统标准形式的状态方程、输出方程为

$$\dot{x}(t) = Ax(t) + Bf(t)$$
$$y(t) = Cx(t) + Df(t)$$

其中

$$\dot{x}(t) = \begin{bmatrix} \dfrac{du_C(t)}{dt} & \dfrac{di_L(t)}{dt} \end{bmatrix}^T$$
$$x(t) = [u_C(t) \quad i_L(t)]^T$$
$$f(t) = [u_s(t)]$$
$$y(t) = [u_L(t)]$$

$$A = \begin{bmatrix} -\dfrac{1}{CR_2} & \dfrac{1}{C} \\ -\dfrac{1}{L} & -\dfrac{R_1}{L} \end{bmatrix} \quad B = \begin{bmatrix} 0 \\ \dfrac{1}{L} \end{bmatrix}$$

$$C = [-1 \quad -R_1] \quad D = [1]$$

例 7.2 已知二阶连续系统的微分方程

$$y''(t) + a_1 y'(t) + a_0 y(t) = f(t)$$

其中,a_1, a_0 为常数,写出其状态方程和输出方程。

解 选取 $y(t), y'(t)$ 为状态变量,即

$$\begin{cases} x_1(t) = y(t) \\ x_2(t) = y'(t) \end{cases}$$

考虑上式及系统微分方程,得

$$\begin{cases} x_1(t) = y'(t) = x_2(t) \\ x_2(t) = y''(t) = -a_1 y'(t) - a_0 y(t) + f(t) = -a_0 x_1(t) - a_1 x_2(t) + f(t) \end{cases}$$

所以得到状态方程和输出方程写成矩阵形式为

$$\begin{bmatrix} x_1(t) \\ x_2(t) \end{bmatrix} = \begin{bmatrix} 0 & 1 \\ -a_0 & -a_1 \end{bmatrix} \begin{bmatrix} x_1(t) \\ x_2(t) \end{bmatrix} + \begin{bmatrix} 0 \\ 1 \end{bmatrix} f(t)$$

$$y(t) = \begin{bmatrix} 1 & 0 \end{bmatrix} \begin{bmatrix} x_1(t) \\ x_2(t) \end{bmatrix}$$

例 7.3 已知二阶离散系统的差分方程

$$y(n) + a_2 y(n-1) + a_1 y(n-2) + a_0 y(n-3) = f(n)$$

其中,a_2, a_1, a_0 为常数,请分别列出系统的状态方程和输出方程。

解 根据差分方程理论,当已知初始状态 $y(-3), y(-2), y(-1)$ 及 $n \geq 0$ 时的 $f(n)$,就可以完全确定系统未来的状态。因此,选取状态变量为

$$\begin{cases} x_1(n) = y(n-3) \\ x_2(n) = y(n-2) \\ x_3(n) = y(n-1) \end{cases}$$

由上式及系统的差分方程写出状态方程为

$$\begin{cases} x_1(n+1) = y(n-2) = x_2(n) \\ x_2(n+1) = y(n-1) = x_3(n) \\ x_3(n+1) = y(n) \\ \qquad = -a_0 y(n-3) - a_1 y(n-2) - a_2 y(n-1) + f(n) \\ \qquad = -a_0 x_1(n) - a_1 x_2(n) - a_2 x_3(n) + f(n) \end{cases}$$

系统的输出方程为

$$y(n) = x_3(n+1) = -a_0 x_1(n) - a_1 x_2(n) - a_2 x_3(n) + f(n)$$

状态方程、输出方程写成矩阵形式为

$$\begin{bmatrix} x_1(n+1) \\ x_2(n+1) \\ x_3(n+1) \end{bmatrix} = \begin{bmatrix} 0 & 1 & 0 \\ 0 & 0 & 1 \\ -a_0 & -a_1 & -a_2 \end{bmatrix} \begin{bmatrix} x_1(n) \\ x_2(n) \\ x_3(n) \end{bmatrix} + \begin{bmatrix} 0 \\ 0 \\ 1 \end{bmatrix} [f(n)]$$

$$y(n) = \begin{bmatrix} -a_0 & -a_1 & -a_2 \end{bmatrix} \begin{bmatrix} x_1(n) \\ x_2(n) \\ x_3(n) \end{bmatrix} + [1][f(n)]$$

例 7.4　某连续系统的微分方程为

$$y''(t) + a_1 y'(t) + a_0 y(t) = b_1 f'(t) + b_0 f(t)$$

试求该系统的状态方程和输出方程。

解　由系统微分方程写出其系统函数为

$$H(s) = \frac{b_1 s + b_0}{s^2 + a_1 s + a_0}$$

画出直接形式的信号流图如图 7.1.3 所示。

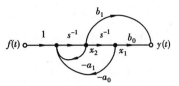

图 7.1.3　例 7.4 的信号流图

设积分器的输出为状态变量 $x_1(t), x_2(t)$,则有

$$\begin{cases} \dot{x}_1(t) = x_2(t) \\ \dot{x}_2(t) = -a_0 x_1(t) - a_1 x_2(t) + f(t) \end{cases}$$

系统输出方程为

$$y(t) = b_0 x_1(t) + b_1 x_2(t)$$

系统的状态方程、输出方程写成矩阵形式为

$$\begin{bmatrix} \dot{x}_1(t) \\ \dot{x}_2(t) \end{bmatrix} = \begin{bmatrix} 0 & 1 \\ -a_0 & -a_1 \end{bmatrix} \begin{bmatrix} x_1(t) \\ x_2(t) \end{bmatrix} + \begin{bmatrix} 0 \\ 1 \end{bmatrix} f(t)$$

$$y(t) = \begin{bmatrix} b_0 & b_1 \end{bmatrix} \begin{bmatrix} x_1(t) \\ x_2(t) \end{bmatrix}$$

对于同一个系统可由不同方式进行描述,不同描述方式之间可进行相互转换。根据系统的微分方程或系统函数,可画出直接形式、级联形式、并联形式的模拟框图或信号流图,然后再从模拟框图或信号流图建立系统的状态方程。

7.2　连续系统状态方程的求解

7.2.1　连续系统状态方程的时域解

用时域方法求解状态方程类似于一阶微分方程的直接积分法,不同的是这里要进行矩阵运算(矢量运算)。为了使计算更加直观,将式(7.1.7)中的 $\dot{x}(t)$ 用 $\dfrac{\mathrm{d}x(t)}{\mathrm{d}t}$ 代替,则该式变为

$$\frac{\mathrm{d}x(t)}{\mathrm{d}t} = Ax(t) + Bf(t) \tag{7.2.1}$$

将状态方程式(7.2.1)两边同乘 e^{-At}(e^{At} 为矩阵指数函数,e^{-At} 是 e^{At} 的逆矩阵),并移项得

$$\mathrm{e}^{-At} \frac{\mathrm{d}x(t)}{\mathrm{d}t} - \mathrm{e}^{-At} Ax(t) = \mathrm{e}^{-At} Bf(t) \tag{7.2.2}$$

由矩阵指数函数的性质可知,式(7.2.2)左边就是 $\mathrm{e}^{-At}x(t)$ 的全微分,则有

$$\frac{\mathrm{d}}{\mathrm{d}t} \left\{ \mathrm{e}^{-At} x(t) \right\} = \mathrm{e}^{-At} Bf(t) \tag{7.2.3}$$

对式(7.2.3)两边取 0_- 到 t 的积分,得

$$\mathrm{e}^{-At} x(t) - x(0_-) = \int_{0_-}^{t} \mathrm{e}^{-A\tau} Bf(\tau) \mathrm{d}\tau \tag{7.2.4}$$

式(7.2.4)两边同乘矩阵指数函数 e^{At}(e^{At} 为 e^{-At} 的逆阵),并移项得

$$x(t) = \underbrace{e^{At}x(0_-)}_{零输入解} + \underbrace{\int_{0_-}^{t} e^{A(t-\tau)} Bf(\tau) d\tau}_{零状态解} \qquad (7.2.5)$$

将求得的 $x(t)$ 代入式(7.1.10)(输出方程),得

$$y(t) = Cx(t) + Df(t) = \underbrace{Ce^{At}x(0_-)}_{零输入响应} + \underbrace{\int_{0}^{t} Ce^{A(t-\tau)} Bf(\tau)d\tau + Df(t)}_{零状态响应} \qquad (7.2.6)$$

式(7.2.5)、式(7.2.6)中的 $x(0_-)$ 是 $t=0_-$ 时的状态矢量,即起始状态矢量;而两式中的第一项只与起始状态有关,是系统状态矢量的零输入解;两式中的其余项之和仅与输入矢量 $f(t)$ 有关,是系统状态矢量的零状态解。

经过上述讨论,矩阵指数函数 e^{At} 的求解是状态方程时域求解的关键,其也被称为系统的状态转移矩阵 $\phi(t)$。直接在时域求解 $\phi(t) = e^{At}$ 较为困难,但可在复频域得到它的拉普拉斯变换后进行逆变换得到,具体方法将在下一节介绍。

7.2.2 连续系统状态方程的 s 域解

拉普拉斯变换是求解线性微分方程的有效工具,同样在 s 域可借助它来求解系统的状态方程和输出方程。将式(7.1.7)所示的状态方程、式(7.1.10)所示的输出方程两边取单边拉普拉斯变换,得

$$sX(s) - x(0_-) = AX(s) + BF(s) \qquad (7.2.7)$$

$$Y(s) = CX(s) + DF(s) \qquad (7.2.8)$$

上两式中

$$x(0_-) = [x_1(0_-) \quad x_2(0_-) \quad \cdots \quad x_N(0_-)]^T$$

$$X(s) = \left[L[x_1(t)] \quad L[x_2(t)] \quad \cdots \quad L[x_N(t)] \right]^T$$

$$F(s) = \left[L[f_1(t)] \quad L[f_2(t)] \quad \cdots \quad L[f_p(t)] \right]^T$$

$$Y(s) = \left[L[y_1(t)] \quad L[y_2(t)] \quad \cdots \quad L[y_q(t)] \right]^T$$

整理式(7.2.7)后,得

$$(sI - A)X(s) = x(0_-) + BF(s) \qquad (7.2.9)$$

其中,I 是 $N \times N$ 的单位矩阵,若 $(sI-A)$ 逆矩阵存在,则有

$$X(s) = \underbrace{(sI - A)^{-1}x(0_-)}_{s域零输入解} + \underbrace{(sI - A)^{-1}BF(s)}_{s域零状态解} \qquad (7.2.10)$$

将求得的 $X(s)$ 代入式(7.2.8)所示的输出方程,得

$$Y(s) = C[(sI - A)^{-1}x(0_-) + (sI - A)^{-1}BF(s)] + DF(s)$$
$$= \underbrace{C(sI - A)^{-1}x(0_-)}_{s域零输入响应} + \underbrace{[C(sI - A)^{-1}B + D]F(s)}_{s域零状态响应} \qquad (7.2.11)$$

式(7.2.10)、式(7.2.11)中等式右侧的第一项只与起始状态有关,是系统状态矢量、输出矢量的零输入响应的拉普拉斯变换;两式中的其余部分之和是相应的零状态响应的拉普拉斯变换。经过上述讨论,矩阵 $(sI - A)^{-1}$ 的求解是状态方程 s 域求解的关键。对式(7.2.11)的第一项(零输入响应)进行单边拉普拉斯逆变换,考虑 $x(0_-)$ 是常数矩阵,有

$$y_s(t) = CL^{-1}[(sI - A)^{-1}]x(0_-) \tag{7.2.12}$$

在 s 域求得的系统输出的零输入响应同时域求得的系统输出的零输入响应应该相等,因此,将式(7.2.12)与时域求得的 $y(t)$(见式(7.2.6))的第一项所示的零输入响应 $Ce^{At}x(0_-)$ 比较发现

$$\phi(t) = e^{At} = L^{-1}[(sI - A)^{-1}] \tag{7.2.13}$$

也即

$$e^{At} \leftrightarrow (sI - A)^{-1} \tag{7.2.14}$$

式(7.2.14)给出了 e^{At} 的一种求法。$\phi(t)$ 的拉普拉斯变换为 $\Phi(s) = (sI - A)^{-1}$,则有

$$X(s) = \Phi(s)x(0_-) + \Phi(s)BF(s) \tag{7.2.15}$$

$$Y(s) = C\Phi(s)x(0_-) + [C\Phi(s)B + D]F(s) \tag{7.2.16}$$

当 $x(0_-) = 0$,由式(7.2.16)可知,系统的响应为零状态响应,其象函数为

$$Y_f(s) = [C\Phi(s)B + D]F(s) \tag{7.2.17}$$

$$H(s) = \frac{Y_f(s)}{F(s)} = C\Phi(s)B + D = C(sI - A)^{-1}B + D \tag{7.2.18}$$

例7.5 某线性时不变连续系统的状态方程和输出方程分别为

$$\begin{cases} \begin{bmatrix} \dot{x}_1(t) \\ \dot{x}_2(t) \end{bmatrix} = \begin{bmatrix} 2 & 3 \\ 0 & -1 \end{bmatrix}\begin{bmatrix} x_1(t) \\ x_2(t) \end{bmatrix} + \begin{bmatrix} 0 & 1 \\ 1 & 0 \end{bmatrix}\begin{bmatrix} f_1(t) \\ f_2(t) \end{bmatrix} \\ \begin{bmatrix} y_1(t) \\ y_2(t) \end{bmatrix} = \begin{bmatrix} 1 & 1 \\ 0 & -1 \end{bmatrix}\begin{bmatrix} x_1(t) \\ x_2(t) \end{bmatrix} + \begin{bmatrix} 1 & 0 \\ 1 & 0 \end{bmatrix}\begin{bmatrix} f_1(t) \\ f_2(t) \end{bmatrix} \end{cases}$$

其初始状态和输入分别为 $\begin{bmatrix} x_1(0_-) \\ x_2(0_-) \end{bmatrix} = \begin{bmatrix} 2 \\ -1 \end{bmatrix}$ 及 $\begin{bmatrix} f_1(t) \\ f_2(t) \end{bmatrix} = \begin{bmatrix} \varepsilon(t) \\ \delta(t) \end{bmatrix}$,试用拉普拉斯变换法求该系统的状态和输出。

解 ①求状态方程的解

计算 $\Phi(s) = (sI - A)^{-1}$,则

$$sI - A = s\begin{bmatrix} 1 & 0 \\ 0 & 1 \end{bmatrix} - \begin{bmatrix} 2 & 3 \\ 0 & -1 \end{bmatrix} = \begin{bmatrix} s-2 & -3 \\ 0 & s+1 \end{bmatrix}$$

$$\Phi(s) = (sI - A)^{-1} = \begin{bmatrix} s-2 & -3 \\ 0 & s+1 \end{bmatrix}^{-1}$$

$$= \frac{1}{(s-2)(s+1)}\begin{bmatrix} s+1 & 3 \\ 0 & s-2 \end{bmatrix} = \begin{bmatrix} \dfrac{1}{s-2} & \dfrac{3}{(s-2)(s+1)} \\ 0 & \dfrac{1}{s+1} \end{bmatrix}$$

将求得的 $\Phi(s)$ 代入式(7.2.15),可得状态矢量的拉普拉斯变换式为

$$\begin{bmatrix} X_1(s) \\ X_2(s) \end{bmatrix} = \Phi(s)x(0_-) + \Phi(s)BF(s)$$

$$= \begin{bmatrix} \dfrac{1}{s-2} & \dfrac{3}{(s-2)(s+1)} \\ 0 & \dfrac{1}{s+1} \end{bmatrix}\begin{bmatrix} 2 \\ -1 \end{bmatrix} + \begin{bmatrix} \dfrac{1}{s-2} & \dfrac{3}{(s-2)(s+1)} \\ 0 & \dfrac{1}{s+1} \end{bmatrix}\begin{bmatrix} 0 & 1 \\ 1 & 0 \end{bmatrix}\begin{bmatrix} \dfrac{1}{s} \\ 1 \end{bmatrix}$$

$$= \begin{bmatrix} \dfrac{1}{s-2} + \dfrac{1}{s+1} \\[2mm] \dfrac{-1}{s+1} \end{bmatrix} + \begin{bmatrix} \dfrac{3}{2(s-2)} + \dfrac{1}{s+1} - \dfrac{3}{2s} \\[2mm] -\dfrac{1}{s+1} + \dfrac{1}{s} \end{bmatrix}$$

对上式进行拉普拉斯逆变换,得系统在时域中的状态矢量解为

$$\begin{bmatrix} x_1(t) \\ x_2(t) \end{bmatrix} = \underbrace{\begin{bmatrix} e^{2t} + e^{-t} \\ -e^{-t} \end{bmatrix}}_{\text{零输入解}} + \underbrace{\begin{bmatrix} \dfrac{3}{2}e^{2t} + e^{-t} - \dfrac{3}{2} \\[2mm] 1 - e^{-t} \end{bmatrix}}_{\text{零状态解}} \qquad t \geqslant 0$$

$$= \underbrace{\begin{bmatrix} \dfrac{5}{2}e^{2t} + 2e^{-t} - \dfrac{3}{2} \\[2mm] 1 - 2e^{-t} \end{bmatrix}}_{\text{全解}} \qquad t \geqslant 0$$

②求输出响应

将求得的 $\varPhi(s)$ 代入式(7.2.16),可得输出矢量的拉普拉斯变换式为

$$Y(s) = C\varPhi(s)x(0_-) + [C\varPhi(s)B + D]F(s)$$

$$= \begin{bmatrix} 1 & 1 \\ 0 & -1 \end{bmatrix} \begin{bmatrix} \dfrac{1}{s-2} & \dfrac{3}{(s-2)(s+1)} \\[2mm] 0 & \dfrac{1}{s+1} \end{bmatrix} \begin{bmatrix} 2 \\ -1 \end{bmatrix} +$$

$$\begin{bmatrix} 1 & 1 \\ 0 & -1 \end{bmatrix} \begin{bmatrix} \dfrac{1}{s-2} & \dfrac{3}{(s-2)(s+1)} \\[2mm] 0 & \dfrac{1}{s+1} \end{bmatrix} \begin{bmatrix} 0 & 1 \\ 1 & 0 \end{bmatrix} \begin{bmatrix} \dfrac{1}{s} \\ 1 \end{bmatrix} + \begin{bmatrix} 1 & 0 \\ 1 & 0 \end{bmatrix} \begin{bmatrix} \dfrac{1}{s} \\ 1 \end{bmatrix}$$

$$= \begin{bmatrix} \dfrac{1}{s-2} \\[2mm] \dfrac{1}{s+1} \end{bmatrix} + \begin{bmatrix} \dfrac{3}{2(s-2)} + \dfrac{1}{2s} \\[2mm] \dfrac{1}{s+1} \end{bmatrix}$$

对上式进行拉普拉斯逆变换,得系统在时域中的输出响应为

$$y(t) = \begin{bmatrix} y_1(t) \\ y_2(t) \end{bmatrix} = \underbrace{\begin{bmatrix} e^{2t} \\ e^{-t} \end{bmatrix}}_{\text{零输入响应}} + \underbrace{\begin{bmatrix} \dfrac{3}{2}e^{2t} + \dfrac{1}{2} \\[2mm] e^{-t} \end{bmatrix}}_{\text{零状态响应}} = \underbrace{\begin{bmatrix} \dfrac{5}{2}e^{2t} + \dfrac{1}{2} \\[2mm] 2e^{-t} \end{bmatrix}}_{\text{全响应}} \qquad t \geqslant 0$$

7.3　离散系统状态方程的求解

离散系统状态方程的求解与连续系统状态方程的求解相似,同样有时域法和 z 域法两种求解方法。

7.3.1　离散系统状态方程的时域解

离散系统的状态方程和输出方程是一组差分方程,在给定系统的初始状态 $x(n_0)$ 后,可直接用迭代法或递推法来求解,这也是离散系统能方便地利用计算机进行求解的优点。一般来说,采用递推法难以获得闭合形式的解。

设初始时刻 n_0,系统的初始状态为 $x(0)$,应用迭代法可以得出系统在 $n > 0$ 时的状态为

$$\begin{cases} x(n_0 + 1) = Ax(n_0) + Bf(n_0) \\ x(n_0 + 2) = Ax(n_0 + 1) + Bf(n_0 + 1) = A^2 x(n_0) + ABf(n_0) + Bf(n_0 + 1) \\ x(n_0 + 3) = Ax(n_0 + 2) + Bf(n_0 + 2) = A^3 x(n_0) + A^2 Bf(n_0) + ABf(n_0 + 1) + Bf(n_0 + 2) \\ \qquad\qquad \vdots \\ x(n_0 + n) = Ax(n_0 + n - 1) + Bf(n_0 + n - 1) \\ \qquad\qquad = A^n x(n_0) + A^{n-1} Bf(n_0) + A^{n-2} Bf(n_0 + 1) + \cdots Bf(n_0 + n - 1) \\ \qquad\qquad = A^n x(n_0) + \sum_{i=0}^{n-1} A^{n-1-i} Bf(n_0 + i) \end{cases}$$

$$(7.3.1)$$

若初始时刻 $n_0 = 0$,则有

$$x(n) = \underbrace{A^n x(0)}_{\text{零输入解}} + \underbrace{\sum_{i=0}^{n-1} A^{n-1-i} Bf(i)}_{\text{零状态解}} \qquad (7.3.2)$$

将求得的 $x(n)$ 代入式(7.1.12)(输出方程),得

$$y(n) = \underbrace{CA^n x(0)}_{\text{零输入响应}} + \underbrace{\sum_{i=0}^{n-1} CA^{n-1-i} Bf(i) + Df(n)}_{\text{零状态响应}} \qquad (7.3.3)$$

式(7.3.2)、式(7.3.3)中的 $x(0)$ 是 $n = 0$ 时的状态矢量,即起始状态矢量;而两式中的第一项只与起始状态有关,是系统状态矢量及输出矢量的零输入解;两式中的其余项之和仅与输入矢量 $f(t)$ 有关,是系统状态矢量及输出矢量的零状态解。类似于连续系统状态方程的状态转移矩阵 $\phi(t) = e^{At}$,离散系统状态方程中 A^n 的求解是离散状态方程时域求解的关键,其也被称为离散系统的状态转移矩阵 $\phi(n)$。

7.3.2　离散系统状态方程的 z 域解

z 变换是求解线性差分方程的有效工具,同样在 z 域可借助它来求解离散系统的状态方程和输出方程。将式(7.1.11)所示的状态方程、式(7.1.12)所示的输出方程两边取 z 变换,得

$$zX(z) - zx(0) = AX(z) + BF(z) \qquad (7.3.4)$$

$$Y(z) = CX(z) + DF(z) \qquad (7.3.5)$$

上两式中

$$x(0) = \begin{bmatrix} x_1(0) & x_2(0) \cdots x_N(0) \end{bmatrix}^{\mathrm{T}}$$

$$X(z) = \begin{bmatrix} Z[x_1(n)] & Z[x_2(n)] & \cdots & Z[x_N(n)] \end{bmatrix}^{\mathrm{T}}$$

$$F(z) = \begin{bmatrix} Z[f_1(n)] & Z[f_2(n)] & \cdots & Z[f_p(n)] \end{bmatrix}^{\mathrm{T}}$$

$$Y(z) = \begin{bmatrix} Z[y_1(z)] & Z[y_2(z)] & \cdots & Z[y_q(z)] \end{bmatrix}^{\mathrm{T}}$$

整理式(7.3.4)后得

$$(zI - A)X(z) = zx(0) + BF(z) \tag{7.3.6}$$

其中,I 是 $N \times N$ 的单位矩阵,若$(zI - A)$ 逆矩阵存在,则有

$$X(z) = \underbrace{(zI - A)^{-1}zx(0)}_{z域零输入解} + \underbrace{(zI - A)^{-1}BF(z)}_{z域零状态解} \tag{7.3.7}$$

将求得的 $X(z)$ 代入式(7.3.5)所示的输出方程,得

$$Y(z) = C[(zI - A)^{-1}zx(0) + (zI - A)^{-1}BF(z)] + DF(z)$$

$$= \underbrace{C(zI - A)^{-1}zx(0)}_{z域零输入响应} + \underbrace{[C(zI - A)^{-1}B + D]F(z)}_{z域零状态响应} \tag{7.3.8}$$

式(7.3.7)、式(7.3.8)中等式右侧的第一项只与起始状态有关,是系统状态矢量、输出矢量的零输入响应的 z 变换;两式中的其余部分之和是相应的零状态响应的 z 变换。类似于连续系统状态方程的矩阵$(sI - A)^{-1}$,离散系统状态方程中$(zI - A)^{-1}$的求解是状态方程 z 域求解的关键。对式(7.3.8)所示的第一项(零输入响应)进行逆 z 变换,考虑 $x(0)$ 是常数矩阵,有

$$y_s(n) = CZ^{-1}[(zI - A)^{-1}z]x(0) \tag{7.3.9}$$

在 z 域求得的系统输出的零输入响应同时域求得的系统输出的零输入响应应该相等,因此将式(7.3.9)与时域求得的 $y(n)$(式(7.3.3))的第一项所示的零输入响应 $CA^n x(0)$ 比较发现

$$\phi(n) = A^n = Z^{-1}[(zI - A)^{-1}z] \tag{7.3.10}$$

也即

$$A^n \leftrightarrow (zI - A)^{-1}z \tag{7.3.11}$$

式(7.3.10)给出了 A^n 的一种求法。$\phi(n)$ 的 z 变换为 $\Phi(z) = (zI - A)^{-1}z$,则有

$$X(z) = \Phi(z)x(0) + z^{-1}\Phi(z)BF(z) \tag{7.3.12}$$

$$Y(z) = C\Phi(z)x(0) + [Cz^{-1}\Phi(z)B + D]F(z) \tag{7.3.13}$$

当 $x(0) = 0$,由式(7.3.13)可知,离散系统的响应为零状态响应,其象函数为

$$Y_f(z) = [Cz^{-1}\Phi(z)B + D]F(z) \tag{7.3.14}$$

$$H(z) = \frac{Y_f(z)}{F(z)} = Cz^{-1}\Phi(z)B + D = C(zI - A)^{-1}B + D \tag{7.3.15}$$

例7.6 已知离散系统的状态方程与输出方程为

$$\begin{cases} \begin{bmatrix} x_1(n+1) \\ x_2(n+1) \end{bmatrix} = \begin{bmatrix} 0 & 1 \\ -3 & -4 \end{bmatrix} \begin{bmatrix} x_1(n) \\ x_2(n) \end{bmatrix} + \begin{bmatrix} 0 \\ 2 \end{bmatrix} f(n) \\ y(n) = \begin{bmatrix} -1 & -2 \end{bmatrix} \begin{bmatrix} x_1(n) \\ x_2(n) \end{bmatrix} + [1]f(n) \end{cases}$$

其中,输入 $f(n) = [\varepsilon(n)]$,初始条件 $x(0) = \begin{bmatrix} x_1(0) \\ x_2(0) \end{bmatrix} = \begin{bmatrix} 0 \\ 0 \end{bmatrix}$,试求状态变量 $x(n)$ 与输出 $y(n)$。

解 ①求状态方程的解

先计算 $\Phi(z) = (zI - A)^{-1}z$,则

$$zI - A = z\begin{bmatrix} 1 & 0 \\ 0 & 1 \end{bmatrix} - \begin{bmatrix} 0 & 1 \\ -3 & -4 \end{bmatrix} = \begin{bmatrix} z & -1 \\ 3 & z+4 \end{bmatrix}$$

$$(zI - A)^{-1} = \begin{bmatrix} z & -1 \\ 3 & z+4 \end{bmatrix}^{-1}$$

$$= \frac{1}{(z+1)(z+3)}\begin{bmatrix} z+4 & 1 \\ -3 & z \end{bmatrix}$$

$$= \begin{bmatrix} \dfrac{z+4}{(z+1)(z+3)} & \dfrac{1}{(z+1)(z+3)} \\ \dfrac{-3}{(z+1)(z+3)} & \dfrac{z}{(z+1)(z+3)} \end{bmatrix}$$

将求得的 $\Phi(z)$ 代入式(7.3.12)，由于初始条件 $x(0) = \begin{bmatrix} x_1(0) \\ x_2(0) \end{bmatrix} = \begin{bmatrix} 0 \\ 0 \end{bmatrix}$，因此有

$$\begin{aligned} X(z) &= \Phi(z)x(0) + z^{-1}\Phi(z)BF(z) \\ &= z^{-1}\Phi(z)BF(z) \\ &= (zI - A)^{-1}BF(z) \\ &= \begin{bmatrix} \dfrac{z+4}{(z+1)(z+3)} & \dfrac{1}{(z+1)(z+3)} \\ \dfrac{-3}{(z+1)(z+3)} & \dfrac{z}{(z+1)(z+3)} \end{bmatrix}\begin{bmatrix} 0 \\ 2 \end{bmatrix}\begin{bmatrix} \dfrac{z}{z-1} \end{bmatrix} \\ &= \begin{bmatrix} \dfrac{2z}{(z+1)(z+3)(z-1)} \\ \dfrac{2z^2}{(z+1)(z+3)(z-1)} \end{bmatrix} \\ &= \begin{bmatrix} \dfrac{1}{4}\dfrac{z}{z-1} + \dfrac{1}{4}\dfrac{z}{z+3} - \dfrac{1}{2}\dfrac{z}{z+1} \\ \dfrac{1}{4}\dfrac{z}{z-1} - \dfrac{3}{4}\dfrac{z}{z+3} + \dfrac{1}{2}\dfrac{z}{z+1} \end{bmatrix} \end{aligned}$$

对上式进行 z 逆变换，得系统在时域中的状态矢量解为

$$x(n) = Z^{-1}[X(z)] = \begin{bmatrix} x_1(n) \\ x_2(n) \end{bmatrix} = \begin{bmatrix} \left(\dfrac{1}{4} + \dfrac{1}{4}(-3)^n - \dfrac{1}{2}(-1)^n\right)\varepsilon(n) \\ \left(\dfrac{1}{4} - \dfrac{3}{4}(-3)^n + \dfrac{1}{2}(-1)^n\right)\varepsilon(n) \end{bmatrix}$$

②求输出响应

将求得的 $\Phi(z)$ 代入式(7.3.13)，由于初始条件 $x(0) = \begin{bmatrix} x_1(0) \\ x_2(0) \end{bmatrix} = \begin{bmatrix} 0 \\ 0 \end{bmatrix}$，因此有

$$\begin{aligned} Y(z) &= [C(zI-A)^{-1}B + D]F(z) \\ &= C(zI-A)^{-1}BX(z) + DF(z) \\ &= \begin{bmatrix} -1 & -2 \end{bmatrix}\begin{bmatrix} \dfrac{z+4}{(z+1)(z+3)} & \dfrac{1}{(z+1)(z+3)} \\ \dfrac{-3}{(z+1)(z+3)} & \dfrac{z}{(z+1)(z+3)} \end{bmatrix}\begin{bmatrix} 0 \\ 2 \end{bmatrix}\begin{bmatrix} \dfrac{z}{z+1} \end{bmatrix} + \begin{bmatrix} 1 \end{bmatrix}\begin{bmatrix} \dfrac{z}{z-1} \end{bmatrix} \end{aligned}$$

$$= \begin{bmatrix} -1 & -2 \end{bmatrix} \begin{bmatrix} \dfrac{2z}{(z+1)(z+3)(z-1)} \\ \dfrac{2z^2}{(z+1)(z+3)(z-1)} \end{bmatrix} + \begin{bmatrix} \dfrac{z}{z-1} \end{bmatrix}$$

$$= \begin{bmatrix} \dfrac{z^3 + z}{(z+1)(z+3)(z-1)} \end{bmatrix}$$

对上式进行 z 逆变换,得系统在时域中的输出响应为

$$y(n) = \begin{bmatrix} \dfrac{z^3 + z}{(z+1)(z+3)(z-1)} \end{bmatrix}$$

$$= Z^{-1} \begin{bmatrix} \dfrac{1}{4} \cdot \dfrac{z}{z-1} + \dfrac{5}{4} \dfrac{z}{z+3} - \dfrac{1}{2} \dfrac{z}{z+1} \end{bmatrix}$$

$$= \left(\dfrac{1}{4} + \dfrac{5}{4}(-3)^n - \dfrac{1}{2}(-1)^n \right) \varepsilon(n)$$

习题 7

7.1 对如题图 7.1 所示的电路,列出以 $u_C(t)$,$i_L(t)$ 为状态变量 x_1,x_2,以 $y_1(t)$,$y_2(t)$ 为输出的状态方程和输出方程。

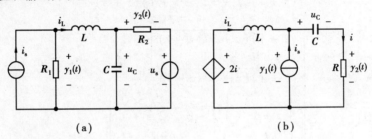

题图 7.1

7.2 描述某连续系统的微分方程为

$$y^{(3)}(t) + 5y^{(2)}(t) + y^{(1)}(t) + 2y(t) = f^{(1)}(t) + 2f(t)$$

写出该系统的状态方程和输出方程。

7.3 已知描述系统输入 $f(t)$、输出 $y(t)$ 的微分方程为

$$a \frac{\mathrm{d}^3 y(t)}{\mathrm{d}t^3} + b \frac{\mathrm{d}^2 y(t)}{\mathrm{d}t^2} + c \frac{\mathrm{d}y(t)}{\mathrm{d}t} + dy(t) = f(t)$$

其中,a,b,c,d 均为常量。选状态变量为

$$\begin{cases} x_1(t) = ay(t) \\ x_2(t) = a \dfrac{\mathrm{d}y(t)}{\mathrm{d}t} + by(t) \\ x_3(t) = a \dfrac{\mathrm{d}^2 y(t)}{\mathrm{d}t^2} + b \dfrac{\mathrm{d}y(t)}{\mathrm{d}t} + cy(t) \end{cases}$$

(1)试列出该系统的状态方程和输出方程;

(2)画出该系统的模拟框图,并标出状态变量。

7.4 如题图7.2所示的复合系统由两个线性时不变子系统 S_a 和 S_b 组成,其状态方程和输出方程分别如下:

子系统 S_a 为

$$\begin{bmatrix} \dot{x}_{a1} \\ \dot{x}_{a2} \end{bmatrix} = \begin{bmatrix} 1 & -2 \\ 2 & 1 \end{bmatrix}\begin{bmatrix} x_{a1} \\ x_{a2} \end{bmatrix} + \begin{bmatrix} 1 \\ 0 \end{bmatrix}f_1(t), y_1(t) = \begin{bmatrix} 1 & -1 \end{bmatrix}\begin{bmatrix} x_{a1} \\ x_{a2} \end{bmatrix}$$

子系统 S_b 为

$$\begin{bmatrix} \dot{x}_{b1} \\ \dot{x}_{b2} \end{bmatrix} = \begin{bmatrix} 2 & -1 \\ -2 & 1 \end{bmatrix}\begin{bmatrix} x_{b1} \\ x_{b2} \end{bmatrix} + \begin{bmatrix} 2 \\ 0 \end{bmatrix}f_2(t), y_2(t) = \begin{bmatrix} 0 & -1 \end{bmatrix}\begin{bmatrix} x_{b1} \\ x_{b2} \end{bmatrix}$$

(1)写出复合系统的状态方程和输出方程的矩阵形式;

(2)画出复合系统的信号流图,标出状态变量 $x_{a1}, x_{a2}, x_{b1}, x_{b2}$,并求复合系统的系统函数 $H(s)$。

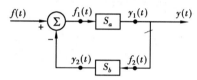

题图7.2

7.5 描述某连续系统的系统函数为

$$H(s) = \frac{2s^2 + 9s}{s^2 + 4s + 12}$$

画出其直接形式的信号流图,写出相应的状态方程和输出方程。

7.6 如题图7.3所示为某连续系统的框图。

(1)写出以 x_1, x_2 为状态变量的状态方程和输出方程;

(2)为使该系统稳定,常数 a, b 应满足什么条件?

7.7 如题图7.4所示为某系统的信号流图,写出以 x_1, x_2 为状态变量的状态方程和输出方程。

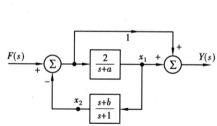

题图7.3   题图7.4

7.8 某连续系统的状态方程为

$$\begin{bmatrix} \dot{x}_1 \\ \dot{x}_2 \end{bmatrix} = \begin{bmatrix} -4 & 1 \\ -3 & 0 \end{bmatrix}\begin{bmatrix} x_1 \\ x_2 \end{bmatrix} + \begin{bmatrix} 1 \\ 1 \end{bmatrix}\begin{bmatrix} f \end{bmatrix}$$

输出方程为 $y(t) = x_1$,试画出该系统的信号流图,并根据状态方程和输出方程求出该系统的微分方程。

7.9 某离散系统的信号流图如题图 7.5 所示。写出以 $x_1(k)$，$x_2(k)$ 为状态变量的状态方程和输出方程。

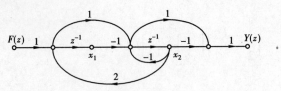

题图 7.5

7.10 描述某离散系统的差分方程为

$$y(k) + 4y(k-1) + 3y(k-2) = f(k-1) + 2f(k-2)$$

已知当 $f(k) = 0$ 时，其初始值 $y(0) = 0$，$y(1) = 1$。

(1)写出该系统的状态方程和输出方程；

(2)求出初始状态 $x_1(0)$ 和 $x_2(0)$。

7.11 某系统的信号流图如题图 7.6 所示，请写出该系统矩阵形式的状态方程和输出方程。

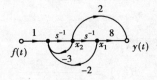

题图 7.6

附　录

附录1　卷积积分表

序　号	$f_1(t)$	$f_2(t)$	$f_1(t) * f_2(t)$
1	$f(t)$	$\delta(t)$	$f(t)$
2	$f(t)$	$\delta'(t)$	$f'(t)$
3	$f(t)$	$\varepsilon(t)$	$\displaystyle\int_{-\infty}^{t} f(\lambda)\,\mathrm{d}\lambda$
4	$\varepsilon(t)$	$\varepsilon(t)$	$t\varepsilon(t)$
5	$t\varepsilon(t)$	$\varepsilon(t)$	$\dfrac{1}{2}t^2\varepsilon(t)$
6	$\mathrm{e}^{-\alpha t}\varepsilon(t)$	$\varepsilon(t)$	$\dfrac{1}{\alpha}(1-\mathrm{e}^{-\alpha t})\varepsilon(t)$
7	$t\varepsilon(t)$	$\mathrm{e}^{-\alpha t}\varepsilon(t)$	$\left(\dfrac{\alpha t-1}{\alpha^2}+\dfrac{1}{\alpha^2}\mathrm{e}^{-\alpha t}\right)\varepsilon(t)$
8	$t\mathrm{e}^{-\alpha t}\varepsilon(t)$	$\mathrm{e}^{-\alpha t}\varepsilon(t)$	$\dfrac{1}{2}t^2\mathrm{e}^{-\alpha t}\varepsilon(t)$
9	$\mathrm{e}^{-\alpha_1 t}\varepsilon(t)$	$\mathrm{e}^{-\alpha_2 t}\varepsilon(t)$	$\dfrac{1}{\alpha_2-\alpha_1}(\mathrm{e}^{-\alpha_1 t}-\mathrm{e}^{-\alpha_2 t})\varepsilon(t),\alpha_1\neq\alpha_2$

附录2 卷积和表

序号	$f_1(n)$	$f_2(n)$	$f_1(n) * f_2(n)$
1	$f(n)$	$\delta(n)$	$f(n)$
2	$f(n)$	$\varepsilon(n)$	$\sum\limits_{i=-\infty}^{n} f(i)$
3	$\varepsilon(n)$	$\varepsilon(n)$	$(n+1)\varepsilon(n)$
4	$n\varepsilon(n)$	$\varepsilon(n)$	$\dfrac{1}{2}(n+1)n\varepsilon(n)$
5	$a^n\varepsilon(n)$	$\varepsilon(n)$	$\dfrac{1-a^{n+1}}{1-a}\varepsilon(n),\quad a\neq 0$
6	$a_1^n\varepsilon(n)$	$a_2^n\varepsilon(n)$	$\dfrac{a_1^{n+1}-a_2^{n+2}}{a_1-a_2}\varepsilon(n),\quad a_1\neq a_2$
7	$a^n\varepsilon(n)$	$a^n\varepsilon(n)$	$(n+1)a^n\varepsilon(n)$
8	$n\varepsilon(n)$	$a^n\varepsilon(n)$	$\dfrac{n}{1-a}\varepsilon(n)+\dfrac{a(a^n-1)}{(1-a)^2}\varepsilon(n)$
9	$n\varepsilon(n)$	$n\varepsilon(n)$	$\dfrac{1}{6}(n+1)n(n-1)\varepsilon(n)$
10	$a_1^n\cos(\beta n+\theta)\varepsilon(n)$	$a_2^n\varepsilon(n)$	$\dfrac{a_1^{n+1}\cos[\beta(n+1)+\theta-\varphi]-a_2^{n+1}\cos(\theta-\varphi)}{\sqrt{a_1^2+a_2^2-2a_1a_2\cos\beta}}\varepsilon(n)$ $\varphi=\arctan\left[\dfrac{a_1\sin\beta}{a_1\cos\beta-a_2}\right]$

附录3 常用周期信号的傅里叶系数表

序号	名称	信号波形	傅里叶系数
1	矩形脉冲		$\dfrac{a_0}{2}=\dfrac{\tau}{T}$ $a_n=\dfrac{2\sin\left(\dfrac{n\Omega\tau}{2}\right)}{n\pi},\quad n=1,2,3,\cdots$ $b_0=0$
2	方波		$a_n=0$ $b_n=\begin{cases}0 & n=2,4,6;\cdots\\ \dfrac{4}{n\pi} & n=1,3,5;\cdots\end{cases}$

序　号	名　称	信号波形	傅里叶系数
3	锯齿波		$\dfrac{a_0}{2}=\dfrac{1}{2}$ $a_n=0$ $b_n=\dfrac{1}{n\pi}\qquad n=1,2,3;\cdots$
4			$a_n=0$ $b_n=(-1)^{n+1}\dfrac{2}{n\pi}\qquad n=1,2,3,\cdots$
5	三角脉冲		$\dfrac{a_0}{2}=\dfrac{\tau}{2T}$ $a_n=\dfrac{4T}{\tau}\cdot\dfrac{1}{(n\pi)^2}\sin^2\left(\dfrac{n\Omega\tau}{4}\right)$ $b_n=0$
6	三角波		$a_n=0$ $b_n=\dfrac{8}{(n\pi)^2}\sin\left(\dfrac{n\pi}{2}\right)$
7	半波余弦		$\dfrac{a_0}{2}=\dfrac{1}{\pi}$ $a_n=\dfrac{-2}{\pi(n^2-1)}\cos\left(\dfrac{n\pi}{2}\right)$ $b_n=0$
8	全波余弦		$\dfrac{a_0}{2}=\dfrac{2}{\pi}$ $a_n=-\dfrac{4}{\pi(n^2-1)}\cos\left(\dfrac{n\pi}{2}\right)$ $b_n=0$

附录4 常用非周期信号的傅里叶变换表

表1 能量信号

序号	名称	信号波形	$F(j\omega)$
1	门函数		$\tau Sa\left(\dfrac{\omega\tau}{2}\right)$
2	锯齿波		$j\dfrac{1}{\omega}\left[e^{-j\frac{\omega\tau}{2}} - Sa\left(\dfrac{\omega\tau}{2}\right)\right]$
3	三角脉冲		$\dfrac{\tau}{2}Sa^2\left(\dfrac{\omega\tau}{4}\right)$
4	单边指数衰减信号		$\dfrac{1}{\alpha+j\omega} \quad \alpha>0$
5	偶双边指数衰减信号		$\dfrac{2\alpha}{\alpha^2+\omega^2} \quad \alpha>0$
6	奇双边指数衰减信号		$-j\dfrac{2\omega}{\alpha^2+\omega^2} \quad \alpha>0$

序 号	名 称	信号波形	$F(j\omega)$
7	余弦脉冲		$\dfrac{\pi\tau}{2}\cdot\dfrac{\cos\left(\dfrac{\omega\tau}{2}\right)}{\left(\dfrac{\pi}{2}\right)^2-\left(\dfrac{\omega\tau}{2}\right)^2}$

表2 奇异信号和功率信号

序 号	时间函数 $f(t)$	$F(j\omega)$
1	$\delta(t)$	1
2	1	$2\pi\delta(\omega)$
3	$\delta'(t)$	$j\omega$
4	$\delta^{(n)}(t)$	$(j\omega)^n$
5	$\varepsilon(t)$	$\pi\delta(\omega)+\dfrac{1}{j\omega}$
6	$\mathrm{sgn}(t)$	$\dfrac{2}{j\omega}$
7	t	$j2\pi\delta'(\omega)$
8	t^n	$2\pi(j)^n\delta^{(n)}(\omega)$
9	$t\varepsilon(t)$	$j\pi\delta'(\omega)-\dfrac{1}{\omega^2}$
10	$\dfrac{1}{t}$	$-j\pi\,\mathrm{sgn}(\omega)$
11	$|t|$	$-\dfrac{2}{\omega^2}$
12	$e^{j\omega_0 t}$	$2\pi\delta(\omega-\omega_0)$
13	$\cos(\omega_0 t)$	$\pi[\delta(\omega+\omega_0)+\delta(\omega-\omega_0)]$
14	$\sin(\omega_0 t)$	$j\pi[\delta(\omega+\omega_0)-\delta(\omega-\omega_0)]$

附录5　常用信号的拉普拉斯变换表

序　号	$f(t)$　　$t \geqslant 0$	$F(s)$
1	$\delta(t)$	1
2	$\delta'(t)$	s
3	$\varepsilon(t)$	$\dfrac{1}{s}$
4	$e^{-\alpha t}$	$\dfrac{1}{s+\alpha}$
5	t^k	$\dfrac{k!}{s^{k+1}}$
6	$te^{-\alpha t}$	$\dfrac{1}{(s+\alpha)^2}$
7	$t^k e^{-\alpha t}$	$\dfrac{k!}{(s+\alpha)^{k+1}}$
8	$\sin \omega_0 t$	$\dfrac{\omega_0}{s^2+\omega_0^2}$
9	$\cos \omega_0 t$	$\dfrac{s}{s^2+\omega_0^2}$
10	$e^{-\alpha t}\sin \omega_0 t$	$\dfrac{\omega_0}{(s+\alpha)^2+\omega_0^2}$
11	$e^{-\alpha t}\cos \omega_0 t$	$\dfrac{s+\alpha}{(s+\alpha)^2+\omega_0^2}$
12	$t \sin \omega_0 t$	$\dfrac{2\omega_0 s}{(s^2+\omega_0^2)^2}$
13	$t \cos \omega_0 t$	$\dfrac{s^2-\omega_0^2}{(s^2+\omega_0^2)^2}$

附录6 常用信号的 z 变换表

序 号	$f(n)$	$F(z)$	收敛域
1	$\delta(n)$	1	$\|z\| \geqslant 0$
2	$\varepsilon(n)$	$\dfrac{z}{z-1}$	$\|z\| > 1$
3	$a^n \varepsilon(n)$	$\dfrac{z}{z-a}$	$\|z\| > \|a\|$
4	$\mathrm{e}^{an} \varepsilon(n)$	$\dfrac{z}{z-\mathrm{e}^a}$	$\|z\| > \|\mathrm{e}^a\|$
5	$n\varepsilon(n)$	$\dfrac{z}{(z-1)^2}$	$\|z\| > 1$
6	$na^n \varepsilon(n)$	$\dfrac{az}{(z-a)^2}$	$\|z\| > \|a\|$
7	$\cos(\beta n)\varepsilon(n)$	$\dfrac{z(z-\cos\beta)}{z^2 - 2z\cos\beta + 1}$	$\|z\| > 1$
8	$\sin(\beta n)\varepsilon(n)$	$\dfrac{z\sin\beta}{z^2 - 2z\cos\beta + 1}$	$\|z\| > 1$

部分习题参考答案

习 题 1

1. 略

2. (a) 连续非周期信号　　(b) 离散非周期信号　　(c) 连续非周期信号　　(d) 连续周期信号

3. (1) 非周期信号　　(2) 周期信号，$T = \dfrac{\pi}{2}$　　(3) 周期信号，$T = 12$　　(4) 周期信号，$N = 20$

4.

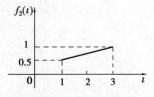

题 4 图　$f_2(t)$ 的波形

5.

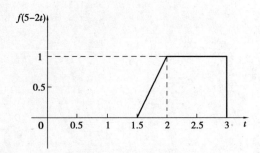

题 5 图　$f(5-2t)$ 的波形

6.

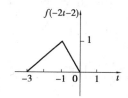

题 6 图 $f(-2t-2)$ 的波形

7.

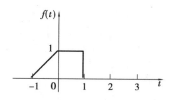

题 7 图 $f(t)$ 的波形

8.

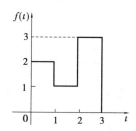

题 8 图 $f(t)$ 的波形

9. $f_2(t) = f_1(2t+5)$

10. 略

11. $f(t) = t \cdot [\varepsilon(t) - \varepsilon(t-1)] + \varepsilon(t-1) - \varepsilon(t-2)$

12. $f(t-1)\varepsilon(t) = \varepsilon(t) - \varepsilon(t-3)$

13. $f(t) = \varepsilon(t) + 2\varepsilon(t-1) - \varepsilon(t-2) - 2\varepsilon(t-3)$

14. $f(3-2t) = e^{2t-3}\left[\varepsilon\left(t-\dfrac{1}{2}\right) - \varepsilon\left(t-\dfrac{3}{2}\right)\right]$

15. (a) $f(t) = t\varepsilon(t) - (t-1)\varepsilon(t-1)$ (b) $f(t) = \delta(t+1) + (t+1)\varepsilon(t)$

16. (1) 0   (2) -1 (3) 4   (4) $1 - e^{-j\omega t_0}$ (5) e^3 (6) 1   (7) $f(t_0)$

(8) 0   (9) $\dfrac{\pi}{6} + \dfrac{1}{2}$ (10) $-e^{-t}\varepsilon(t) + \delta(t)$ (11) $e^2 - 2$ (12) 0   (13) 4

(14) -5

17. $\varepsilon(t)$

18. $\dfrac{1}{4}$

19. $f'(t) = 2\delta(t) - 2\delta(t-2)$

20. 略

21. (3) $\delta(t) = -\delta(t)$ 错误

243

22. $\int_{-4}^{4} (t^2 + 3t + 2) [\delta(t) + 2\delta(t - 2)] dt = 26$; $\int_{0_-}^{\infty} (t^3 + 4)\delta(t + 1) dt = 0$

23. 略

24. 略

25. $(3) y''(t) + y(t) = f'(t) + f(t)$ 为线性时不变系统

26. 系统为线性系统

27. （1）线性非时变　　（2）线性时变　　（3）线性时变　　（4）非线性非时变 （5）线性非时变　　（6）线性时变

习题 2

1. $y'(t) + ay(t) = f(t)$

2. $y(0_+) = 3$

3. $y(0_+) = 1; y'(0_+) = \dfrac{3}{2}$

4. 略

5. $r_3(t) = 3e^{-3t}\varepsilon(t) + [-e^{-3(t-t_0)} + \sin 2(t - t_0)]\varepsilon(t - t_0)$

6. $(1) y_s(t) = (2e^{-t} - e^{-3t})\varepsilon(t)$, $y_f(t) = \left(\dfrac{1}{3} - \dfrac{1}{2}e^{-t} + \dfrac{1}{6}e^{-3t}\right)\varepsilon(t)$

   $(2) y_s(t) = (4t + 1)e^{-2t}\varepsilon(t)$, $y_f(t) = [-(t+2)e^{-2t} + 2e^{-t}]\varepsilon(t)$

7. $y_3(t) = (12e^{-t} + 4e^{-3t} - e^{-2t})\varepsilon(t)$

8. $i''(t) + 5i'(t) + 6i(t) = u_s(t)$; $i_f(t) = (e^{-t} - 2e^{-2t} + e^{-3t})\varepsilon(t)$

9. 略

10. $y_f(t) = \left[2e^{-t} - \dfrac{3}{2}e^{-2t} - \dfrac{1}{2}\right]\varepsilon(t)$

11. $h(t) = [e^{-t} - e^{-2t}]\varepsilon(t)$

12. $y(t) = (7\sin t + 4\cos t)\varepsilon(t)$

13. $h(t) = 2e^{-5t}\varepsilon(t)$

14. $y_f(t) = \dfrac{1}{3}[1 - e^{-3(t-1)}]\varepsilon(t - 1)$

15. $(1) y'(t) = f(t) - f(t - \tau)$　　$(2) h(t) = \varepsilon(t) - \varepsilon(t - \tau)$

16. $(1) y'(t) + y(t) = f(t)$　　$(2) h(t) = e^{-t}\varepsilon(t)$

17. $h(t) = \dfrac{1}{2}[e^{-t} - e^{-3t}]\varepsilon(t)$

18. $f(t) = \varepsilon(t + 2) - \varepsilon(t - 2)$

19. $f(0) = 2$

20.

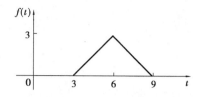

题20图 $f(t)$ 的波形

21. (1) $y(t) = \int_{-\infty}^{\infty} f_1(\tau) f_2(t-\tau) \mathrm{d}\tau$ 或 $y(t) = \int_{-\infty}^{\infty} f_2(\tau) f_1(t-\tau) \mathrm{d}\tau$

(2) $y(t) = \begin{cases} 0 & t < -0.5 \\ AB(t+0.5) & -0.5 \leqslant t \leqslant 0 \\ \dfrac{1}{2}AB & 0 \leqslant t \leqslant 0.5 \\ (1-t)AB & 0.5 \leqslant t \leqslant 1 \\ 0 & 1 \leqslant t \end{cases}$

22.

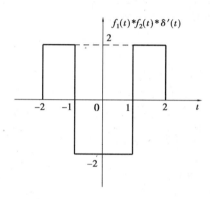

题22图 $f_1(t) * f_2(t) * \delta'(t)$ 的波形

23.

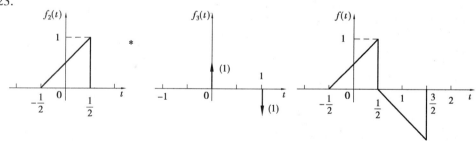

题23图

24.

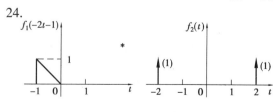

题24图

25.

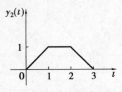

题 25 图

26. $y_f(t) = \dfrac{1}{2RC-1}\left(e^{-\frac{1}{RC}t} - e^{-2t}\right)\varepsilon(t)$

27. $y_2(t) = h_1(t) * h_1(t) * f_2(t)$
$= \varepsilon(t) - 2\varepsilon(t-1) + 2\varepsilon(t-3) - \varepsilon(t-4)$

28. $h(t) = \varepsilon(t) - \varepsilon(t-1)$

29. $h(t) = (1 - e^{-t} + e^{-2t})\varepsilon(t)$

30. $y_f(t) = (t-2)\varepsilon(t-2) - 2(t-3)\varepsilon(t-3) + (t-4)\varepsilon(t-4)$

31. $h(t) = \varepsilon(t-2) + \varepsilon(t-3)$

习题 3

1. $f(t) = \displaystyle\sum_{k=-\infty}^{\infty} 2Sa^2\left(\frac{\pi}{2}k\right)e^{jk\frac{\pi}{4}t} = 2 + \sum_{k=1}^{\infty} 4Sa^2\left(\frac{\pi}{2}k\right)\cos\left(k\frac{\pi}{4}t\right)$

2. $f(t) = \dfrac{A}{2} - \displaystyle\sum_{k=1}^{\infty} \frac{A}{k\pi}\sin k\omega_1 t$

3. $F(j\omega) = \dfrac{\tau}{2}Sa\left(\frac{\omega\tau}{4}\right) + \tau Sa\left(\frac{\omega\tau}{2}\right)$

4. $F(j\omega) = \dfrac{1 - e^{-j\omega}}{(j\omega)^2} + 3\pi\delta(\omega)$

5. $F_0 = 2$

6. $I = 1.5 \text{ A}; P = 2.25 \text{ W}$

7. $\dfrac{1}{2}j\dfrac{d}{d\omega}\left[F\left(\frac{1}{2}j\omega\right)\right]$

8. $\sqrt{\dfrac{7}{2}} = 1.87 \text{ A}, P = 3.5 \text{ A}$

9. $(1) F(j\omega) = \dfrac{j\omega + 2}{4 - \omega^2 + \omega_0^2 + 4j\omega}$ 　　$(2) F(j\omega) = \dfrac{2(1 + j\omega)}{[(1 + j\omega)^2 + 1]^2}$

10. $F(-j\omega)e^{-j\omega}$

11. $j\dfrac{d}{d\omega}F(j\omega) - 2F(j\omega)$

12. $-je^{-j\omega}\dfrac{d}{d\omega}F(-j\omega)$

13. $-\dfrac{\mathrm{d}}{\mathrm{d}\omega}[\omega F(-\mathrm{j}\omega)\mathrm{e}^{-\mathrm{j}\omega}]$

14. $Y(\mathrm{j}\omega)=F(\mathrm{j}2\omega-8\mathrm{j})\mathrm{e}^{\mathrm{j}6\omega-24\mathrm{j}}+F(8\mathrm{j}+2\mathrm{j}\omega)\mathrm{e}^{\mathrm{j}6\omega+24\mathrm{j}}$

15. (1) $F(\mathrm{j}\omega)=\dfrac{1}{3+\mathrm{j}(4+\omega)}$ (2) $F(\mathrm{j}\omega)=2Sa(\omega)\mathrm{e}^{-\mathrm{j}\omega}$

16. (1) $F(\mathrm{j}\omega)\cos\omega$ (2) $[2F(-\mathrm{j}2\omega)+F(\mathrm{j}2\omega)]\mathrm{e}^{-\mathrm{j}2\omega}$ (3) $\pi g_6(\omega)F(\mathrm{j}\omega)$

(4) $\mathrm{j}4\omega F(-\mathrm{j}4\omega)\mathrm{e}^{\mathrm{j}4\omega}$ (5) $\dfrac{4}{4+\omega^2}$

(6) $2\pi[\delta(\omega)+\delta(\omega-1)+\delta(\omega+1)]+3\pi[\delta(\omega-3)+\delta(\omega+3)]$

(7) $\dfrac{A\pi}{\mathrm{j}\omega}[\delta(\omega+\omega_0)+\delta(\omega-\omega_0)]$ (8) $\dfrac{\mathrm{j}A\pi}{2}[\delta(\omega+\omega_0)-\delta(\omega-\omega_0)]-\dfrac{\omega_0 A}{\omega^2-\omega_0^2}$

17. $F(\mathrm{j}\omega)=2\pi Sa(\omega\pi)+\pi[Sa(\omega+1)\pi+Sa(\omega-1)\pi]$

18. $f(t)=2\mathrm{e}^{-4t}\cos(2t)\varepsilon(t)$

19. (1) $h(t)=(\mathrm{e}^{-2t}-\mathrm{e}^{-4t})\varepsilon(t)$ (2) $y(t)=\left(\dfrac{1}{4}\mathrm{e}^{-2t}-\dfrac{1}{2}t\mathrm{e}^{-2t}+\dfrac{1}{2}t^2\mathrm{e}^{-2t}-\dfrac{1}{4}\mathrm{e}^{-4t}\right)\varepsilon(t)$

20. $f(t)=\mathrm{e}^{-3t}\varepsilon(t)$

21. $H(\mathrm{j}\omega)=\dfrac{\mathrm{j}\omega+4}{(\mathrm{j}\omega)^2+5(\mathrm{j}\omega)+6}$

22. $h(t)=F^{-1}[H(\mathrm{j}\omega)]=2\mathrm{e}^{-2t}\cdot\varepsilon(t)$; $g(t)=(1-\mathrm{e}^{-2t})\cdot\varepsilon(t)$

23. $H(\mathrm{j}\omega)=H(s)\big|_{s=\mathrm{j}\omega}=\dfrac{\mathrm{j}\omega}{\mathrm{j}\omega+\dfrac{1}{RC}}=|H(\mathrm{j}\omega)|\mathrm{e}^{\mathrm{j}\varphi(\omega)}=\dfrac{\omega CR}{\sqrt{1+(\omega CR)^2}}\cdot\mathrm{e}^{\mathrm{j}\left(\arctan\frac{1}{\omega RC}\right)}$

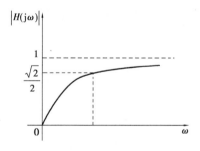

幅频特性曲线

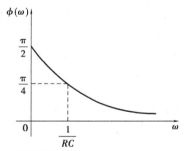

相频特性曲线

题 23 图

24. $T_{\max}=\dfrac{\pi}{\omega_1+\omega_2}$

25. $y(t)=\dfrac{\sin t}{2\pi t}\cdot\cos(1\,000\,t)$

26. (1) 频谱图略

(2) $4\ \mathrm{kHz}>f_\mathrm{C}>1\ \mathrm{kHz}$

247

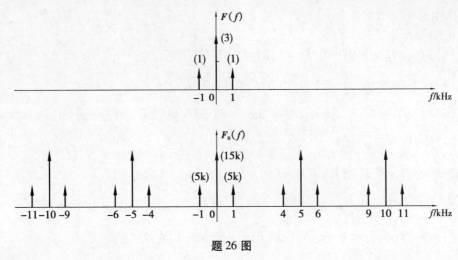

题 26 图

27. $f_s = 6f_m$

习题 4

1. $F(s) = \dfrac{1 - 2e^{-s} + e^{-2s}}{s^2} = \dfrac{(1 - e^{-s})^2}{s^2}$

2. $(1) \dfrac{s+2}{s(s+1)}$ $(2) 1 + \dfrac{1}{s+3}$ $(3) \dfrac{s+2}{(s+2)^2 + 1}$ $(4) \dfrac{1}{s-2}$

3. $\dfrac{s}{(s+1)^2 + 1}$

4. $\dfrac{s + \alpha}{(s + \alpha)^2 + w_0^2}$

5. $(1) \dfrac{s+2}{(s+1)^2} e^{-s+2}$ $(2) \dfrac{1}{s+1} + \dfrac{1}{s+4}$ $(3) \dfrac{1}{(s+1)^2}$ $(4) 1 + \dfrac{1}{s+1}$

6. $\dfrac{7}{5} e^{-2t} \varepsilon(t) - \dfrac{2}{5} e^{-t} \cos(2t) \varepsilon(t) - \dfrac{4}{5} e^{-t} \sin(2t) \varepsilon(t)$

7. $(te^{-t} - 3e^{-t} + 4e^{-2t}) \varepsilon(t)$

8. $(1) \left[1 - e^{\frac{1}{2}(t-1)} \right] \varepsilon(t-1)$ $(2) \delta(t) + \sin t \varepsilon(t)$ $(3) \left[2t - \sin(2t) \right] \varepsilon(t)$

$(4) \dfrac{1}{4} \sin(4t) \varepsilon(t)$ $(5) \cos(4t) \varepsilon(t)$ $(6) (e^{-3t} - e^{-2t}) \varepsilon(t)$

$(7) -\delta(t) - 4e^{-2t} \varepsilon(t) + 9e^{-3t} \varepsilon(t)$ $(8) e^{-3t} \varepsilon(t-2)$

9. $(1) f(t) = (-e^{-2t} + 2e^{-3t}) \varepsilon(t)$ $(2) f(t) = (2 + \sin t) \varepsilon(t)$

$(3) f(t) = (e^{-t} - e^{-2t}) \varepsilon(t)$ $(4) f(t) = (1 - e^{-2t} - 2te^{-2t}) \varepsilon(t)$

$(5) f(t) = \delta(t) - \delta(t-1)$ $(6) f(t) = e^{-2t} \varepsilon(t) - e^{-2(t-1)} \varepsilon(t-1)$

$(7) \varepsilon(t) + \varepsilon(t-1)$ $(8) f(t) = \delta(t) - e^{-t} \varepsilon(t)$

10. $f(t) = e^{-3t} \varepsilon(t)$

11. $f(t) = e^{-3t} \varepsilon(t-2)$

12. $y_s(t) = \left(\frac{13}{3} e^{-t} - \frac{7}{3} e^{-4t} \right) \varepsilon(t)$; $y_f(t) = \left(e^{-t} - \frac{1}{2} e^{-2t} - \frac{1}{2} e^{-4t} \right) \varepsilon(t)$;

$y(t) = y_s(t) + y_f(t) = \left(\frac{16}{3} e^{-t} - \frac{1}{2} e^{-2t} - \frac{17}{6} e^{-4t} \right) \varepsilon(t)$

13. $h(t) = (3e^{-2t} - 3e^{-3t}) \varepsilon(t)$; $g(t) = (0.5 - 1.5 e^{-2t} + e^{-3t}) \varepsilon(t)$

14. $i(t) = \delta(t) - e^{-t} \varepsilon(t)$

15. (1) $h(t) = te^{-t} \varepsilon(t)$ (2) $v_C(0_-) = 0, i_L(0_-) = 1$

16. $H(s) = \frac{1}{s} e^{-s} + \frac{1}{s} e^{-2s} - \frac{1}{s} e^{-3s} - \frac{1}{s} e^{-4s}, h(t) = \varepsilon(t-1) + \varepsilon(t-2) - \varepsilon(t-3) - \varepsilon(t-4)$

17. $y_f(t) = \frac{1}{2} (e^{-t} - e^{-2t}) \varepsilon(t)$

18. $y_s(t) = \left(-e^{-t} + 2e^{-\frac{1}{2}t} \right) \varepsilon(t)$; $y_f(t) = \left(e^{-3t} - 5e^{-t} + 4e^{-\frac{1}{2}t} \right) \varepsilon(t)$;

$y(t) = y_f(t) + y_s(t) = \left(-6e^{-t} + 6e^{-\frac{1}{2}t} + e^{-3t} \right) \varepsilon(t)$

19. (1) 零、极点分布图略   (2) $h(t) = (7e^{-3t} - 3e^{-2t}) \varepsilon(t)$

20. (1) $h(t) = (e^{-t} + e^{-3t}) \varepsilon(t)$ (2) 系统稳定   (3) $y_f(t) = [e^{-t} + 3e^{-3t} - 4e^{-4t}] \varepsilon(t)$

21. $H(s) = \frac{5s(s^2 + 5s + 6)}{(s+1)(s^2 + 4s + 8)}$

22. (1) 稳定   (2) 不稳定   (3) 稳定

23. 稳定

24. $H(s) = \frac{s+3}{s^2 + 3s + 2}$

25. (1) $h(t) = (3e^{-2t} - e^{-t}) \varepsilon(t)$ (2) $y''(t) + 3y'(t) + 2y(t) = 2f'(t) + f(t)$

(3) $y_f(t) = \left[-\frac{1}{2} e^{-t} + 3e^{-2t} - 2.5 e^{-3t} \right] \varepsilon(t)$ (4) 系统稳定

26. 略

27. 略

28. (1) $H_1(s) = \frac{s+3}{s+2}, H_2(s) = \frac{k}{s+3}$ (2) $H(s) = \frac{s+3}{s+2+k}$ (3) $k > -2$

习题 5

1. 略

2. 略

3.

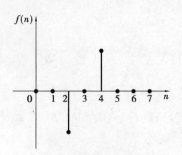

题 3 图

4.

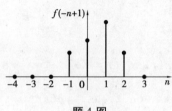

题 4 图

5. 略

6. $f_1(n)+f_2(n)=\begin{cases}2^n & n<-2\\2^n+2^{-n} & n=-2,-1\\n+1+2^{-n} & n\geqslant0\end{cases}$

$f_1(n)\cdot f_2(n)=\begin{cases}0 & n<-2\\1 & n=-2,-1\\(n+1)2^{-n} & n\geqslant0\end{cases}$

7. 略

8. 略

9. $y(n)=a_1f(n)+a_2f(n-1)+a_3f(n-2)$

10. 略

11. 略

12. 略

13. $y(n)=-\dfrac{1}{2}n+2+\cos\left(\dfrac{\pi}{2}n\right)-\dfrac{1}{2}\sin\left(\dfrac{\pi}{2}n\right), n\geqslant0$

14. $y(n)=\left[-\dfrac{2}{3}n\left(\dfrac{1}{2}\right)^n+\dfrac{5}{9}\cdot\left(-\dfrac{1}{2}\right)^n+\dfrac{4}{9}\right]\varepsilon(n)$

15. $h(n)=\dfrac{8}{9}(-2)^n+\dfrac{2}{3}n+\dfrac{1}{9}, n\geqslant0$

16. $y(n)=\left[\dfrac{1}{18}\cdot\left(\dfrac{1}{2}\right)^n-\dfrac{4}{9}\cdot(-1)^n+\dfrac{1}{9}\cdot2^{n+3}\right]\varepsilon(n)$

17. 略

18. 略

19. $h(n) = \left[\frac{1}{3} \cdot \left(\frac{1}{4}\right)^n + \frac{2}{3} \cdot \left(-\frac{1}{2}\right)^n\right]\varepsilon(n)$

20. $h(n) = \left[1 + \frac{3}{2}n + \frac{1}{2}n^2\right]\varepsilon(n)$

21. $h(n) = \left[2(3)^n - \frac{1}{2}(2)^n\right]\varepsilon(n) - \frac{1}{2}\delta(n)$

22. 略

23. 卷积和定义为：$h(n) * f(n) = \sum\limits_{i=-\infty}^{\infty} h(i)f(n-i)$

$n = 2, h(n) * f(n) = 1$

$n = 3, h(n) * f(n) = 2$

$n = 4, h(n) * f(n) = 3$

$n = 5, h(n) * f(n) = 2$

$n = 6, h(n) * f(n) = 1$

24. $y(4) = \dfrac{7}{16}$

25.

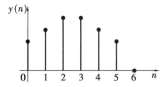

题 25 图

26. $f_1(n) * f_2(n) = \delta(n) + 3\delta(n-1) - \delta(n-2) + \delta(n-3) + 4\delta(n-4)$

27. $h(n) = \varepsilon(n) - \varepsilon(n-N)$

习题 6

1. 略

2. (1) $F(z) = z^{-2}, 0 < |z| \leqslant \infty$ \qquad (2) $\dfrac{z}{z - \dfrac{1}{a}}, |z| > \left|\dfrac{1}{a}\right|$ \qquad (3) $\dfrac{1}{z - \dfrac{1}{2}}, |z| > \dfrac{1}{2}$

(4) $\dfrac{z}{z - 0.5} + \dfrac{z}{z - 0.25}, |z| > 0.5$ \qquad (5) $\dfrac{z}{a(z-a)^2}, |z| > a$ \qquad (6) $\dfrac{2z^2}{(z-1)^3}, |z| > 1$

3. 略

4. (1) $f(n) = \left[4\left(-\dfrac{1}{2}\right)^n - 3\left(-\dfrac{1}{4}\right)^n\right]\varepsilon(n)$

(2) $f(n) = \dfrac{1}{2}\left(-\dfrac{1}{2}\right)^n \varepsilon(n) - \left(-\dfrac{1}{2}\right)^{n-1}\varepsilon(n-1)$

(3) $f(n) = -2\varepsilon(n) + 2^{n+1}\varepsilon(n) = 2(2^n - 1)\varepsilon(n)$

$(4)f(n)=\left[\dfrac{8}{3}(0.2)^n+\dfrac{1}{3}(-0.4)^n\right]\varepsilon(n)$

$(5)f(n)=(2^n-n-1)\varepsilon(n)$　　　$(6)f(n)=(1+2^n)\varepsilon(n)$

5. 略

6. $(2z)^{-2}\cdot F(2z)$

7. $\dfrac{z}{z-a}$

8. $\dfrac{z}{(z-1)^2}$

9. $y(n)=\left(\dfrac{1}{2}\right)^{n-1}\varepsilon(n-1)$

10. $f(n)=2\varepsilon(n)+2(-1)^n\varepsilon(n)$

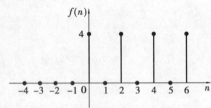

题 10 图

11. $f(n)=[n(n-1)+3n+1]\varepsilon(n)$

12. 略

13. $H(z)=\dfrac{1}{1-\dfrac{1}{4}z^{-1}+\dfrac{1}{4}z^{-2}}$

14. $(1)y(n)=\left[\dfrac{1}{6}+\dfrac{1}{2}(-1)^n-\dfrac{2}{3}(-2)^n\right]\varepsilon(n)$　　　$(2)H(z)=\dfrac{1}{1+3z^{-1}+2z^{-2}}$

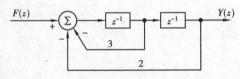

题 14 图

15. $(1)h(n)=\left(\dfrac{1}{2}\right)^n\varepsilon(n)$　　　$(2)f(n)=\dfrac{1}{2}\left(\dfrac{1}{3}\right)^{n-1}\varepsilon(n-1)$

16. $h(n)=\left[3\left(\dfrac{1}{2}\right)^n-2\left(-\dfrac{1}{3}\right)^n\right]\varepsilon(n)$

17. $h(n)=\left(\dfrac{1}{2}\right)^{n+1}\varepsilon(n)$

18. $y_f(n)=[2(-2)^n-(2)^n]\varepsilon(n)$

19. $H(z)=\dfrac{b_1+b_0z^{-1}}{1+a_1z^{-1}+a_0z^{-2}}$

20. $y(n)+\dfrac{1}{2}y(n-1)-\dfrac{1}{2}y(n-2)=2f(n)+\dfrac{1}{2}f(n-1)$

21. 略

22. 收敛域包含单位圆

23. 稳定,因果系统极点全部在单位圆内,则收敛域包含单位圆,故而系统稳定。

24. (1) $H(z) = \dfrac{1}{1 - kz^{-1}}$, $h(n) = (k)^n \varepsilon(n)$ (2) $|k| < 1$ (3) $y(n) = 2\left(\dfrac{1}{2}\right)^n \varepsilon(n)$

25. (1) $y(n) + y(n-1) + 0.25y(n-2) = f(n) + f(n-1)$

(2) $H(z) = \dfrac{z^2 + z}{z^2 + z + 0.25}$, $h(n) = [0.5n(-0.5)^{n-1} + (-0.5)^n]\varepsilon(n)$

(3) 系统稳定

(4) $y_f(n) = \left[\dfrac{8}{9} - \dfrac{1}{3}n(-0.5)^n + \dfrac{1}{9}(-0.5)^n\right]\varepsilon(n)$, $y_s(n) = [-n(-0.5)^n - (-0.5)^n]\varepsilon(n)$

习题 7

1. (a) $\begin{bmatrix} \dot{x}_1 \\ \dot{x}_2 \end{bmatrix} = \begin{bmatrix} -\dfrac{1}{R_2 C} & \dfrac{1}{C} \\ -\dfrac{1}{L} & -\dfrac{R_1}{L} \end{bmatrix} \begin{bmatrix} x_1 \\ x_2 \end{bmatrix} + \begin{bmatrix} \dfrac{1}{R_2 C} & 0 \\ 0 & \dfrac{R_1}{L} \end{bmatrix} \begin{bmatrix} u_s \\ i_s \end{bmatrix}$

$\begin{bmatrix} y_1 \\ y_2 \end{bmatrix} = \begin{bmatrix} 0 & -R_1 \\ 1 & 0 \end{bmatrix} \begin{bmatrix} x_1 \\ x_2 \end{bmatrix} + \begin{bmatrix} 0 & R_1 \\ -1 & 0 \end{bmatrix} \begin{bmatrix} u_s \\ i_s \end{bmatrix}$

(b) $\begin{bmatrix} \dot{x}_1 \\ \dot{x}_2 \end{bmatrix} = \begin{bmatrix} 0 & \dfrac{1}{C} \\ -\dfrac{1}{L} & \dfrac{2-R}{L} \end{bmatrix} \begin{bmatrix} x_1 \\ x_2 \end{bmatrix} + \begin{bmatrix} \dfrac{1}{C} \\ \dfrac{2-R}{L} \end{bmatrix} [i_s]$

$\begin{bmatrix} y_1 \\ y_2 \end{bmatrix} = \begin{bmatrix} 1 & R \\ 0 & R \end{bmatrix} \begin{bmatrix} x_1 \\ x_2 \end{bmatrix} + \begin{bmatrix} R \\ R \end{bmatrix} i_s$

2. $\begin{bmatrix} \dot{x}_1 \\ \dot{x}_2 \\ \dot{x}_3 \end{bmatrix} = \begin{bmatrix} 0 & 1 & 0 \\ 0 & 0 & 1 \\ -2 & -1 & -5 \end{bmatrix} \begin{bmatrix} x_1 \\ x_2 \\ x_3 \end{bmatrix} + \begin{bmatrix} 0 \\ 0 \\ 1 \end{bmatrix} [f]$

$[y] = [2 \quad 1 \quad 0] \begin{bmatrix} x_1 \\ x_2 \\ x_3 \end{bmatrix}$

3. (1) $\begin{bmatrix} \dot{x}_1 \\ \dot{x}_2 \\ \dot{x}_3 \end{bmatrix} = \begin{bmatrix} -\dfrac{b}{a} & 1 & 0 \\ -\dfrac{c}{a} & 0 & 1 \\ -\dfrac{d}{a} & 0 & 0 \end{bmatrix} \begin{bmatrix} x_1 \\ x_2 \\ x_3 \end{bmatrix} + \begin{bmatrix} 0 \\ 0 \\ 1 \end{bmatrix} f$, $y(t) = \dfrac{1}{a} x_1$

（2）系统的模拟框图见题 3 图。

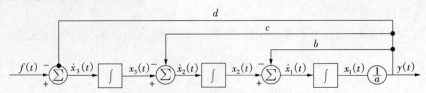

题 3 图

4.（1）$\begin{bmatrix} \dot{x}_{a1} \\ \dot{x}_{a2} \\ \dot{x}_{b1} \\ \dot{x}_{b2} \end{bmatrix} = \begin{bmatrix} 1 & -2 & 0 & 1 \\ 2 & 1 & 0 & 0 \\ 2 & -2 & 2 & -1 \\ 0 & 0 & -2 & 1 \end{bmatrix} \begin{bmatrix} x_{a1} \\ x_{a2} \\ x_{b1} \\ x_{b2} \end{bmatrix} + \begin{bmatrix} 1 \\ 0 \\ 0 \\ 0 \end{bmatrix} f(t)$

$y(t) = \begin{bmatrix} 1 & -1 & 0 & 0 \end{bmatrix} \begin{bmatrix} x_{a1} \\ x_{a2} \\ x_{b1} \\ x_{b2} \end{bmatrix}$

（2）$H(s) = \dfrac{s^2 - 3s}{s^3 - 2s^2 + 5s + 4}$，信号流图见题 4 图。

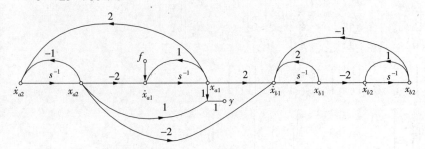

题 4 图

5.$\begin{bmatrix} \dot{x}_1 \\ \dot{x}_2 \end{bmatrix} = \begin{bmatrix} 0 & 1 \\ -12 & -4 \end{bmatrix} \begin{bmatrix} x_1 \\ x_2 \end{bmatrix} + \begin{bmatrix} 0 \\ 1 \end{bmatrix} [f]$

$[y] = \begin{bmatrix} -24 & 1 \end{bmatrix} \begin{bmatrix} x_1 \\ x_2 \end{bmatrix} + [2][f]$，信号流图见题 5 图。

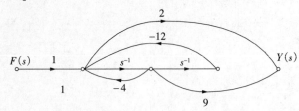

题 5 图

6.（1）$\begin{bmatrix} \dot{x}_1 \\ \dot{x}_2 \end{bmatrix} = \begin{bmatrix} -a & -2 \\ b-a & -3 \end{bmatrix} \begin{bmatrix} x_1 \\ x_2 \end{bmatrix} + \begin{bmatrix} 2 \\ 2 \end{bmatrix} [f], y(t) = \begin{bmatrix} 1 & -1 \end{bmatrix} \begin{bmatrix} x_1 \\ x_2 \end{bmatrix} + f$

（2）$a > -3, b > -\dfrac{a}{2}$

7. $\begin{bmatrix} \dot{x}_1 \\ \dot{x}_2 \end{bmatrix} = \begin{bmatrix} -5 & -3 \\ 2 & -1 \end{bmatrix} \begin{bmatrix} x_1 \\ x_2 \end{bmatrix} + \begin{bmatrix} 1 \\ 0 \end{bmatrix} [f]$

$[y] = \begin{bmatrix} -4 & -9 \end{bmatrix} \begin{bmatrix} x_1 \\ x_2 \end{bmatrix} + [3][f]$

8. $y''(t) + 4y'(t) + 3y(t) = f'(t) + f(t)$，信号流图见题8图。

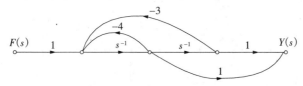

题8图

9. $\begin{bmatrix} x_1(k+1) \\ x_2(k+1) \end{bmatrix} = \begin{bmatrix} 0 & 2 \\ -1 & 1 \end{bmatrix} \begin{bmatrix} x_1(k) \\ x_2(k) \end{bmatrix} + \begin{bmatrix} 1 \\ 1 \end{bmatrix} f(k)$

$y(k) = \begin{bmatrix} -1 & 0 \end{bmatrix} \begin{bmatrix} x_1(k) \\ x_2(k) \end{bmatrix} + [1]f(k)$

10. (1) $\begin{bmatrix} x_1(k+1) \\ x_2(k+1) \end{bmatrix} = \begin{bmatrix} 0 & 1 \\ -3 & -4 \end{bmatrix} \begin{bmatrix} x_1(k) \\ x_2(k) \end{bmatrix} + \begin{bmatrix} 0 \\ 1 \end{bmatrix} f(k)$

$y(k) = \begin{bmatrix} 2 & 1 \end{bmatrix} \begin{bmatrix} x_1(k) \\ x_2(k) \end{bmatrix} + [0]f(k)$

(2) $x_1(0) = 1, x_2(0) = -2$

11. $\begin{bmatrix} \dot{x}_1 \\ \dot{x}_2 \end{bmatrix} = \begin{bmatrix} 0 & 1 \\ -2 & -3 \end{bmatrix} \begin{bmatrix} x_1 \\ x_2 \end{bmatrix} + \begin{bmatrix} 0 \\ 1 \end{bmatrix} [f]$

$[y] = \begin{bmatrix} 8 & 2 \end{bmatrix} \begin{bmatrix} x_1 \\ x_2 \end{bmatrix} + [0][f]$

参考文献

[1] 吴大正,杨林耀,张永瑞,等.信号与线性系统分析[M].4版.北京:高等教育出版社,2005.

[2] 管致中,夏恭恪,孟桥.信号与线性系统[M].4版.北京:高等教育出版社,2004.

[3] 郑君里,应启珩,杨为理.信号与系统[M].2版.北京:高等教育出版社,2000.

[4] 奥本海姆 AV,等.信号与系统[M].刘树棠,译.2版.西安:西安交通大学出版社,2002.

[5] 燕庆明.信号与系统教程[M].2版.北京:高等教育出版社,2007.

[6] 张小虹.信号与系统[M].2版.西安:西安电子科技大学出版社,2008.

[7] 陈生潭.信号与系统[M].4版.西安:西安电子科技大学出版社,2008.

[8] 和卫星,许波.信号与系统分析[M].西安:西安电子科技大学出版社,2007.

[9] 何子述.信号与系统[M].北京:高等教育出版社,2007.

[10] 刘百芬,张利华,甘方成,等.信号与系统[M].北京:人民邮电出版社,2012.

[11] 熊庆旭,刘锋,常青.信号与系统[M].北京:高等教育出版社,2011.

[12] 邹云屏,林桦,邹旭东.信号与系统分析[M].2版.北京:科学出版社,2009.

[13] 吕幼新,张明友.信号与系统分析[M].北京:电子工业出版社,2004.

[14] 姜建国,曹建中,高玉明.信号与系统分析基础[M].北京:清华大学出版社,2003.

[15] 曾黄麟,余成波.信号与系统分析基础[M].重庆:重庆大学出版社,2001.